Mathematikdidaktik im Fokus

Reihe herausgegeben von

Rita Borromeo Ferri, FB 10 Mathematik, Universität Kassel, Kassel, Deutschland

Andreas Eichler, Institut für Mathematik, Universität Kassel, Kassel, Deutschland

Elisabeth Rathgeb-Schnierer, Institut für Mathematik, Universität Kassel, Kassel, Deutschland

In dieser Reihe werden theoretische und empirische Arbeiten zum Lehren und Lernen von Mathematik publiziert. Dazu gehören auch qualitative, quantitative und erkenntnistheoretische Arbeiten aus den Bezugsdisziplinen der Mathematikdidaktik, wie der Pädagogischen Psychologie, der Erziehungswissenschaft und hier insbesondere aus dem Bereich der Schul- und Unterrichtsforschung, wenn der Forschungsgegenstand die Mathematik ist.

Die Reihe bietet damit ein Forum für wissenschaftliche Erkenntnisse mit einem Fokus auf aktuelle theoretische oder empirische Fragen der Mathematikdidaktik.

Jan Philipp Volkmer

Förderung diagnostischer Kompetenz angehender Grundschullehrkräfte

Jan Philipp Volkmer
Lippstadt, Deutschland

Die Dissertation ist im Rahmen des durch die Universität Kassel geförderten interdisziplinären Forschungsprojekts "KoVeLa" entstanden.
Dissertation an der Universität Kassel, Fachbereich 10 Mathematik und Naturwissenschaften, u.d.T. Jan Philipp Volkmer, Förderung diagnostischer Kompetenz angehender Grundschullehrkräfte.
Tag der Disputation: 30.10.2023
Erstgutachter: Prof. Dr. Andreas Eichler, Universität Kassel
Zweitgutachterin: Prof. Dr. Elisabeth Rathgeb-Schnierer, Universität Kassel

ISSN 2946-0174   ISSN 2946-0182 (electronic)
Mathematikdidaktik im Fokus
ISBN 978-3-658-44326-9   ISBN 978-3-658-44327-6 (eBook)
https://doi.org/10.1007/978-3-658-44327-6

Die Deutsche Nationalbibliothek verzeichnet diese Publikation in der Deutschen Nationalbibliografie; detaillierte bibliografische Daten sind im Internet über http://dnb.d-nb.de abrufbar.

Planung/Lektorat: Marija Kojic
Springer Spektrum ist ein Imprint der eingetragenen Gesellschaft Springer Fachmedien Wiesbaden GmbH und ist ein Teil von Springer Nature.
Die Anschrift der Gesellschaft ist: Abraham-Lincoln-Str. 46, 65189 Wiesbaden, Germany

Das Papier dieses Produkts ist recyclebar.

Danksagung

Vielen Dank an Andreas Eichler und Elisabeth Rathgeb-Schnierer für die Chance in einem fantastischen Umfeld in Kassel zu promovieren. Insbesondere möchte ich mich für die enge Betreuung und zugleich große Freiheit in der gesamten Zeit der Promotion bedanken.

Vielen Dank an Silke Friedrich für die Unterstützung beim Forschungsprojekt. Die Seminare parallel mit dir durchzuführen, war immer unkompliziert und eine große Hilfe.

Besonders viel Freude hat mir das Forschungskolloquium bereitet. Bei allen Teilnehmenden möchte ich mich herzlich für die tolle Zusammenarbeit bedanken. Die fruchtbaren Diskussionen über Daten, Kodiermanuale, Theorien und vieles mehr haben nicht nur viel Spaß gemacht, sondern waren wichtig für meinen Weg zur Dissertation.

Außerdem möchte ich mich bei allen bedanken, die mich in der Zeit der Promotion begleitet haben. Sei es mit Wein und Pizza, Kaffee und Kuchen oder auf Tagungen in Frankfurt, Budapest oder Brixen. Ich bin dankbar, nicht nur Arbeitskolleg*innen, sondern Freunde kennengelernt zu haben.

Schließlich gilt mein Dank meiner Familie, meiner Freundin und allen Freunden. Euer Verständnis, eure Geduld und euer offenes Ohr waren unschätzbar wichtig.

Ohne euch alle wäre das Schreiben der Paper und der Dissertation, das Rechnen mit R, das Vorbereiten von Vorträgen und vieles weitere nicht möglich gewesen.

Vielen Dank!

Jan Philipp Volkmer

Inhaltsverzeichnis

Einleitung 1

Lernangebote sind ein zentrales Element des Mathematikunterrichts (Leuders, 2015). Bei der Bearbeitung von Lernangeboten entstehen als Lösungen oft Schüler*innendokumente. Das Analysieren dieser Schüler*innendokumente mit dem Ziel, Rückschlüsse auf die Kompetenzen der Schüler*innen zu gewinnen und damit beispielsweise die Unterrichtsplanung zu adaptieren, ist eine grundlegende Aufgabe von Lehrkräften. Um diese beispielhafte Aufgabe erfolgreich zu bewältigen, benötigen Lehrkräfte diagnostische Kompetenz, die damit eine der zentralen Kompetenzen von Lehrkräften ist. Weinert et al. (1990) spezifizieren dies und sprechen neben der Klassenführungskompetenz, der fachwissenschaftlichen Kompetenz und der fachdidaktischen Kompetenz von einer von vier zentralen Kompetenzen einer Lehrkraft. Weiter ist die diagnostische Kompetenz von Bedeutung für die effektive Planung und Durchführung von Unterricht (McElvany et al., 2009) und für die adäquate Steuerung von Unterrichtsprozessen (Schrader, 2013). Anders et al. (2010) verstehen diagnostische Kompetenz als die Grundlage von Unterrichtsqualität (siehe auch Busch et al., 2015a; Praetorius et al., 2020). Popham (2009, S. 11) stellt fest, dass die diagnostische Kompetenz obligatorisch für das „Wohlbefinden" sowohl der Lehrkräfte als auch der Schüler*innen ist. Chernikova et al. (2020, S. 158) konstatieren: „Making efficient decisions in professional fields is impossible without being able to identify, understand, and even predict situations and events related to the profession". Insgesamt wird ein positiver Effekt der diagnostischen Kompetenz auf das Lernen von Schüler*innen angenommen (Anders et al., 2010; Hattie, 2008). So konnten positive Zusammenhänge zwischen der Urteilsgenauigkeit der jeweiligen Lehrkräfte und den Leistungsmerkmalen ihrer Schüler*innen festgestellt werden. Das bedeutet, dass die Schüler*innen einer Lehrkraft mit genauen Urteilen auch bessere Leistungen erzielen. Leuders et al. (2018) schlussfolgern: „[...] there is no doubt

J. P. Volkmer, *Förderung diagnostischer Kompetenz angehender Grundschullehrkräfte*, Mathematikdidaktik im Fokus, https://doi.org/10.1007/978-3-658-44327-6_1

about the impact of diagnostic competences of teachers on the learning outcome of students". Insgesamt kann also von einer hohen Relevanz der diagnostischen Kompetenz für (angehende) Lehrer*innen gesprochen werden.

Lehrer*innen greifen auf ihre diagnostische Kompetenz in unterschiedlichen Situationen zurück. Eine in der empirischen Bildungsforschung viel betrachtete Situation bezieht sich auf die Urteilsgenauigkeit der Lehrer*innen. Mit der Urteilsgenauigkeit wird die Vorhersage von Schüler*innenleistungen bezüglich einer durch eine Lehrkraft gestellten Aufgabe in Relation zu den tatsächlichen Leistungen der Schüler*innen bezüglich dieser Aufgabe betrachtet (Anders et al., 2010; Ostermann et al., 2018; Schrader, 2013; Südkamp et al., 2012). Eine weitere Situation, die in der Forschung zur diagnostischen Kompetenz gerade in den letzten Jahren an Bedeutung gewonnen hat, bezieht sich auf das Analysieren von Lernprozessen. Das Analysieren von Lernprozessen wird dabei als authentische Aufgabe für Lehrer*innen angesehen, weil diese im Unterrichtsalltag tatsächlich stattfindet (Enenkiel et al., 2022; Loibl et al., 2020; Kron et al., 2021; Philipp, 2018). Lernprozesse von Schüler*innen können z. B. in Lernprodukten wie Schüler*innendokumenten beobachtbar sein. Diagnostische Kompetenz von Lehrkräften in Bezug auf Schüler*innendokumente wurde von bisheriger Forschung vor allem mit Blick auf das Identifizieren und Interpretieren eines einzelnen Fehlers in einem kurzen Dokument betrachtet. Dagegen haben komplexe Schüler*innendokumente, die eine facettenreiche Analyse von Stärken und Schwächen, Kompetenzausprägungen und Fehlern der Schüler*innen ermöglichen, bisher kaum Aufmerksamkeit erhalten. Solche Schüler*innendokumente entstehen bei der Bearbeitung offener Lernangebote der Arithmetik in der Grundschule.

In Anlehnung an Schütte (2008) wird in der vorliegenden Arbeit unter offenen Lernangeboten Folgendes verstanden: Offene Lernangebote sind komplexe Aufgabenstellungen in einem abgegrenzten Themenbereich, die natürliche Differenzierung beinhalten und somit zum gemeinsamen Arbeiten an einem Lerngegenstand anregen. Entsprechend zeichnen sich offene Lernangebote unter anderem hinsichtlich des individuellen Bearbeitungslevels und der individuellen Lösungswege aus. Sie sind damit den Problemlöseaufgaben (Holzäpfel et al., 2018) zuzuordnen und spiegeln im Gegensatz zu klassischen einfachen Lösungen einen Lösungsprozess wider, wie er in einem reichhaltigen Mathematikunterricht zu finden ist.

Die Bearbeitung offener Lernangebote durch Schüler*innen führt zu Dokumenten, die vielfältige Analysemöglichkeiten bieten. So können beispielsweise die Rechnungen auf Korrektheit überprüft werden und die Darstellungsweise oder die Systematik der erstellten Rechnungen kann analysiert werden. Solch vielfältige Analysen erfordern spezifische, von der Situation abhängige diagnostische Kompetenz der Lehrkräfte.

Die Forschung bezüglich der diagnostischen Kompetenz von Lehrer*innen in unterschiedlichen Situationen, z. B. der Urteilsgenauigkeit oder der Analyse von komplexen Schüler*innendokumenten, hat in der empirischen Bildungsforschung zu verschiedenen Konzeptualisierungen diagnostischer Kompetenz geführt. Ein Modell, das die Operationalisierung diagnostischer Kompetenz in verschiedenen Situationen ermöglicht, wurde von der Forschungsgruppe ‚Diagnostische Kompetenzen von Lehrkräften' (DiaKom) (Loibl et al., 2020, Abbildung 1.1) vorgeschlagen.

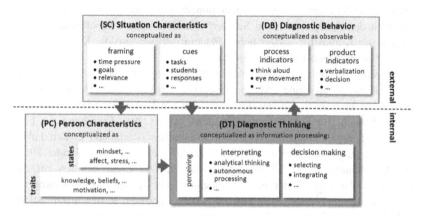

Abb. 1.1 Modell diagnostischer Kompetenz (Loibl et al., 2020, S. 3)

Eine zentrale Position in ihrem Modell hat das diagnostische Denken inne, das zum einen durch die Charakteristika der diagnostischen Situation und zum anderen durch die Charakteristika der diagnostizierenden Person beeinflusst wird und im diagnostischen Verhalten resultiert. Abhängig von der jeweiligen Situation muss das obenstehende Modell adaptiert werden. Besonders das diagnostische Denken soll dabei von den Forschenden passend zur diagnostischen Situation operationalisiert werden (Loibl et al., 2020). Hierzu gibt es in der empirischen Bildungsforschung bereits verschiedene Ansätze. Loibl et al. (2020) z. B. berufen sich auf das generelle Modell für Lehrer*innenkompetenzen von Blömeke et al. (2015; siehe auch Leuders et al. 2018). Im Kompetenzmodell nach Blömeke et al. (2015) wird Kompetenz als Kontinuum aus Dispositionen der

Lehrkraft, situationsspezifischen Fähigkeiten und der Performanz betrachtet. Die situationsspezifischen Fähigkeiten lauten im Modell nach Blömeke et al. (2015): Wahrnehmen, Interpretieren und Entscheiden. Diese Dreiteilung der Fähigkeiten findet sich in der Konzeptualisierung des diagnostischen Denkens nach Loibl et al. (2020) wieder. Neben dem Vorschlag zur Konzeptualisierung des diagnostischen Denkens von Loibl et al. (2020) existieren weitere Vorschläge, zum Beispiel die epistemischen Aktivitäten der Diagnostik nach Fischer et al. (2014) oder der Prozess des diagnostischen Denkens nach Philipp (2018).

Aus der beschrieben Vielfalt an Operationalisierungs- und Konzeptualisierungsmöglichkeiten der diagnostischen Kompetenz und der bisher wenig betrachteten, aber relevanten diagnostischen Situation, Schüler*innendokumente zu offenen Lernangeboten zu analysieren, ergibt sich der erste Forschungsschwerpunkt der vorliegenden Arbeit: die Operationalisierung diagnostischer Kompetenz bezüglich des Analysierens von Schüler*innendokumenten zu offenen Lernangeboten der Arithmetik, sodass neben Fehlern insbesondere die Kompetenz der Schüler*innen diagnostiziert werden kann.

Bisherige Forschung zur diagnostischen Kompetenz hat sich allerdings nicht auf die Konzeptualisierung und Operationalisierung beschränkt. Die bereits herausgestellte zentrale Bedeutung der diagnostischen Kompetenz von Lehrkräften für das Lernen von Schüler*innen hat dazu geführt, dass Forschung zur Förderung und Entwicklung diagnostischer Kompetenz zunehmend in den Fokus gerückt ist (z. B: Busch et al., 2015a; Chernikova et al., 2020; Schrader 2013; von Aufschnaiter et al., 2015). Hierbei stützen sich einige Studien auf die Hypothese, dass die Förderung von diagnostischer Kompetenz notwendig ist (Krauss & Brunner, 2011; Stahnke et al., 2016; Ophuysen & Behrmann, 2015), weil diese für den Erfolg der Lehrkräfte von zentraler Bedeutung ist. Eine Ursache für Schwierigkeiten im Erwerb diagnostischer Kompetenz könnte darin bestehen, dass angehende Lehrkräfte Schwierigkeiten mit der Dichte der Informationen in diagnostischen Situationen haben und Unterstützung benötigen, um die erkennbaren Vorstellungen und Kompetenzen der Schüler*innen zu analysieren. Selbst wenn beispielsweise professionelles Wissen von den Lehrkräften erworben wurde, scheint die Anwendung dieses Wissens in diagnostischen Situationen schwierig zu sein (Larrain & Kaiser 2022; Levin et al., 2009).

Kompetenzen gelten generell als „[...] erlernbare kontextspezifische Leistungsdispositionen" (Klieme und Hartig, 2007, S. 17). Insbesondere gilt auch die diagnostische Kompetenz als lern-, trainier- und erweiterbar (vgl. Herppich et al., 2018; Klug et al., 2016; Schäfer und Seidel, 2015). Als ein Resultat bisheriger Forschung konnten verschiedene Merkmale wirksamer Förderung diagnostischer Kompetenz identifiziert werden. Chernikova et al. (2020) identifizieren in ihrer

Metastudie verschiedene vielversprechende Aspekte wirksamer Förderung. Aktuelle Forschung hat in der Regel diese Aspekte zur Förderung (Chernikova et al., 2020) diagnostischer Kompetenz kombiniert und in Bezug auf Situationen eingesetzt, die sich durch unterschiedliches *Framing* (Loibl et al., 2020) auszeichnen. So wurden z. B. Videovignetten (z. B. Enenkiel et al., 2022), digitale Simulationen von diagnostischen Situationen (z. B. Schons et al., 2022) oder die Analyse von Schüler*innendokumenten (Philipp & Gobeli-Egloff, 2022) betrachtet. An den zuletzt genannten Ansatz schließt auch die vorliegende Arbeit an, wobei mit Schüler*innendokumenten zu offenen Lernangeboten eine wenig berücksichtigte Situation untersucht wird. Darüber hinaus wurden bisher kaum Förderungsansätze verfolgt, die sich explizit an einer Konzeptualisierung des diagnostischen Denkprozesses orientieren. Der in dieser Arbeit adaptierte diagnostische Denkprozess (Nickerson, 1999) lässt sich grob in zwei Phasen unterteilen. In der ersten Phase die Bearbeitung der zugehörigen Aufgabe bzw. des offenen Lernangebots und in der zweiten Phase des adaptierten Denkprozesses steht die Analyse der Schüler*innenlösung. Einer der Aspekte der wirksamen Förderung diagnostischer Kompetenz nach Chernikova et al. (2020) ist *Assigning Roles*. Unter *Assigning Roles* wird gefasst, ob in die Förderung der diagnostischen Kompetenz die Zuweisung von Rollen inkludiert ist. Die Rollen der Schüler*in und der Lehrer*in sind dabei die typischen. Bisherige Forschung hat vor allem die Rolle der Lehrer*in inkludiert, wogegen das Übernehmen der Rolle der Schüler*in kaum untersucht worden ist. Während also die Analyse von Lösungen (Lehrer*innen-Rolle) in verschiedenen Studien ein Teil der Förderung diagnostischer Kompetenz war, ist das Lösen der jeweils zugehörigen Aufgabe (Schüler*innen-Rolle) wenig einbezogen worden. Da jedoch allgemein davon ausgegangen wird, dass die Lösung einer Aufgabe die obligatorische fachliche Grundlage der Analyse ist (siehe z. B. Brunner et al., 2011), kann plausibel angenommen werden, dass auch dies in die Förderung diagnostischer Kompetenz integriert werden sollte.

Hieraus ergibt sich der zweite Forschungsschwerpunkt der vorliegenden Arbeit: die Förderung der diagnostischen Kompetenz bezüglich des Analysierens von Schüler*innendokumenten zu offenen Lernangeboten der Arithmetik und der Einfluss unterschiedlicher Aspekte auf die Förderung.

Um die beiden Forschungsschwerpunkte zu bearbeiten, wird im Folgenden zuerst der Begriff ‚diagnostische Kompetenz' geklärt. Dabei werden die Zusammensetzung und die Herkunft des Begriffs untersucht (Kapitel 2). Anschließend werden in Kapitel 3 verschiedene Definitionen diagnostischer Kompetenz diskutiert. Ausgehend von diesen Definitionen folgt die Darstellung verschiedener Konzeptualisierungen diagnostischer Kompetenz. Dabei wird diagnostische Kompetenz konzeptualisiert als Urteilsgenauigkeit, als Teil des professionellen

Wissens und als Prozess betrachtet. Vor diesem Hintergrund werden die heutigen holistischen Ansätze vorgestellt. Ein zentraler Punkt der Arbeit ist die Operationalisierung der diagnostischen Kompetenz für die Situation der Analyse von Schüler*innendokumenten zu offenen Lernangeboten der Arithmetik. Diese Operationalisierung der diagnostischen Kompetenz wird auf der Grundlage der vorgestellten Theorie dargestellt (Kapitel 5). Daran schließt sich in Abschnitt 6.1 eine Übersicht zur bisherigen Forschung zur Förderung diagnostischer Kompetenz und in Abschnitt 6.2 die Beschreibung der Förderung in der vorliegenden Arbeit an.

Nach Vorstellung der Förderung der diagnostischen Kompetenz in der vorliegenden Arbeit werden eine Pilotierungsstudie und die erste Studie dieser Arbeit beschrieben (Kapitel 7). Dabei wird die Forschungsfrage hergeleitet und anschließend die Methode der ersten Studie vorgestellt. Diese erste Studie soll die generelle Wirksamkeit einer Intervention zur Förderung diagnostischer Kompetenz bestätigen, die über 14 Seminarsitzungen à 90 Minuten gespannt ist und neben den bestätigten wirksamen Aspekten der Förderung diagnostischer Kompetenz (Chernikova et al., 2020) explizit Phasen des nach Nickerson (1999) adaptierten diagnostischen Denkprozesses innerhalb der Intervention betont. Die Intervention wird auf Grundlage der bestehenden Theorie zur Förderung diagnostischer Kompetenz designt. Diese wird zu Beginn des Kapitels zur Methode systematisch vorgestellt und mit Bezug zur Forschung begründet. Dabei wird explizit auf die wirksamen Aspekten der Förderung nach Chernikova et al. (2020) und auf die bisher in der Forschung kaum betrachtete Orientierung an diagnostischen Denkprozessen Bezug genommen. Da in der Arbeit die diagnostische Kompetenz für eine bisher nicht betrachtete diagnostische Situation operationalisiert wurde, wird ein neues Messinstrument der diagnostischen Kompetenz entwickelt und beschrieben. Das Messinstrument stützt sich primär auf eine Adaption der epistemischen Aktivitäten (z. B.: Fischer et al., 2014; Heitzmann et al., 2018). Hierbei besteht ein weiteres Ziel der Arbeit darin, die Qualität der Analysen quantitativ zu erfassen und auszuwerten. Dazu wird nicht nur die Anzahl der adaptierten epistemischen Aktivitäten betrachtet, sondern auch deren Breite. Nachdem die Intervention der ersten Studie, die Datenerhebung und die Auswertungsmethode vorgestellt sind, werden die Ergebnisse der ersten Studie präsentiert. Hierzu werden quantitative Analysen durchgeführt, die sich vor allem auf ANOVEN, t-Tests und Korrelationen beziehen. Die Ergebnisse der ersten Studie werden dann diskutiert. Aus dieser Diskussion leiten sich die Forschungsfragen der zweiten Studie der Arbeit ab, die daran anschließend vorgestellt werden (Kapitel 8).

Ausgehend von den Forschungsfragen der zweiten Studie wird die Methode diese Studie dargelegt. Die zweite Studie vergleicht in einer ersten experimentellen Phase strukturell gleich aufgebaute Interventionen, die sich hinsichtlich der Phase des adaptierten diagnostischen Denkprozesses unterscheiden. In einer zweiten experimentellen Phase untersucht die zweite Studie, inwiefern die Reihenfolge der Betonung der Phasen eine Auswirkung auf die Entwicklung diagnostischer Kompetenz hat. Bei der zweiten Studie werden darüber hinaus Einflussfaktoren auf die Entwicklung diagnostischer Kompetenz betrachtet. Diese Einflussfaktoren sind den *Person Characteristics* im Modell nach Loibl et al. (2020) zuzuordnen. Die in der Arbeit betrachteten *Person Characteristics* sind zwei Bereiche des professionellen Wissens. Das professionelle Wissen wird über das Fachwissen zur Arithmetik und das fachdidaktische Wissen zur Arithmetik operationalisiert. Diese beiden Wissenskategorien sind als potenzielle Wissensbasis für die offenen Lernangebote der Arithmetik ausgewählt worden. Zur Erhebung dient jeweils ein kurzer Test mit dem Ziel der Raschskalierung. Beide Tests werden auf der Grundlage bestehender Tests neu entwickelt bzw. adaptiert (Fachdidaktisch: Kunter et al., 2011 und Fachwissen: Kolter et al., 2018) und entsprechend vorgestellt.

Es schließt sich eine Präsentation der Ergebnisse der zweiten Studien an. Dabei werden zu Beginn die Ergebnisse zur diagnostischen Kompetenz und anschließend die Ergebnisse zu den erhobenen *Person Characteristics* Fachwissen und fachdidaktisches Wissen bezüglich der Arithmetik präsentiert.

Abschließend werden die Ergebnisse diskutiert. Dabei werden sie im Hinblick auf die bereits bestehenden empirischen Ergebnisse und die ausgewählte Operationalisierung betrachtet. Kritisch reflektiert werden die methodische Umsetzung und die resultierende Übertragbarkeit der Ergebnisse. Dieser abschließende Teil mündet in einer übergreifenden Diskussion der beiden Studien dieser Arbeit, in den resultierenden Gesamtlimitationen und einem Fazit der Arbeit.

Begriffsklärung

2

Wie bereits in der Einleitung deutlich wurde, ist der zentrale Untersuchungsgegenstand dieser Arbeit die diagnostische Kompetenz. In der Forschung führen zwei übergeordnete Forschungsstränge zu dieser Begrifflichkeit: auf der einen Seite die Forschung zur (pädagogischen) Diagnostik und auf der anderen Seite die Forschung zu Kompetenzen von Lehrkräften.

2.1   Der Diagnostik-Begriff

Diagnostik stammt vom altgriechischen Wort διαγιγνώσκω (*diagignosko*) ab und bedeutet ‚genau erkennen‘, ‚auseinanderhalten‘ oder ‚unterscheiden‘ (Gemoll & Vretska, 2014: διαγιγνώσκω, S. 206). In der Literatur (z. B. Heinrichs, 2015) wird auch ‚Diagnosis‘ als Ursprung angegeben. Dies ist hauptsächlich mit ‚Entscheidung‘ oder ‚Unterscheidung‘ zu übersetzen. Besonders die Übersetzung ‚genau erkennen‘ scheint jedoch bis heute ein guter Indikator zu sein, um Situationen zu identifizieren, in denen Lehrkräfte diagnostisch tätig werden müssen, sodass das Verb ‚diagignosko‘ ein treffender Ursprung ist. Die Situationen, in denen Lehrkräfte ‚genau erkennen‘ müssen, sind vielfältig und werden im Laufe der Arbeit differenziert.

Primäre Verwendung fand der Begriff ‚Diagnostik‘ zuerst in der Medizin. Der Duden (Dudenredaktion, o. D.) definiert den Begriff als „Erkennung und systematische Bezeichnung einer Krankheit". Damit werden unter Diagnostik alle Maßnahmen verstanden, die zum Identifizieren einer Krankheit führen. Neben der Medizin wird der Begriff auch in der Psychologie genutzt. Hier wird Diagnostik wie folgt beschrieben: „Die psychologische Diagnostik ist eine zentrale angewandte Querschnittsdisziplin der Psychologie, die die regelgeleitete Sammlung

J. P. Volkmer, *Förderung diagnostischer Kompetenz angehender Grundschullehrkräfte*, Mathematikdidaktik im Fokus, https://doi.org/10.1007/978-3-658-44327-6_2

und Verarbeitung von gezielt erhobenen Informationen, die für die Beschreibung
und Prognose menschlichen Erlebens und Verhaltens bedeutsam sind, beinhaltet" (Petermann, 2017, S. 66). Abgegrenzt vonder psychologischen Diagnostik
ist die pädagogische Diagnostik für das Feld des Lehramts zu sehen (Jürgens &
Lissmann, 2015) und bezieht sich daher auf die Diagnostik, die für Lehrkräfte
anfällt.[1]

Jürgens und Lissmann (2015) betonen, dass es sich jeweils nicht um einen
Abgrenzungsprozess zwischen medizinischer und psychologischer Diagnostik
bzw. zwischen psychologischer und pädagogischer Diagnostik handelt. So war
die pädagogische Diagnostik nie Teil der psychologischen Diagnostik. Sie bedient
sich zwar zum Teil ähnlicher Methoden, ist aber aus der konkreten pädagogischen Situation motiviert. Eine ähnliche Entwicklung habe die psychologische
Diagnostik zur medizinischen Diagnostik durchlaufen (Jürgens & Lissmann,
2015). Entsprechend ergibt sich keine qualitative Hierarchie, sondern am ehes-
ten eine Chronologie. Eine Abgrenzung zwischen medizinischer, psychologischer
und pädagogischer Diagnostik resultiert aus den unterschiedlichen Situationen
und Zielen. Während eine klassische diagnostische Situation in der Medizin
das Anwenden von Untersuchungsmethoden im Arztzimmer mit dem Ziel der
Identifikation einer Krankheit, wie beispielsweise der Grippe ist und eine klassische diagnostische Situation in der Psychologie das Diagnostizieren einer
Angststörung ist, sind klassische diagnostische Situationen der Pädagogik die
Einschätzung der Kompetenzen von Schüler*innen z. B. anhand von Dokumenten oder des Verhaltens der Schüler*innen im Unterricht. Alternativ gehört z. B.
auch die Einschätzung der Schwierigkeiten von Aufgaben zu den klassischen
diagnostischen Situationen der Pädagogik.

Die strikte Trennung zwischen medizinischer und pädagogischer Diagnostik
weicht allmählich auf, weil Studien (z. B. Chernikova et al., 2020, Heitzmann
et al., 2019) beide Disziplinen vereinen, um Gemeinsamkeiten zu identifizieren,
die dann z. B. für Fördermaßnahmen genutzt werden (siehe Kapitel 6 – Förderung diagnostischer Kompetenz). Auch die Nähe zur psychologischen Diagnostik
ist gegeben, da beispielsweise der Einsatz eines Intelligenztests sowohl Bestandteil der psychologischen als auch der pädagogischen Diagnostik ist (Jürgens &
Lisssman, 2015). Die Unterscheidung zwischen pädagogischer und psychologischer Diagnostik wird in der Forschung diskutiert (siehe z. B. Breitenbach,
2020), sodass in der vorliegenden Arbeit nicht weiter zwischen den Begriffen
differenziert wird.

---

[1] Eine Beschreibung der verschiedenen Diagnostiken findet sich in Abschnitt 3.1 zur Definition diagnostischer Kompetenz.

Den für die Arbeit relevanten Begriff der pädagogischen Diagnostik prägt Ingenkamp (1985) in seinem „Lehrbuch der pädagogischen Diagnostik". In einer mehrfach überarbeiteten Ausgabe findet sich eine viel zitierte Definition der pädagogischen Diagnostik (Ingenkamp & Lissmann, 2008, S. 13)[2]:

> *„Pädagogische Diagnostik umfasst alle diagnostischen Tätigkeiten, durch die bei sowohl in Einzelarbeit als auch in einer Gruppe Lernenden Voraussetzungen und Bedingungen planmäßiger Lehr- und Lernprozesse ermittelt, Lernprozesse analysiert und Lernergebnisse festgestellt werden, um individuelles Lernen zu optimieren. Zur pädagogischen Diagnostik gehören ferner die diagnostischen Tätigkeiten, die die Zuweisung zu Lerngruppen oder zu individuellen Förderprogrammen ermöglichen, sowie die mehr gesellschaftlich verankerten Aufgaben der Steuerung des Bildungsnachwuchses oder die Erteilung von Qualifikationen zum Ziele haben."*

Aus dieser Definition wird deutlich, dass es sich bei der pädagogischen Diagnostik um ein Feld handelt, unter dem unterschiedliche Aktivitäten zusammengefasst werden. Dabei kann der Fokus der Aktivität auf einzelnen Lernenden, aber auch auf Gruppen von Lernenden liegen. Im Zentrum der Aktivitäten stehen die Lernprozesse und Lernergebnisse der Lernenden mit dem Ziel der Optimierung des Lernens oder der Zuweisung zu beispielsweise Lerngruppen oder Förderprogrammen. Heinrichs (2015, S. 19) fasst das Feld der pädagogischen Diagnostik unter Berufung auf Weinert und Schrader (1986) sowie Barth (2010) präzise wie folgt zusammen:

> *„So können Urteile einerseits der Selektion dienen, wobei es sich dann häufig um statusdiagnostische und explizite Urteile handelt, die zudem zumeist mithilfe formeller oder semi-formeller Methoden erhoben wurden. Andererseits lassen sich Diagnosen finden, die der Modifikation dienen und sich der Prozessdiagnostik zuordnen lassen. Zumeist münden diese Diagnosen in impliziten Urteilen und bedienen sich informeller Methoden. Diese Differenzierung wurde bereits von Weinert und Schrader (1986) vorgeschlagen und mit dem Stichwort der ‚zweigleisigen pädagogischen Diagnostik' bezeichnet, die ‚auf der einen Seite subjektive, pädagogisch fruchtbare, handlungsleitende Lehrerdiagnosen und auf der anderen Seite möglichst objektive, auf Ergebnissen standardisierter Verfahren beruhende, erkenntnisleitende Urteile umfasst' (Weinert & Schrader, 1986, S. 27). Diese Unterscheidung ist dabei nicht als dichotom anzusehen und beinhaltet auch keine Wertung bezüglich der Nutzbarkeit der jeweiligen Diagnosen, da jede ihre Berechtigung hat in Abhängigkeit von der jeweiligen Situation, der Verwendung der Diagnose und weiterer Umstände (vgl. auch Barth, 2010)."*

---

[2] Ingenkamp und Lissmann (2008) schlagen zusätzlich zwei Modelle pädagogischer Diagnostik vor. Eine kritische Auseinandersetzung findet sich bei Behrmann und Kaiser (2017).

Aus der Definition von Ingenkamp und Lissman (2008) und der Beschreibung des
Feldes von Heinrichs (2015) wird die Größe des Feldes der pädagogischen Dia-
gnostik deutlich. Zu dem Feld gehören „[…] Voraussetzungen des Lernens, die
Lernprozesse und die Ergebnisse des Lernens [...]", aber auch „[…] individuelles
Lernen zu optimieren, um Individuen in bestimmten Lerngruppen zu platzieren
und um den Bildungsnachwuchs zu qualifizieren" (Jürgens & Lissmann, 2015,
S. 58, siehe zusätzlich Schrader, 2013). Demnach zählen z. B. das Beurteilen von Aufgabenschwierigkeiten, das Beobachten von Lösungsprozessen, das
Treffen einer Übergangsempfehlung, die Zuweisung zu einem Förderprogramm,
die Identifikation von Lernvoraussetzungen und das Prüfen eines Messinstruments mithilfe der wissenschaftlichen Gütekriterien zum Handlungsfeld der
pädagogischen Diagnostik.

Um Struktur im Feld der pädagogischen Diagnostik zu schaffen, gibt es
verschiedene Unterteilungen (folgend zitiert nach Heinrichs, 2015). Das Feld
wird unterteilt in Diagnostik, die Aufgabenmerkmale (z. B. die Schwierigkeit einer Aufgabe) in den Blick nimmt, und solche, die Personenmerkmale
(z. B. das Wissen einer Person) betrachtet. Letztere wird oft unterteilt in Status-
und Prozessdiagnostik. Dabei behandelt die Statusdiagnostik das Erfassen eines
bestimmten Zustandes und die Prozessdiagnostik bezieht sich auf die Analyse
von Lernprozessen (Heinrichs, 2015). Weiter wird zwischen formeller und infor-
meller Diagnostik unterschieden. Während informelle Diagnostik ein schneller
Prozess ist, der sogar im Unterricht und ohne das Wissen der Diagnostizierenden geschehen kann (z. B. das Treffen der Entscheidung, dass die gerade
stattfindende Arbeitsphase abgebrochen wird, weil zahlreiche Schüler nicht wei-
terkommen), beruht die formelle Diagnostik auf wissenschaftlichen Methoden.
Hierbei wird zumeist mit einem spezifischen Ziel ein validiertes Messinstrument genutzt (z. B. das Anwenden eines Intelligenztests) (Heinrichs, 2015).
Allerdings existieren mittlerweile auch Instrumente, die den informellen Ver-
fahren zuzuordnen sind, aber auf wissenschaftlichen Methoden beruhen (siehe
z. B. Kaufmann & Wessolowski, 2021). Schließlich wird in Selektions- und
Modifikationsdiagnostik unterschieden. Dabei dient Selektionsdiagnostik dazu,
eine Zuordnung von Personen vorzunehmen. Hierbei kann es sich z. B. um die
Zuordnung zu einer Fördermaßnahme, aber auch um die Zuordnung zu einer
Schulform beim Übergang nach der Primarstufe handeln. Die Modifikationsdiagnostik führt zu Urteilen, die den Lernprozess adaptieren. Hierbei kann also
z. B. das Schwierigkeitslevel einer Aufgabe im Bearbeitungsprozess durch eine

Lehrkraft angepasst werden, weil diese identifiziert hat, dass die Aufgabe für Schüler*innen nicht angemessen bezüglich der Schwierigkeit ist[3].

Für die vorliegende Arbeit ist festzuhalten, dass die pädagogische Diagnostik ein vielschichtiges und breites Handlungsfeld definiert. Dabei umfasst das Feld sowohl den eigentlichen diagnostischen Prozess als auch Folgerungen aus der Diagnose, z. B. eine adaptierte Unterrichtsplanung oder die Planung einer Fördermaßname. Für die vorliegende Arbeit ist allerdings nur der eigentliche diagnostische Prozess relevant, auch wenn im Folgenden an verschiedenen Stellen Definitionen oder Konzeptualisierungen vorgestellt werden, die ebenfalls die Folgerung aus dem diagnostischen Prozess beinhalten. Innerhalb des Handlungsfeldes wirkt die diagnostische Kompetenz der Lehrkräfte (Schrader, 2013). Wie die diagnostische Kompetenz zu konzeptualisieren ist, soll im Laufe der Arbeit beantwortet werden. Bevor aber explizit auf die diagnostische Kompetenz eingegangen wird, wird zunächst ein Blick auf den Begriff der Kompetenz geworfen, da die Forschung zu diesem Begriff relevante Einblicke in heutige Konzeptualisierungen diagnostischer Kompetenz ermöglicht.

2.2 Der Kompetenz-Begriff

Kompetenz ist ein häufig verwendeter Begriff der deutschen Sprache. So berichten Klieme und Hartig (2007) davon, dass Kompetenz unter den 5000 am häufigsten verwendeten Begriffen der deutschen Sprache zu finden ist. Darüber hinaus ist Kompetenz ein viel verwendeter Begriff der bildungswissenschaftlichen Forschung. Spätestens durch den in Deutschland entstandenen ‚PISA-Schock‘ und die damit verbundene Trendwende von der Input- zur Output-Orientierung wird diese Entwicklung verstärkt (Drüke-Noe et al., 2008). Dies bestätigt eine Literaturrecherche mit der Datenbank FIS Bildung nach dem Begriff ‚Kompetenz‘: Die Recherche lieferte im Jahr 2007 schon 8889 Treffer (Klieme & Hartig, 2007). Die Wiederholung dieser Suche Endes 2021 führte zu 44007 Treffern, was dafür spricht, dass das Wort ‚Kompetenz‘ auch heute noch relevant ist. Dies zeigt

---

[3] Die Forschung zur pädagogischen Diagnostik ist groß und umfasst auch Aspekte wie typische Urteilsverzerrungen etc. Für einen noch detaillierteren Blick siehe z. B. (Heinrichs, 2015; Hock, 2021; van Ophuysen & Behrmann, 2015 oder von Aufschnaiter et al., 2015).

sich auch mit einem Blick auf die Kernlehrpläne der Bundesländer, die seither Kompetenzziele für Schüler*innen formulieren[4].

In der deutschsprachigen bildungswissenschaftlichen Literatur wird für die Definition der Kompetenz zumeist Weinert (2002, S. 27) zitiert:

„Dabei versteht man unter Kompetenzen die bei Individuen verfügbaren oder durch sie erlernbaren kognitiven Fähigkeiten und Fertigkeiten, um bestimmte Probleme zu lösen, sowie die damit verbundenen motivationalen, volitionalen und sozialen Bereitschaften und Fähigkeiten, um die Problemlösungen in variablen Situationen erfolgreich und verantwortungsvoll nutzen zu können."

In englischen Publikationen wird in der Regel auf Koeppen et al. (2008, S. 62) verwiesen, der Kompetenz wie folgt definiert:

„[...] context-specific cognitive dispositions that are acquired and needed to successfully cope with certain situations or tasks in specific domains".

Beide Definitionen haben den Fokus auf kognitive Fähigkeiten und Fertigkeiten bzw. Dispositionen und den Umgang mit einer spezifischen Situation gemein, während in der Definition von Weinert (2002) zusätzlich beispielsweise motivationale Aspekte in die Definition einbezogen werden.

Wird der Blick auf die Herkunft des Kompetenzbegriffs gelegt, so halten z. B. Klieme und Hartig (2007), Weinsheimer (2016) sowie Vonken (2005) fest, dass der Begriff vermutlich drei Ursprünge hat: erstens beim Soziologen Max Weber, der Kompetenz im Sinne einer *Zuständigkeit* verstand (Kurtz & Pfadenhauer, 2010; Klieme & Hartig, 2007; Vonken 2005), zweitens beim Linguisten Chomsky (1968), der bereits in den 1970er-Jahren den Begriff der Sprachkompetenz einführte und Kompetenz eher als *Fähigkeit* und *Bereitschaft* auffasst, und drittens nennen Klieme und Hartig (2007) die pragmatisch-funktionale Tradition der amerikanischen Psychologie. Die beiden zuletzt genannten Ursprünge haben nicht nur gemein, dass sie Kompetenz als *Fähigkeit* und *Bereitschaft* verstehen, sondern auch, dass sie sich von einer bis dahin vorherrschenden behavioristischen Denkweise der Forschung in ihren jeweiligen Disziplinen abgelöst haben.

Vonken (2005, S. 19) bemerkt: „Explizit oder implizit beziehen sich zahlreiche moderne – insbesondere deutschsprachige – Beschreibungen von Kompetenz

---

[4] Siehe z. B. den Kernlehrplan für das Fach Mathematik in der Realschule in NRW: (Ministerium für Schule und Bildung des Landes Nordrhein-Westfalen, 2022) oder den Kernlehrplan für das Fach Mathematik in der Primarstufe in Hessen (Hessisches Kultusministerium, 2011).

auf sein [gemeint ist Noam Chomsky] Konzept bzw. verfolgen ähnliche Ansätze". Nach Vonken (2005) ist der Ausgangspunkt für Chomskys Verständnis von Kompetenz seine Kritik an der Sprachtheorie von Skinner (1957). Skinner verstand Sprache als das Ergebnis von behavioristischen Reiz-Reaktions-Schemata. Klieme und Hartig (2007, S. 8) bezeichnen dies als die damals vorherrschende Linguistik. Chomsky hingegen wand sich gegen diese Auffassung und entwickelte daraufhin seine Sprachtheorie. In dieser unterscheidet Chomsky zwischen Sprachkompetenz und Sprachverwendung (Performanz). Mit Sprachkompetenz ist die Kenntnis der Sprache gemeint und mit Sprachverwendung (Performanz) „[...] der Gebrauch der Sprache in konkreten Situationen" (Vonken 2005, S. 20). Die Trennung von Kompetenz und Performanz wird in der Linguistik weiter fortgesetzt, wobei besonders die Forschung zu Sprachtests dafür relevant ist. Aus dieser Forschung stammt das folgende Zitat, das das Verständnis von Kompetenz und den Gegensatz zur Performanz explizit hervorhebt: „There is a difference between competence and performance, where competence equals ability equals trait, while performance refers to the actual execution of tasks" (Shohamy, 1996, S. 148).

In den pragmatisch-funktionalen Ansätzen der amerikanischen Psychologie wird wie oben beschrieben auch der Begriff ‚Kompetenz' verwendet. Im Unterschied zum Zitat von Shohamy (1996) meint hier Kompetenz aber „[...] nicht das generative, situations-unabhängige kognitive System [...]" (Klieme & Hartig 2007, S. 16). Vielmehr wird in diesen Ansätzen unter Kompetenz verstanden, was Chomsky (1968) ‚Performanz' nennen würde (Klieme & Hartig 2007, S. 16). Der Begriff ‚Kompetenz' wurde in der Psychologie schon vor 1996 genutzt. Klieme und Hartig (2007) sowie Vonken (2005) verweisen auf den Motivationspsychologen White (1965), der Kompetenz als den wirkungsvollen Austausch mit der Umwelt des Individuums versteht. Hier wird allerdings oft der Aufsatz des Psychologen McClelland (1973) als ein Ursprung genannt (Vonken 2005, S. 19).

Auch Blömeke et al. (2015) sehen einen Ursprung der heutigen Kompetenzforschung in der pragmatisch-funktionalen Tradition der amerikanischen Psychologie in den 1970er-Jahren und befinden diesen als relevant für ihr Kompetenzverständnis. Sie verweisen auf McClelland (1973), der Kritik an der damals vorherrschenden Intelligenzdiagnostik übte. Diese sei dekontextualisiert und analog zu dem, was in der Schule gefordert werde, sodass die Korrelation zwischen Intelligenztest und Noten künstlich herbeigeführt werde. Er fordert, weniger die Intelligenz als die Kompetenz zu testen. Damit meint McClelland (1973), dass Testaufgaben das erfolgreiche Verhalten in Situationen des echten Lebens umfassen sollen.

Nach Blömeke et al. (2015) steht der Forschungstradition, die sich auf
Performanz bezieht und in der sich auch McClelland (1973) bewegt, eine
Forschungstradition zur Kompetenz gegenüber, die sich eher auf kognitive Dispositionen bezieht. Dabei sehen Blömeke et al. (2015) diesen Forschungsstrang
unter anderem in den Wirtschaftswissenschaften verwurzelt, in denen auf der
Grundlage der Forschung zu erfolgreichen Managern Kompetenz wie folgt definiert wird: „underlying characteristic of a person which results in effective and/
or superior performance in a job" (Boyatzis, 1982, S. 21). Unter Kompetenz werden hier also die Voraussetzungen oder auch Dispositionen verstanden, die die
Grundlage für die Performanz bilden. Insgesamt zeigt sich also, dass in der dargestellten Forschung zwei unterschiedliche Verständnisse des Kompetenzbegriffs
existierten: Kompetenz als Performanz und Kompetenz als Dispositionen.

Beide Ansätze werden von Blömeke et al. (2015) für die rein dicho-
tome Betrachtung von Performanz bzw. Dispositionen kritisiert. Blömeke et al.
(2015) stellen heraus, dass bisher keine Versuche unternommen worden sind,
die Verbindungen der beiden Ansätze zu suchen; vielmehr seien Vorwürfe laut
geworden, die das jeweilige Unverständnis der anderen Seite an der eigenen
Position betonen. Blömeke et al. (2015) schlagen zum Schließen dieser von
ihnen identifizierten Forschungslücke ein wegweisendes Modell vor, das die
Dichotomie zwischen Performanz und Dispositionen berücksichtigt und mithilfe
von situationsspezifischen Skills überbrückt. In diesem Modell wird Kompetenz als Kontinuum verstanden. Das bedeutet, dass die Kompetenz nicht mehr
als reine Performanz oder als ein Zusammenspiel aus Dispositionen aufgefasst
wird, sondern als lückenloser Zusammenhang aus den drei Komponenten „disposition", „situation-specific skills" und „performance" (Blömeke et al., 2015,
Abbildung 2.1).

Links im Modell findet sich die Forschungstradition der Dispositionen (z. B.
Boyatzis, 1982; Chomsky, 1968) wieder. Blömeke et al. (2015) teilen diese in
kognitive und affektiv-motivationale Dispositionen ein. Rechts im Modell ist die
Forschungstradition der Performanz (z. B. McClelland, 1973) aufgeführt, die sich
im beobachtbaren Verhalten zeigen soll. Diese Pole werden durch sogenannte
„situation-specific skills" überbrückt. Die „situation-specific skills" teilen sich
nach Blömeke et al. (2015) in „Wahrnehmung", „Interpretation" und „Entscheidung". Unter Kompetenz verstehen Blömeke et al. (2015) das gesamte Kontinuum
aus „disposition", „situation-specific skills" und „performance" in einer konkreten
Situation. Somit müssen in einer Situation die nötigen Dispositionen abgerufen werden. Auf ihrer Grundlage muss dann wahrgenommen, interpretiert und
anschließend entschieden werden. Die Entscheidung äußert sich dann in einem
konkret wahrnehmbaren Verhalten.

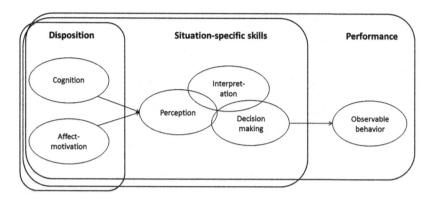

Abb. 2.1 Kompetenzmodell nach Blömeke et al. (2015, S. 7)

Die vorgestellte Forschung zum Kompetenzbegriff zeigt Aspekte, die für die vorliegende Arbeit bzw. spezifisch für heutige Ansätze zur diagnostischen Kompetenz relevant sind. So sind sowohl „kognitive Fähigkeiten und Fertigkeiten" als auch „motivationale Eigenschaften" und „Problemlösungen in variablen Situationen" (Weinert, 2001) Aspekte moderner Konzeptualisierungen der diagnostischen Kompetenz. Die von Blömeke et al. (2015) erarbeitete Überbrückung der Dichotomie zwischen Dispositionen und Performanz findet sich ebenfalls in aktuellen Konzeptualisierungen wieder (siehe Kapitel 3). Darüber hinaus lassen sich die ersten Ansätze der Forschung zur diagnostischen Kompetenz, die in den folgenden Abschnitten 3.2, 3.3 und 3.4 vorgestellt werden, mit dem Modell nach Blömeke verknüpfen.

Diagnostische Kompetenz 3

Im Folgenden soll der Begriff der diagnostischen Kompetenz als zentraler Begriff der vorliegenden Arbeit aufgearbeitet werden. Dazu werden zuerst verschiedene Definitionen diagnostischer Kompetenz vorgestellt und auf wiederkehrende Bestandteile untersucht. Darauf aufbauend werden Konzeptualisierungen diagnostischer Kompetenz mit punktuellem Schwerpunkt erläutert.

3.1 Definitionen diagnostischer Kompetenz

Als eine der relevantesten und zentralen Kompetenzen einer erfolgreichen Lehrkraft wird die diagnostische Kompetenz angesehen (Weinert, 1990; Arnold, 2004; Baumert & Kunter, 2006; Helmke et al., 2004; Popham, 2009). Unter diagnostischer Kompetenz wird in dieser Arbeit die Kompetenz bezüglich des Handlungsfelds pädagogischer Diagnostik verstanden. Zu Beginn der Forschung zur diagnostischen Kompetenz wurde der Begriff ‚diagnostische Kompetenz‘ verwendet. Wie sich im kommenden Kapitel 3 der historischen Aufarbeitung der Forschung zur diagnostischen Kompetenz zeigen wird, gab es zu Beginn der Forschung eine fast einseitige Beschränkung auf eine bestimmte Untersuchungsart der diagnostischen Kompetenz. Die Forschung selbst (Spinath, 2005) und eine rückwirkende Betrachtung der Forschung (Binder et al. (2018) führen zu der Erkenntnis, dass verschiedene Einschätzungen verschiedene Fähigkeiten benötigen. Daher existiert der Ansatz, dass nicht von einer einzigen diagnostischen Kompetenz gesprochen werden kann. Daraus folgt, dass Begriffe wie ‚diagnostische Kompetenzen‘ (z. B. Barth, 2010) oder ‚diagnostische Fähigkeiten‘ (Binder et al., 2018) genutzt werden. Heutige Forschungsansätze sprechen zur besseren Lesbarkeit erneut von diagnostischer Kompetenz und betonen dabei

J. P. Volkmer, *Förderung diagnostischer Kompetenz angehender Grundschullehrkräfte*, Mathematikdidaktik im Fokus, https://doi.org/10.1007/978-3-658-44327-6_3

die Abhängigkeit von der jeweiligen Situation, in der diese Kompetenz wirkt (siehe Abschnitt 3.6 bis 3.9). Daran orientiert sich auch die vorliegende Arbeit. Für die diagnostische Kompetenz gibt es eine Vielzahl an Definitionen (der folgende Abschnitt ist strukturell und inhaltlich angelehnt an Hoth, 2016). Im Folgenden wird eine nicht vollständige Auswahl an Definitionen diagnostischer Kompetenz präsentiert.

In der frühen Auflage des Handwörterbuchs der pädagogischen Psychologie (Rost, 2006) definiert Schrader (2006, S. 95) die diagnostische Kompetenz wie folgt:

> *„Mit Diagnostischer Kompetenz (engl. ‚diagnostic competence‘, ‚accuracy of judgment‘) bezeichnet man die Fähigkeit eines Urteilers, Personen zutreffend zu beurteilen. Sie ist damit die Grundlage für die Genauigkeit diagnostischer Urteile oder Diagnosen.“*

Aus dieser Definition wird ein klarer Schwerpunkt auf der Genauigkeit von Urteilen deutlich. Die Genauigkeit der Urteile bezieht sich hier nur auf Urteile bezüglich Personen. Dabei handelt es sich in Regel bei den Urteilenden um die Lehrkräfte und bei den Beurteilten um die Schüler*innen. Damit ist also beispielsweise gemeint, wie nah die Einschätzung einer Lehrkraft über die Kompetenz einer Schülerin an deren tatsächlicher Kompetenz ist.

Schrader (2006) liefert mit seiner Definition diagnostischer Kompetenz einen Anknüpfungspunkt für weitere Definitionen. So orientiert sich Weinsheimer (2016) in ihrer Dissertation an Schrader (2006) und erweitert um die Definition von Artelt und Gräsel (2009). Das Ziel der Erweiterung ist es, die Urteile nicht nur auf Personen zu beschränken, sondern auch Urteile über Aufgaben und Lernanforderungen einzubeziehen. Demnach gehört beispielsweise die Genauigkeit der Einschätzung einer Lehrkraft über die Lernanforderungen, die eine bestimmte Aufgabe an Schüler*innen stellt, zur diagnostischen Kompetenz. Damit wird der Begriff der diagnostischen Kompetenz durch Weinsheimer (2016, S. 62) weiter gefasst, wenn auch weiterhin mit einem starken Fokus auf der Genauigkeit der Urteile.

> *„Unter der ‚diagnostischen Kompetenz von Lehrkräften‘ (englisch: diagnostic competence, accuracy judgment) versteht man die Fähigkeiten der Lehrkräfte, ihre Schüler(innen) zutreffend zu beurteilen (Schrader, 2006, 95), aber auch Aufgaben und Lernanforderungen adäquat einzuschätzen (Artelt & Gräsel, 2009).“*

Auch Brunner et al. (2011, S. 216), die die diagnostische Kompetenz im Rahmen der COACTIV-Studie („Cognitive Activation in the Classroom: The Orchestration of Learning Opportunities for the Enhancement of Insightful Learning in Mathematics"; (Kunter et al. 2011)) erfasst haben, sehen die Genauigkeit der Urteile als zentral für diagnostische Kompetenz an und definieren diese wie folgt:

> *„Zentral in der Definition diagnostischer Fähigkeiten von Lehrkräften sind dabei die Fähigkeiten (a) lern- und leistungsrelevante Merkmale von Schülerinnen und Schülern angemessen zu beurteilen und (b) Lern- und Aufgabenanforderungen adäquat einzuschätzen [...]"*

In der Definition von Brunner et al. (2011) wird genau wie bei Weinsheimer (2016) die Orientierung an Schrader (2006) sowie an Artelt und Gräsel (2009) deutlich. Sowohl die Einschätzung von Lern- und Aufgabenanforderungen als auch die Beurteilung von Schüler*innen sind nach Brunner et al. (2011) ein Teil diagnostischer Kompetenz. Letzteres wird im Gegensatz zu Schrader (2006) allerdings etwas genauer definiert, indem von den lern- und leistungsrelevanten Merkmalen von Schüler*innen gesprochen wird, die zu beurteilen sind.

Unter anderem Praetorius et al. (2012, S. 116) stellen fest, dass Studien ihrer Zeit sich zumeist auf die Definition von Schrader (2006) beziehen und dabei „[...] diagnostische Kompetenz mit der Genauigkeit von Urteilen – also der Übereinstimmung zwischen den Urteilen einer Lehrkraft und den tatsächlichen Ausprägungen des einzuschätzenden Schülermerkmals – gleich[setzen]."

Schrader (2013, S. 154) öffnet seine Definition der diagnostischen Kompetenz anschließend wie folgt:

> *„Diagnostische Kompetenz von Lehrpersonen bezieht sich auf die Fähigkeit, die im Lehrberuf anfallenden diagnostischen Aufgabenstellungen erfolgreich zu bewältigen, und auf die Qualität der dabei erbrachten Diagnoseleistungen (Schrader, 2011). Ziel ist es, Informationen über Lernergebnisse, Lernvoraussetzungen und Lernvorgänge von Schülerinnen und Schülern zu gewinnen, die für verschiedene pädagogische Entscheidungen (Notengebung, Versetzung, Übergangsempfehlungen, Unterrichtsplanung und -gestaltung, Schul- und Unterrichtsentwicklung) genutzt werden können."*

Aus dieser Definition wird nun deutlich, dass diagnostische Kompetenz über die Genauigkeit von Urteilen hinausgeht. Das Gewinnen und Verarbeiten von Informationen zum Zweck der pädagogischen Entscheidungsfindung (siehe Abschnitt 2.1 zur pädagogischen Diagnostik) wird bei dieser Definition als Ziel festgesetzt. Ferner wird nicht die Genauigkeit der Diagnosen, sondern deren Qualität beschrieben. Allerdings bezieht sich die diagnostische Kompetenz nach

Schrader (2013) primär auf die Urteile bezüglich Personen (also Schüler*innen). Der durch Artelt und Gräsel (2009) zusätzlich vorgeschlagene Fokus auf die Aufgabe wird hier nicht weiter beachtet.

Auch Schwarz et al. (2008, S. 779) entfernen sich von der Urteilsgenauigkeit, indem sie einen erweiterten Fokus auf die Analyse von Personen oder deren Performanz anhand von vorher festgelegten Kategorien als maßgeblich ansehen:

> *„Diagnostic competence is the ability and the readiness of an assessing person to assess or analyse people or their performances according to predefined categories and terms of conceptions. "*

Allein aus der hier dargestellten und nicht vollständigen Vielzahl an Definitionen wird deutlich, dass eine Entwicklung des Verständnisses diagnostischer Kompetenz zu beobachten ist. Während einige Definition die diagnostische Kompetenz mit der Urteilsgenauigkeit bezüglich Personenurteilen gleichgesetzt haben, erweitern andere Definitionen um verschiedene Aspekte, z. B. deren Zielsetzung.

Mit einem Wandel der Definitionen geht zusätzlich ein Wandel der verschiedenen Forschungstraditionen zur diagnostischen Kompetenz einher. Im Folgenden werden diese Forschungstraditionen zur diagnostischen Kompetenz vorgestellt. Begonnen wird dabei mit der Forschungstradition der Urteilsgenauigkeit, da diese, wie bereits an der Definition deutlich geworden ist, anfangs mit diagnostischer Kompetenz gleichgesetzt wurde und damit in gewisser Weise einen Ausgangspunkt der Forschung zur diagnostischen Kompetenz markiert[1].

3.2   Diagnostische Kompetenz als Urteilsgenauigkeit

Obwohl die Urteilsgenauigkeit als Ansatz zur Konzeptualisierung der diagnostischen Kompetenz in der vorliegenden Arbeit nicht verfolgt wird, wird dieser Ansatz im Folgenden vorgestellt, da daraus zahlreiche Ergebnisse und Folgeforschung resultieren. Die Forschungstradition zur Diagnostik von Lehrkräften reicht weit zurück und beginnt schon vor dem ‚PISA-Schock‘ und der damit verbundenen Kompetenzwende. Ein erster Ansatz, diagnostische Kompetenz im deutschsprachigen Raum zu erforschen, liegt in der Konzeptualisierung der diagnostischen Kompetenz als Urteilsgenauigkeit. Hierzu gab es international bereits im Jahr 1989 eine Überblicksstudie von Hoge und Coladarci (1989). Der Anfang

---

[1] International werden viele verschiedene Begriffe für die diagnostische Kompetenz genutzt, z. B. *diagnostic competence, assessment literacy* und *judgement accuracy* (siehe Sommerhoff et al. (2022)).

der Forschung zur Urteilsgenauigkeit in Deutschland wiederum lässt sich auf die Dissertation von Schrader (1989) und einen Artikel von Schrader und Helmke (1987) zurückführen.

Bereits in der Dissertation von Schrader (1989) und im dazugehörigen Artikel von Schrader und Helmke (1987) wird zwischen drei verschiedenen Urteilen unterschieden: dem personenbezogenen Urteil (leistungsbezogene Merkmale), dem aufgabenbezogenen Urteil (Aufgabenschwierigkeit) und aufgabenspezifischen Urteilen (binäre Hypothese über Schüler x für Aufgabe y). Hierbei wurde erstmals in Anlehnung an Cronbach (1955) die Korrelation zwischen Lehrer*innenurteilen und der tatsächlichen Schülerperformanz berechnet. Das gängige Forschungsdesign dieser Forschungstradition zur diagnostischen Kompetenz besteht bis heute darin, einen standardisierten Test mit den Schüler*innen der Klassen der jeweiligen Lehrkräfte durchzuführen. Mithilfe der Vorhersage über das Abschneiden der eigenen Schüler*innen im standardisierten Test durch die untersuchte Lehrkraft werden drei Komponenten der Urteilsgenauigkeit berechnet: Die „Niveaukomponente", die „Rangkomponente" und die „Differenzierungskomponente" (siehe z. B. Schrader, 2013). Die drei Komponenten spiegeln laut Schrader (1988) die diagnostische Kompetenz wider und wurden von ihm jeweils für das aufgabenbezogene Urteil und das personenbezogene Urteil berechnet. Karst (2017) verdeutlicht den Ansatz in der Abbildung 3.1 gezeigten Tabelle:

	Art des Urteils	
Komponente diagnostischer Kompetenz	aufgabenbezogen „Wie viele Lernende werden diese Aufgabe lösen?"	personenbezogen „Wie viele Aufgaben werden vom Schüler/von der Schülerin richtig gelöst?"
	Akkuratheit in der Einschätzung ...	
Niveau $\bar{y} - \bar{x}$	... der mittleren Aufgabenschwierigkeit	... der mittleren Schülerleistung
Differenzierung σ_y / σ_x	... der Heterogenität von Aufgabenschwierigkeiten	... der Heterogenität von Schülerleistungen
Rangordnung r_{xy}	... der Rangreihe der Aufgabenschwierigkeiten	... der Rangreihe der Schülerleistungen

Anmerkungen. $\bar{y}$ = mittleres Lehrerurteil, $\bar{x}$ = mittlere Schülerleistung, σ_y = Streuung des Lehrerurteils, σ_x = Streuung der Schülerleistung, r_{xy} = Produkt-Moment-Korrelation zwischen Lehrerurteil und Schülerleistung.

Abb. 3.1 Übersicht zur Urteilsgenauigkeit (Karst, S. 22)

Hier wird erstens differenziert zwischen der Art des Urteils (aufgabenbezogen oder personenbezogen) und zweitens zwischen den drei bereits angesprochenen Komponenten diagnostischer Kompetenz. Die Niveaukomponente beschreibt dabei die Genauigkeit der Einschätzung der mittleren Aufgabenschwierigkeit bzw. Schüler*innenleistung, also beispielsweise die Genauigkeit der Aussage einer Lehrkraft über das mittlere Leistungsniveau ihrer Klasse bezogen auf einen spezifischen Test verglichen mit dem tatsächlichen mittleren Leistungsniveau der Klasse in diesem Test. Die Differenzierungskomponente beschreibt die Genauigkeit der Einschätzung der Heterogenität der Aufgabenschwierigkeit oder der Schüler*innenleistung. Beispielsweise wird hier betrachtet, inwieweit die Lehrkraft die Schüler*innenleistung über- bzw. unterschätzt. Die Rangordnungskomponente bezieht sich auf die Genauigkeit der Einschätzung der Rangreihe der Aufgabenschwierigkeit oder der Schüler*innenleistungen. Hier wird beispielsweise die Einschätzung einer Lehrkraft bezüglich der Rangreihe der eigenen Schüler*innen in Bezug auf das Abschneiden bei einem konkreten Test oder einer konkreten Aufgabe mit der tatsächlichen Rangreihe nach der Bearbeitung verglichen.

Es wird vorrangig die Rangordnungskomponente der diagnostischen Kompetenz als zentraler Indikator für die Genauigkeit genutzt und als Maß für die diagnostische Sensitivität betrachtet (Spinath, 2005), da diese das individuelle Urteil spiegele und nicht über die gesamte Gruppe eine Aussage getroffen wird.

Zwar wurde die Urteilsgenauigkeit in der Forschung eine Zeit lang mit der diagnostischen Kompetenz gleichgesetzt (Praetorius et al., 2012). Dennoch wird dieser Ansatz vor allem für seine Ferne zur unterrichtlichen Praxis kritisiert. So äußert Klug (2013, S. 38): „So far, in studies from countries all over the world, accuracy in teachers' judgments has been measured by correlating teachers' judgments with the results of standardized tests". Mit Verweis auf Abs (2007) stellt sie fest, dass dieser Ansatz nicht ausreicht, um die diagnostische Kompetenz abzubilden. Es fehle der Bezug zur unterrichtlichen Praxis im bisher dominierenden Forschungsansatz zur diagnostischen Kompetenz. Auch Praetorius et al. (2012) stellen in ihrem Übersichtsbeitrag fest: „Von der diagnostischen Kompetenz von Lehrkräften zu sprechen, erscheint nach allem, was man bislang darüber weiß, nicht angebracht". Die Botschaft der Kritik ist also nicht, dass der Ansatz nicht passend ist. Wesentlich für die Kritik ist, dass es neben der Urteilsgenauigkeit weitere Ansätze geben muss, um die diagnostische Kompetenz zu konzeptualisieren.

Das führt dazu, dass es noch heute Studien gibt (siehe z. B. Ostermann et al., 2018 oder Rieu et al., 2020), die die Urteilsgenauigkeit messen, weil die prädiktive Performanz der Lehrkräfte einen nachgewiesenen positiven Effekt auf das Lernergebnis der Schüler*innen hat (Anders et al., 2010; Schrader, 2013; Helmke & Schrader, 1987). Dabei wird Urteilsgenauigkeit heute nicht mehr mit diagnostischer Kompetenz gleichgesetzt, sondern sie wird als eine (aber nicht als die einzige) Ausprägung der diagnostischen Kompetenz verstanden.

3.3 Diagnostische Kompetenz als ein Zusammenspiel verschiedener Facetten des professionellen Wissens

Der gerade beschriebene Ansatz der Urteilsgenauigkeit, betrachtet mit dem Blick auf die Strömungen der allgemeinen Kompetenzforschung (siehe Abschnitt 2.2), stellt die Performanz der Lehrkräfte stark in den Fokus der Forschung. Einen anderen Fokus setzt die für die Bildungsforschung zentrale (Depaepe et al., 2013) Forschung zur Konzeptualisierung des professionellen Wissens von Lehrkräften. Hier wird die diagnostische Kompetenz als ein Zusammenspiel verschiedener Dispositionsfacetten verstanden. Entsprechend handelt es sich auf der Ebene der Konzeptualisierung um einen eher gegensätzlichen Ansatz zur Urteilsgenauigkeit, weil sich die Urteilsgenauigkeit eher auf die Performanz bezieht.

Noch ohne die Idee, die diagnostische Kompetenz speziell zu verorten oder zu modellieren, unternimmt Shulman (1986, 1987) den ersten Versuch, das professionelle Wissen von Lehrkräften zu modellieren, und begründet damit einen prominenten Forschungsstrang. Er beschreibt in seinen beiden viel zitierten Artikeln (Shulman, 1986; 1987) verschiedene fachspezifische Wissenskomponenten des professionellen Wissens von Lehrkräften. Durch die damit einhergehende Betonung der Domänenspezifität von Lehr-Lern-Prozessen grenzt sich Shulman von der bisher vorherrschenden generischen Perspektive der pädagogischen Psychologie ab (Kunter et al., 2011). Die Wissensbereiche nach Shulman (1987, S. 8) sind: „content knowledge, general pedagogical knowledge, curriculum knowledge, pedagogical content knowledge, knowledge of learners and their characteristics, knowledge of educational contexts, knowledge of educational ends, purposes, and values, and their philosophical and historical grounds". Shulman (1987) benennt darunter drei zentrale Bereiche: *content knowledge* (CK – Fachwissen), *pedagogical content knowledge* (PCK – fachdidaktisches Wissen) und *generic pedagogical knowledge* (PK – allgemein pädagogisches Wissen) (siehe hierzu auch Kunter et al., 2011). Dabei sieht Shulman (1987) *pedagogical content knowledge* als die interessanteste Wissenskategorie für die Forschung zum professionellen Wissen von Lehrkräften, weil Expertinnen des jeweiligen Fachs und

Pädagog*innen in dieser Wissenskategorie die größten Unterschiede aufweisen müssten.

Bromme (1997, S. 196) übernimmt für seine „Topologie des professionellen Wissens" die von Shulman vorgeschlagenen Kategorien „Fachliches Wissen", „Curriculares Wissen", „Philosophie des Schulfaches", „Pädagogisches Wissen" und „Fachspezifisch-Pädagogisches Wissen". Diese fünf Kategorien werden von Bromme durch die Kompetenz zum raschen und situationsangemessenen Handeln und die diagnostische Kompetenz ergänzt. Von den Wissensbereichen nach Shulman (1986; 1987) und der Erweiterung von Bromme (1997) ausgehend, haben verschiedene Forschungsprojekte professionelles Wissen bzw. professionelle Kompetenz konzeptualisiert und dabei zum Teil auch die diagnostische Kompetenz verortet.

International findet sich ein viel zitierter Ansatz, das professionelle Wissen von Lehrkräften zu konzeptualisieren, bei der sogenannten ‚Michigan-Group'. Diese Forschungsgruppe hat weitere Bereiche professionellen Wissens von Lehrkräften konzeptualisiert und empirisch nachgewiesen (Ball et al., 2008). Hierbei findet allerdings keine Verortung der diagnostischen Kompetenz durch die Forschenden selbst statt. Der Ansatz der Michigan-Group beinhaltet das Fachwissen (CCK – *common content knowledge*), das Wissen zum Unterrichten des Fachs (SCK – *specialized content knowledge*), das Wissen um Zugänge, Darstellungsweisen und Veranschaulichungen (KCT – *knowledge of content and teaching*) und das Wissen um Schülerschwierigkeiten (KCS – *knowledge of content and students*). Die jeweiligen Unteraspekte dieser Einteilung führen dazu, dass Weinsheimer (2016, S. 12 – 13) zu der Folgerung kommt, dass in all diesen Facetten Aspekte diagnostischer Kompetenz vorhanden sind. So umfasst das CCK das nötige Wissen, um die Korrektheit einer Schüler*innenantwort zu prüfen. Das SCK beinhaltet unter anderem das nötige Wissen, um verschiedene Repräsentationen von Mathematik einschätzen und auswählen zu können. Im KCT wird auch das Wissen über das mathematische Denken von Schüler*innen verortet und im KCS die Einschätzung von Beobachtungen aus dem Unterricht.

Auch in Deutschland sind Ansätze zur Konzeptualisierung des professionellen Wissens von Lehrkräften prominent und wurden im Zusammenhang mit groß angelegten Studien erforscht (COACTIV: Kunter et al., 2011; Teacher Education and Development Study (TEDS)-Studien: Blömeke, 2010). Ausgehend von den Überlegungen Shulmans (1986 & 1987), Brommes (1997) und der Michigan-Group (Ball et al., 2008) wurde im Rahmen der COACTIV-Studie (Kunter et al., 2011) die diagnostische Kompetenz explizit verortet (Brunner et al., 2011, Abbildung 3.2).

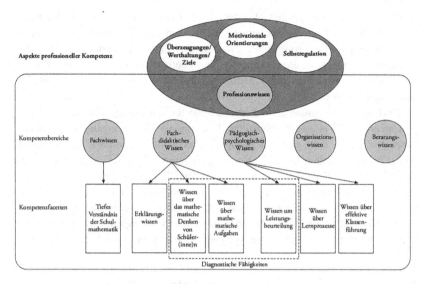

Abb. 3.2 Kompetenz-Modell der COACTIV-Gruppe (Brunner et al., 2011, S. 217)

Bei der COACTIV-Studie handelt es sich allgemein um ein Forschungsprogramm, das die „[...] Genese, Struktur und Handlungsrelevanz [...]" (Kunter et al., 2011) untersucht. In Abgrenzung gegenüber Shulman (1986, 1987) und gegenüber der Michigan Group (Ball et al., 2008) wird das Wissen in die Kompetenzbereiche Fachwissen, fachdidaktisches Wissen, pädagogisch-psychologisches Wissen, organisatorisches Wissen und Beratungswissen aufgeteilt. Den Kompetenzbereichen werden Kompetenzfacetten zugeordnet. Beispielsweise wird dem Kompetenzbereich ‚Fachwissen' die Kompetenzfacette ‚Tiefes Verständnis der Schulmathematik' zugeordnet und der Kompetenzbereich ‚Fachdidaktisches Wissen' umfasst die Kompetenzfacetten ‚Erklärungswissen', ‚Wissen über das mathematische Denken von Schüler*innen' und ‚Wissen über mathematische Aufgaben'. Das professionelle Wissen der Lehrkräfte wird im Modell der COACTIV-Studie um die Nichtwissensaspekte Motivation, Überzeugungen und Selbstregulation erweitert (Kunter et al., 2011).

Im Modell der COACTIV-Studie wurde diagnostische Kompetenz in frühen Publikationen als Teil des fachdidaktischen Wissens gefasst (Krauss et al., 2004). Später beschrieben Brunner et al. (2011) die diagnostischen Fähigkeiten in der oben dargestellten Fassung des Modells jedoch als ein Zusammenspiel aus Facetten der Kompetenzbereiche ‚Fachdidaktisches Wissen' und

‚Pädagogisch-psychologisches Wissen'. Nach Brunner et al. (2011) bilden die Facetten ‚Wissen über das mathematische Denken von Schüler(inne)n', ‚Wissen über mathematischen Aufgaben', ‚Wissen um Leistungsbeurteilung' die diagnostische Kompetenz. Bemerkenswert aus heutiger Sicht ist, dass die Facette ‚Wissen über Lernprozesse' des ‚pädagogisch psychologischen Wissens' kein Teil diagnostischer Kompetenz ist.

Wird die Konzeptualisierung der diagnostischen Kompetenz als Teil des professionellen Wissens zur Konzeptualisierung als Urteilsgenauigkeit in Beziehung gesetzt, so lässt sich mit Blick auf das Kompetenzmodell von Blömeke et al. (2015) festhalten, dass die Konzeptualisierung als Teil des professionellen Wissens eher die Seite der Dispositionen in den Blick nimmt und die Konzeptualisierung als Urteilsgenauigkeit sich eher auf die Seite der Performanz bezieht. Somit wird ein etwas anderes Verständnis der diagnostischen Kompetenz deutlich. Hierbei ist zu erwähnen, dass die diagnostische Kompetenz im Rahmen der COACTIV-Studie mit einem Urteilsgenauigkeitstest erfasst wird.

3.4   Diagnostische Kompetenz als ein (kognitiver) Prozess

Wie in Abschnitt 3.2 zur Urteilsgenauigkeit beschrieben, wurde dieser Ansatz für die Ferne zur unterrichtlichen Praxis kritisiert. Klug et al. (2016) stellen mit Bezug zu Abs (2007) fest, dass das Diagnostizieren des Lernverhaltens von Schüler*innen bisher zu wenig Berücksichtigung findet. Weiter solle die Diagnose nicht ohne Konsequenzen bleiben, sondern Implikationen für das unterrichtliche Handeln einer Lehrkraft haben (Klug et al., 2013). Um die von ihnen ausgemachte Forschungslücke zu adressieren, beziehen sich Klug et al. (2013) auf Jäger (2007), der in seinem Modell sechs Stationen des diagnostischen Prozesses vorschlägt: „Fragestellung, Datenerhebung, Registrierung, Interpretation der Daten, Urteilsbildung und Urteil". Klug et al. (2013) erweitern dieses erste Prozessmodell und stellen einen dreiteiligen, zyklischen Prozess vor (Abbildung 3.3). Diesen belegen sie empirisch.

Der Prozess besteht aus den Dimensionen ‚Präaktional', ‚Aktional' und ‚Postaktional'. In der präaktionalen Dimension werden Ziele, Methoden sowie Beurteilungs- und Qualitätskriterien festgelegt. In der aktionalen Dimension werden Vorhersagen getroffen, Informationen gesammelt und systematisch verarbeitet. In der postaktionalen Dimension wird Feedback gegeben, weiteres Vorgehen geplant und selbstreguliertes Lernen gelehrt.

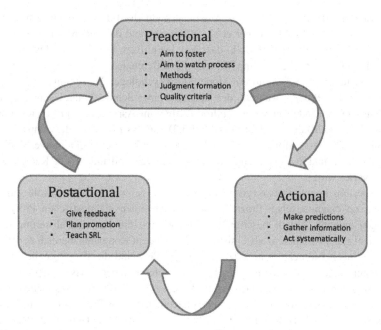

Abb. 3.3 Prozessmodell diagnostischer Kompetenz (Klug et al. 2013, S. 39)

Ein bekannter Forschungsansatz, der der Tradition der diagnostischen Kompetenz als Prozess folgt, ist die sogenannte fehlerdiagnostische Kompetenz (Heinrichs, 2015; Heinrichs & Kaiser, 2018; Hock, 2021; Larrain & Kaiser, 2022; Reisman, 1982). Bei diesem Forschungsansatz wird in der Regel eine mehr oder minder komplexe Lösung ins Zentrum gestellt, die einen (konstruierten) Fehler enthält. Die Proband*innen der Untersuchung sind aufgefordert, den Fehler von zumeist Schüler*innen wahrzunehmen und eine Interpretation vorzunehmen, um darauf aufbauend eine Entscheidung zu fällen. Die Entscheidung kann sich auf weiterführende Diagnostik, Diagnostiktools und/oder auf Fördermaßnahmen beziehen. Auf den Umgang folgt entweder das Ende des Prozesses oder der Prozess beginnt bei einer erneuten Wahrnehmung des gleichen Fehlers oder eines Folgefehlers. Entsprechend finden sich hier die Phasen nach Klug et al. (2013) wieder.

Während Klug et al. (2013) also den Ablauf der Diagnose darstellen, gibt es zusätzlich Forschung, die den Prozess der Diagnostik aus der Perspektive der Kognition betrachtet bzw. das Augenmerk auf die Informationsverarbeitung (Böhmer et al., 2015; Dünnebier et al., 2009) während der Diagnostik legt.

Ein Beispiel für ein Modell, das den kognitiven Prozess der Diagnostik darstellt, findet sich bei Philipp (2018). Sie differenziert verschiedene Diagnoseanlässe und referenziert auf ein Modell des Psychologen Nickerson (1999), um den kognitiven Prozess während der Diagnose einer Schüler*innenlösung darzustellen. Dieses Modell erweitert Philipp (2018) um Aspekte des professionellen Wissens von Lehrkräften (siehe Abschnitt 3.3) und das Konstrukt des „unpacking learning goals" von Morris et al. (2009). Sie nutzt dazu eine qualitative Studie, die mit einer Inhaltsanalyse anhand von deduktiven und induktiven Kategorien ausgewertet wird.[2]

Insgesamt konnten also verschiedene Studien zeigen, dass es sowohl einen kognitiven diagnostischen Prozess gibt als auch einen diagnostischen Prozess, der den äußeren Ablauf beschreibt. Während sich die Konzeptualisierung der diagnostischen Kompetenz als Urteilsgenauigkeit dem Kompetenzbereich der Performanz nach Blömeke et al. (2015) zuordnen lässt und die Konzeptualisierung der diagnostischen Kompetenz als Teil des professionellen Wissens dem Kompetenzbereich der Dispositionen nach Blömeke et al. (2015) zuzurechnen ist, lässt sich die diagnostische Kompetenz konzeptualisiert als Prozess keinem Kompetenzbereich nach Blömeke et al. (2015) direkt zuweisen. Hier wird also ein anderer Blick auf die diagnostische Kompetenz geworfen, der ohne Performanz- und Dispositionsaspekte aber ebenfalls nicht auskommt.

3.5   Fazit zu den Konzeptualisierungen diagnostischer Kompetenz vor 2018

Wie soeben beschrieben wurde, gibt es verschiedene Stränge der Forschung, die die diagnostische Kompetenz konzeptualisieren. Es besteht Forschung zur Urteilsgenauigkeit, die einen hohen Wert auf die Performanz der Lehrkräfte legt. Andererseits existiert Forschung, die diagnostische Kompetenz als ein Zusammenspiel verschiedener Facetten des professionellen Wissens versteht. Schließlich gibt es das Verständnis von diagnostischer Kompetenz als Prozess. Diese Forschungsstränge sind nicht losgelöst voneinander. Die COACTIV-Forschungsgruppe, die die diagnostische Kompetenz als Teil des professionellen Wissens auffasst, misst

---

[2] Das Modell von Nickerson (1999) und die Adaption von Philipp (2018) werden in Abschnitt 6.3 ausführlich dargestellt, da die Modelle für die Konzeptualisierung diagnostischer Kompetenz der vorliegenden Arbeit relevant sind.

beispielsweise diagnostische Kompetenz mit einem Forschungsdesign, das der Urteilsgenauigkeit zuzuordnen ist (Brunner et al., 2011). Schließlich ist ein Teil der Forschung zur diagnostischen Kompetenz als Prozess durch die Kritik am Paradigma der Urteilsgenauigkeit motiviert.

Die unterschiedlichen Ansätze der Forschung zur diagnostischen Kompetenz bilden alle einen Teil der diagnostischen Kompetenz ab und hängen wie oben beschrieben in gewisser Weise zusammen. Es fehlte bis hierhin allerdings ein Ansatz, der diagnostische Kompetenz als ein Konstrukt versteht, mit dem es möglich ist, die verschiedenen Ansätze gleichzeitig zu betrachten. Die bisher dargestellte Forschung deutet darauf hin, dass ein solcher Ansatz die diagnostische Kompetenz als einen (kognitiven) Prozess und die Urteilsgenauigkeit als eine Möglichkeit der Messung der Performanz verstehen und die Verortung des professionellen Wissens bzw. weiterer Dispositionen ermöglichen sollte.

Diese Forschungslücke wurde im Anschluss ungefähr ab 2018 vielfältig adressiert. Dies wird im Folgenden mit einem spezifischen Fokus auf die für die Arbeit relevanten Modelle dargestellt.

3.6 Holistische Ansätze zur diagnostischen Kompetenz

Ein erster Ansatz, die Überlegung zur diagnostischen Kompetenz in nur einem Modell zu kanalisieren, findet sich bei Leuders et al. (2018). Leuders et al. (2018, S. 4) verstehen unter diagnostischer Kompetenz sowohl die Ansätze zur Urteilsgenauigkeit, die Ansätze zum professionellen Wissen als auch den passenden Einsatz von diagnostischen Prozessen. Sie halten fest: „[...] diagnostic competence cannot be regarded as *one* individual trait but rather as a broad construct bundle" (Leuders et al., 2018, S. 4). Aus Sicht der Kompetenzforschung wird hier nicht wie bei Shohamy (1996) Kompetenz mit einem Trait oder einer Disposition gleichgesetzt, vielmehr ist Kompetenz ein vielschichtiges Konstrukt.

Um das Konstrukt diagnostischer Kompetenz darzustellen, greifen Leuders et al. (2018) auf das in Abschnitt 2.2 beschriebene Modell von Blömeke et al. (2015) „competence as a continuum" zurück und adaptieren es für die diagnostische Kompetenz. Dabei findet sich erstens die Konzeptualisierung der diagnostischen Kompetenz im professionellen Wissen wieder (*diagnostic dispositions*). Zweitens wird die Urteilsgenauigkeit als ein Beispiel der *diagnostic performance* verstanden. Allerdings bezieht sich im Modell nach Leuders et al. (2018, Abbildung 3.4) die *diagnostic performance* eben nicht nur auf die Urteilsgenauigkeit, sondern umfasst auch Tätigkeiten im Unterricht, z. B. das Loben eines Schülers/einer Schülerin. Die Konzeptualisierung der diagnostischen Kompetenz als Prozess wird zum einen als kognitiver Prozess verstanden, in dem das Kontinuum wirkt, und zum anderen als Ablauf der Diagnose aufgegriffen.

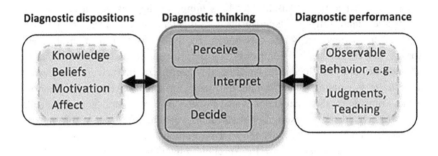

Abb. 3.4 Diagnostische Kompetenz nach (Leuders et al., 2018, S. 15)

Aus der Grafik ist ersichtlich, dass die generelle Struktur des Modells nach Blömeke et al. (2015) beibehalten wird. Auch hier wird die aus der Kompetenzforschung bekannte Dichotomie zwischen Disposition und Performanz deutlich, die im Modell durch das *diagnostic thinking* überbrückt wird.

Die diagnostischen Dispositionen umfassen nach Leuders et al. (2015, S. 8) das Wissen, die Beliefs und sowohl motivationale als auch affektive Faktoren. Forschung zur diagnostischen Kompetenz, die bis hierhin die diagnostischen Dispositionen untersucht hat, bemüht sich nach Leuders et al. (2015, S. 8) um die Beschreibung und Identifizierung latenter Merkmale mithilfe von Tests (schriftlich, videobasiert usw.), die zur Operationalisierung von diagnostischen Situationen nötig sind.

Diagnostisches Denken kann als situationsspezifischer Prozess betrachtet werden, der aus den Aktivitäten Wahrnehmen, Interpretieren und Entscheiden besteht (Leuders et al., 2018). Somit verbindet das diagnostische Denken die beschriebenen Dispositionen mit der konkret sichtbaren Performanz. „Die Forschung zur diagnostischen Kompetenz, die sich auf diese Perspektive konzentriert, erstellt und untersucht Modelle für kognitive Prozesse, die diagnostische Urteile erklären" (Leuders et al., 2018, S. 8).

Diagnostische Performanz bezieht sich nach Leuders et al. (2018, S. 8) z. B. auf konkret wahrnehmbares Verhalten. Forschung in dieser Tradition untersucht Lehrerurteile über die Erfolge oder das Lernverhalten ihrer Schüler*innen und/ oder entsprechende Folgerungen. „Die diagnostische Performanz kann als das

Produkt der diagnostischen Dispositionen und diagnostischen Fähigkeiten sowie deren Operationalisierung angesehen werden" (Leuders et al., 2018, S. 8). Während Leuders et al. (2018) das Modell zur allgemeinen Kompetenz von Blömeke (2015) für die diagnostische Kompetenz adaptiert haben, sind im deutschsprachigen Raum im Rahmen von drei Projekten (DiaKom – Loibl et al., 2020, „Facilitating diagnostic competences in simulation-based learning environments in the university context" – Cosima – Heitzmann et al., 2018, „Diagnostische Kompetenz von Lehrkräften – Theoretische und methodische Weiterentwicklungen" – NeDiKo – Herppich et al., 2018) relativ zeitgleich jeweils Modelle der diagnostischen Kompetenz entstanden. Diese sind spezifischer und umfassender bezüglich der Ausformulierung der Bestandteile als der Ansatz von Leuders et al. (2018). Im Folgenden werden die Ansätze der Forschungsgruppen DiaKom und Cosima vorgestellt, weil diese für die Konzeptualisierung und Operationalisierung der diagnostischen Kompetenz in der vorliegenden Arbeit relevant sind (siehe dazu Kapitel 5). Der Ansatz der Forschungsgruppe NeDiKo wird für die vorliegende Studie aufgrund der Komplexität des Ansatzes nicht betrachtet.

3.7 DiaKom-Modell

Das im Zusammenhang mit dem Forschungsprojekt ,DiaKom' entstandene Modell soll mit einem ganzheitlichen Ansatz den kognitiven Prozess der Urteilsfindung darstellen (Loibl et al., 2020). Es knüpft damit an alle beschriebenen Forschungstraditionen (Abschnitt 3.2, 3.3 & 3.4) an, schließt allerdings die post- und die präaktionale Phase nach Klug et al. (2013) aus (Schreiter et al., 2022).

Das DiaKom-Modell (Abbildung 3.5) besteht aus vier Komponenten: (SC) *Situation Characteristics*, (PC) *Person Characteristics*, (DT) *Diagnostic Thinking*, (DB) *Diagnostic Behavior*. Diese Komponenten werden in external beobachtbare und internale Komponenten unterteilt; SC und DB zählen zu den externalen und PC und DT zu den internalen Komponenten.

Die *Person Characteristics* umfassen Aspekte des Wissens, der Motivation und der Beliefs, aber auch Aspekte wie Stress oder Mindset. Diese Aspekte werden in *States* und *Traits* unterteilt. Dabei sind *Traits* jene Eigenschaften, die in verschiedenen Situationen stabil sind (z. B. Überzeugungen oder Wissen), wogegen *States* je nach Situation und Zeitpunkt variabel sind (z. B. das aktuelle Mindset oder andere Affektvariablen). Entsprechend zeigt sich hier eine Angliederung an die Tradition von z. B. Blömeke et al. (2015) oder Leuders et al. (2018),

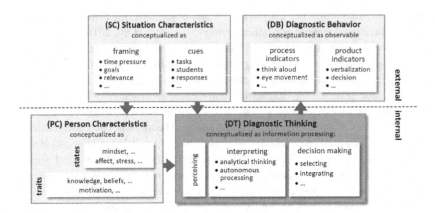

Abb. 3.5 Diagnostische Kompetenz nach Loibl et al. (2020, S. 3)

in der die (kognitiven) Dispositionen ein relevanter Bestandteil der (diagnostischen) Kompetenz sind. Erweitert wird der bisherige Stand durch die Unterteilung
der Dispositionen in *States* und *Traits*. Zusätzlich halten Loibl et al. (2020,
S. 4) fest, dass die Dispositionen, die für das diagnostische Denken nötig sind,
von den spezifischen Eigenschaften der Situation abhängen. Situationen werden
durch *Framing* wie „time pressure", „goals", „relevance" und *Cues* wie „tasks",
„students" und „responses" genauer definiert. Diese werden je nach Anlass aufgeführt. *Framing* steht dabei für die Rahmung der Situation, also die Parameter, die
die Situation bestimmen. Soll beispielsweise die Schüler*innenleistung bewertet
werden, so seien die Schüler*innencharakteristika und die Schüler*innenlösung
ausschlaggebend für die Situation (*Framing*). Die Diagnose sei weiter beeinflusst
durch die Aspekte des *Framing*. Eine Diagnose unter Zeitdruck führt potenziell zu einem anderen Ergebnis als eine Diagnose mit freier Zeiteinteilung. Weiter
wird die diagnostische Situation durch sogenannte *Cues* definiert. Hierbei handelt
es sich laut Loibl et al. (2020) um eine Adaption eines wesentlichen Merkmals
des Linsenmodells nach Brunswiks (1955)[3]. Dabei sind *Cues* die Aspekte der
diagnostischen Situation, die Informationen enthalten, die im Diagnoseprozess
genutzt werden können.

---

[3] Das Linsenmodell nach Brunswik (1955) ist ein Urteilsprozessmodell. Der Urteilende
betrachtet nach Brunswik (1955) den zu beurteilenden Gegenstand nicht direkt, sondern
durch sogenannte Hinweisreize (‚Cues') – die ‚Linse'.

Im Modell der DiaKom-Forschung nimmt das *Diagnostic Thinking* (DT) eine zentrale Position ein. Das *Diagnostic Thinking* wird in die bereits bekannten (Blömeke et al., 2015; Leuders et al., 2018) Aktivitäten „Perceive", „Interpret" und „Decide" unterteilt. Für das *Diagnostic Thinking* wird von Loibl et al. (2020) kein einheitliches kognitives Modell vorgeschlagen, das dann für alle Situationen anwendbar sein muss. Vielmehr erfolgt ein Hinweis auf unterschiedliche mögliche Konzeptualisierungen dieses Bereichs (Loibl et al., 2020). Die jeweilige Konzeptualisierung muss orientiert an der Situation und der bestehenden breiten Literatur zu Informationsverarbeitungsprozessen von den Forschenden ausgewählt und entsprechend ausgearbeitet werden.

Das DiaKom-Modell schließt mit der externalen Komponente *Diagnostic Behavior*. Hier wird unterteilt in Prozessindikatoren wie ‚lautes Denken' und Produktindikatoren wie ‚Verbalisierung'. Unterschieden wird hier also zwischen dem Prozess der Entscheidung und der ausformulierten Entscheidung.

Die Verbindungen zwischen den vier Komponenten des Modells nach Loibl et al. (2020) werden durch Pfeile dargestellt. Durch die Pfeile in der Abbildung ist erkennbar, dass die diagnostische Situation maßgeblich für die darauffolgenden Bestandteile des Modells verantwortlich ist. Welche *Person Characteristics* für das *Diagnostic Thinking* nötig sind und wie das *Diagnostic Thinking* operationalisiert wird, hängt (dargestellt durch die Pfeile) jeweils von der diagnostischen Situation ab. Das *Diagnostic Thinking* wird zusätzlich durch die vorhandenen *Person Characteristics* beeinflusst und resultiert im *Diagnostic Behavior*.

Mit dem Modell der Forschungsgruppe DiaKom lassen sich Ansätze, die den verschiedenen Traditionen (siehe Kapitel 3) zuzuordnen sind, vereinen und jeweils konzeptualisieren. Beispielsweise wird die Metastudie von Südkamp et al. (2012), die der Tradition der Urteilsgenauigkeit zuzuordnen ist, von den Autor*innen des DiaKom-Modells in ebenjenes eingeordnet (Loibl et al., 2020, Abbildung 3.6). Hierbei wird deutlich, dass sich ausgehend von einer präzise beschriebenen Situation das restliche Modell ausformulieren lässt. Das *Framing* ist für die Metastudie durch den Fokus auf die eigenen Studierenden und die akademischen Leistungen definiert. Die *Cues* anhand derer die Urteile getroffen werden, bilden sich durch die Merkmale der Aufgaben. Die *Person Characteristics* und das *Diagnostic Thinking* werden in der der Metastudie nicht weiter thematisiert. Das *Diagnostic Behavior* zeigt sich external in der Genauigkeit des Urteils über die Schülerleistung.

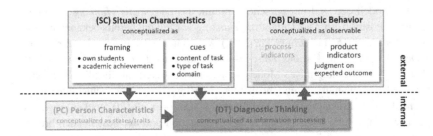

Abb. 3.6   Diagnostische Kompetenz für die Urteilsgenauigkeit nach Loibl et al. (2020; S. 5)

3.8   Cosima-Modell

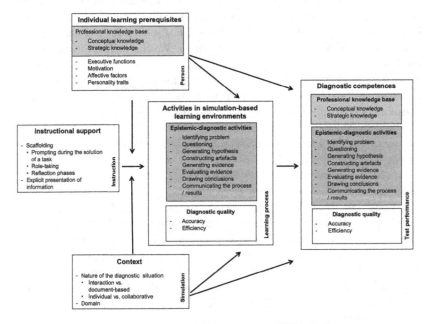

Abb. 3.7   Diagnostische Kompetenz nach Heitzmann et al. (2019, S. 5)

Ein weiteres holistisches Modell schlagen im Rahmen des „Cosima"-Projekts Heitzmann et al. (2019) vor. Das dort entstandene Modell (Abbildung 3.7) bezieht sich auf die simulationsbasierte Förderung diagnostischer Kompetenz. Es soll sowohl für den Bereich der Bildungswissenschaften als auch für den Bereich Medizin eingesetzt werden. Da es sich um ein Modell zur Förderung diagnostischer Kompetenz handelt, ist die diagnostische Kompetenz nur ein Teilbereich des Gesamtmodells. Weitere Bereiche sind Faktoren, die die Entwicklung diagnostischer Kompetenz beeinflussen (Heitzmann et al., 2019). Hierzu gehören der „instructional support", die „individual learning prerequisites", der „context" und die „activities in simulation-based learning environments". Der Bereich des „instructional supports" benennt dabei Aspekte der effektiven Förderung diagnostischer Kompetenz (siehe Kapitel 6). Der „context" wird im Modell durch die Art der diagnostischen Situation und die jeweilige Domäne definiert. Dabei liegt im Modell ein Fokus auf der Simulation dieser diagnostischen Situationen. Innerhalb der Simulationen werden dann epistemisch-diagnostische Aktivitäten und deren Qualität in Bezug auf Genauigkeit und Effizienz als diagnostische Kompetenz konzeptualisiert. Einen weiteren Einfluss haben schließlich die Parameter der individuellen diagnostizierenden Personen. Dabei hebt das Modell besonders die „professional knowledge base" hervor. Diese wird in konzeptuelles und strategisches Wissen unterteilt. Weitere Dispositionen sind z. B. die Motivation oder affektive Faktoren. Schließlich ist die diagnostische Kompetenz innerhalb eines Bereichs im Modell konzeptualisiert. Es wird auch in diesem Modell durch eine Dichotomie konzeptualisiert, die überbrückt wird. Dabei wird die bereits in den „individual learning prerequisites" enthaltene „professional knowledge base" aufgegriffen. Erweitert wird dies durch die Qualität der Diagnostik, die mit der Genauigkeit und der Effizienz konzeptualisiert wird. Schließlich ist der Kern durch die sogenannten epistemisch-diagnostischen Aktivitäten konzeptualisiert. Epistemisch-diagnostische Aktivitäten (Fischer et al., 2014) können sich auf alle Arten von pädagogischer Diagnostik beziehen und lauten folgenermaßen (jeweils ergänzt um ein Beispiel aus dem Lehrerkontext, der medizinische Kontext wird ausgeklammert):

- *problem identification* (z. B. die falsche Antwort eines Schülers oder der Hinweis auf ein systematisches Vorgehen)
- *questioning* (z. B. die Nachfragen eines Lehrers nach den Hintergründen eines Schülerfehlers)
- *hypothesis generation* (z. B. die Vermutung eines Lehrers, dass ein spezifischer Fehler vorliegt)
- *construction and redesign of artefacts* (z. B. die Entwicklung von Aufgabe, die Hinweise auf den Fehler geben können)
- *evidence generation* (z. B. bei der Beobachtung der Schülerlösungen)

- *evidence evaluation* (z. B. Evaluierung der Schülerlösungen, die Hinweise auf den vermuteten Fehler beinhaltet)
- *drawing conclusions* (z. B. das Treffen der Entscheidung darüber, ob der vermutete Fehler tatsächlich vorliegt)
- *communication and scrutinization* (z. B. ein Gespräch mit einem anderen Lehrer über den bestätigten Fehler)

3.9   Fazit zu den holistischen Modellen der diagnostischen Kompetenz

Die zwei vorgestellten Modelle von Loibl et al. (2020) und Heitzmann et al. (2019) sowie die Interpretation des allgemeinen Kompetenzmodells nach Blömeke et al. (2015) durch Leuders et al. (2018) (aber auch die nicht vorgestellten Modelle, z. B. Herppich et al., 2018) umfassen ähnliche Komponenten, die unterschiedlich (detailliert) konzeptualisiert werden.

In Anschluss an die Studien zum professionellen Wissen bzw. zur professionellen Kompetenz (Shulman, 1986, COACTIV-Kunter et al., 2011, Ball et al., 2008,TEDS-Blömeke, 2010) und an den Teil der Kompetenzforschung, der unter Kompetenz ein Zusammenspiel aus Dispositionen versteht (Boyatzis, 1982), umfasst jedes der Modelle Aspekte der (kognitiven) Dispositionen. Diese werden allerdings in keinem Modell im Sinne von z. B. Shulman (1987) ausdifferenziert, sondern in den Modellen nur grob unterteilt. Dabei liegt der Unterschied zwischen den Modellen vor allem im Detaillierungsgrad der Aufschlüsselung der kognitiven Dispositionen und der Einteilung der Kategorien. So unterscheiden Heitzmann et al. (2018) im Modell der Cosima-Gruppe z. B. zwischen konzeptuellem und strategischem Wissen. Das DiaKom-Modell hingegen trifft eine Unterscheidung zwischen *States* und *Traits*.

In jeder der Konzeptualisierungen wird die Abhängigkeit von der jeweiligen Situation (aus der pädagogischen Diagnostik) betont. Hierbei unterscheiden sich die Modelle darin, auf welche Aspekte die Situation einen Einfluss hat. Darüber hinaus wird z. B. im Modell von Leuders et al. (2018) auf unterschiedliche Situationen hingewiesen und darauf, dass diese genau beschrieben werden müssen. Sowohl im Cosima-Modell als auch im DiaKom-Modell hingegen werden Indikatoren zur Beschreibung der Situation genannt.

Schließlich beinhalten alle Modelle zur diagnostischen Kompetenz das Verhalten der diagnostizierenden Person bzw. in der Tradition der Kompetenzforschung die Performanz. Hier wird in allen Modellen auf die unterschiedlichen Arten von Urteilen hingewiesen, zu denen unter anderem Urteile gehören, die in der

Forschungstradition der Urteilsgenauigkeit zu verorten sind (für eine Einordnung siehe Loibl et al. (2020) zur Studie von Südkamp et al. (2012)). Die größten Unterschiede zwischen den Modellen finden sich im diagnostischen Prozess, also entweder im „diagnostic thinking" (DiaKom) oder in den „epistemic diagnostic activities" (Cosima). Hier herrscht vor allem Einigkeit darüber, dass es sich um einen Prozess handelt. Das DiaKom-Modell unterteilt den Prozess in die Bereiche ‚Wahrnehmen', ‚Interpretieren' und ‚Entscheiden' und führt weitere Unteraspekte dieser Bereiche an. Dabei soll das genaue Modell für diesen Prozess je nach Projekt ausgewählt werden. Schließlich gibt das Cosima-Modell die in Abschnitt 3.8 beschriebenen epistemischen Aktivitäten für diesen Bereich an. Demnach liegt auch hier der Unterschied im Grad der Konzeptualisierung. So können die von Heitzmann et al. (2019) vorgeschlagenen epistemischen Aktivitäten in das *Diagnostic Thinking* integriert werden, aber je nach Situation auch andere Ansätze umfassen.

Für die vorliegende Studie eignet sich das Modell der DiaKom-Forschungsgruppe (Loibl et al., 2020) aus zwei Gründen am besten. Erstens werden im Modell die präaktionale und die postaktionale Phase nach Klug et al. (2013) ausgeschlossen (Schreiter et al., 2022). Die vorliegende Studie fokussiert auf den Moment der Analyse eines Schülerdokuments, also auf die aktionale Phase, und klammert damit ebenfalls die beiden anderen Phasen aus. Zweitens betonen die Autoren des DiaKom-Modells, dass das diagnostische Denken zwar das Zentrum des Modells ist, dass es jedoch für die spezifische Situation konzeptualisiert werden muss. Zusätzlich werden die epistemischen Aktivitäten aus dem Cosima-Modell (Heitzmann et al., 2019) zur Konzeptualisierung des diagnostischen Denkprozesses genutzt. Somit werden beide Modelle miteinander verknüpft. Darüber hinaus umfasst das Cosima-Modell (Heitzmann et al., 2019) Förderungsaspekte diagnostischer Kompetenz. Insbesondere die in das Modell integrierte Förderung diagnostischer Kompetenz auf der Grundlage des Scaffolding (vgl. Belland et al., 2017) ist für die vorliegende Arbeit von Bedeutung (siehe hierzu Kapitel 6 zur Förderung diagnostischer Kompetenz).

Forschung zur diagnostischen Kompetenz

4

Während zuvor die verschiedenen Konzeptualisierungen diagnostischer Kompetenz vorgestellt wurden und daraus das passende Modell für die vorliegende Arbeit abgeleitet wurde, sollen im Folgenden bisherige Forschungsergebnisse zur diagnostischen Kompetenz dargelegt werden. Sie werden direkt den Bestandteilen des Modells nach Loibl et al. (2020, Abbildung 4.1) zugeordnet.

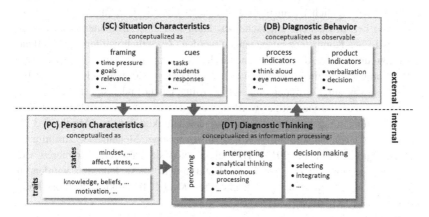

Abb. 4.1 Diagnostische Kompetenz nach Loibl et al. (2020, S. 3)

© Der/die Autor(en), exklusiv lizenziert an Springer Fachmedien Wiesbaden GmbH, ein Teil von Springer Nature 2024
J. P. Volkmer, *Förderung diagnostischer Kompetenz angehender Grundschullehrkräfte*, Mathematikdidaktik im Fokus,
https://doi.org/10.1007/978-3-658-44327-6_4

4.1 Situation Characteristics

Vor allem die Forschung in der Tradition der Urteilsgenauigkeit konnte zeigen, dass die diagnostische Kompetenz von der Situation abhängt (Karing et al., 2011; Lorenz & Artelt, 2009; Spinath 2005; Rieu et al., 2020; Schult & Lindner, 2018; Ostermann et al., 2018). Studien zur Urteilsgenauigkeit untersuchten dabei die Performanz von Lehrkräften (Aufschnaiter et al., 2015; McElvany et al., 2009; Südkamp et al., 2012) in unterschiedlichen Themenbereichen (z. B. Biologie (Dübbelde, 2013) oder Deutsch- und Mathematik-Lehrkräfte im Vergleich (Karing et al., 2011)). In diesem Zusammenhang konnten Karing et al. (2011) feststellen, dass die in ihrer Studie untersuchten Lehrkräfte der Sekundarstufe I des Fachs Deutsch genauere Urteile treffen konnten als die Lehrkräfte des Fachs Mathematik. Zu diesem Ergebnis kommen auch Lorenz und Artelt (2009). In Ihrer Studie wurden Grundschullehrkräfte untersucht, die die Fächer Deutsch und Mathematik unterrichten. Spinath (2005) bestätigt ebenfalls, dass die Genauigkeit des Urteils von der jeweiligen Situation abhängt, indem sie nachweisen konnte, dass die Einschätzung von Lernmotivation und Schulängstlichkeit durch Lehrkräfte unterschiedlich genau ist. Da sich auch hier die Genauigkeit der Urteile zwischen beiden Fächern unterscheidet, kann von einer Domänenspezifität der diagnostischen Kompetenz ausgegangen werden. Zusätzlich wurden verschiedene Faktoren untersucht, die die diagnostische Situation und damit die diagnostische Kompetenz beeinflussen. So haben Rieu et al. (2020) beispielsweise die für die Diagnostik zur Verfügung stehende Zeit untersucht und festgestellt, dass die Urteile genauer und vielseitiger werden, wenn den Diagnostizierenden mehr Zeit zur Verfügung steht. Studien, die die Urteilsgenauigkeit messen (Abschnitt 3.2), wurden 2012 von Südkamp und Kolleg*innen in einer Metaanalyse zusammengefasst (Südkamp et al., 2017). Hierbei konnten sie Faktoren extrahieren, die die Urteilsgenauigkeit der Lehrkräfte beeinflussen. Diese Faktoren wurden in einem von Südkamp et al. (2012) erstellten Modell für zukünftige Forschung systematisiert (Abbildung 4.2).

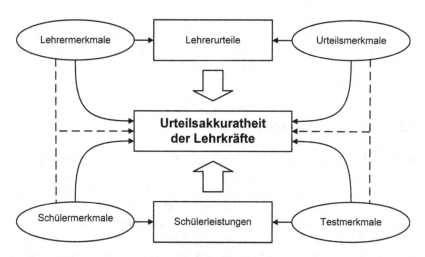

Abb. 4.2 Modell der diagnostischen Urteilsakkuratheit nach Südkamp et al. (2017, S. 34)

In dem Modell werden vier Faktoren aufgelistet, die die Urteilsgenauigkeit der Lehrkräfte beeinflussen: Lehrermerkmale, Urteilsmerkmale, Schülermerkmale und Testmerkmale. Zwischen diesen lassen sich wechselseitige Wirkungen erkennen.

Dass die Situation einen Einfluss auf die diagnostische Kompetenz hat, wurde auch außerhalb der Forschung in der Tradition der Urteilsgenauigkeit gezeigt. Hörstermann et al. (2017) konnten in einer Eye-Movement-Studie zeigen, dass das Präsentationsformat des zu diagnostizierenden Gegenstands eine Auswirkung auf die Diagnose bzw. den diagnostischen Prozess hat. Böhmer et al. (2017) konnten hingegen nachweisen, dass die Verantwortlichkeit (*accountability*), die mit der Diagnostik zusammenhängt, ebenfalls einen Einfluss auf das Urteil hat.

Es ist also nicht nur deutlich geworden, dass die Situation einen Einfluss auf den gesamten Prozess der Diagnostik hat, sondern auch, dass die Situation durch eine Vielzahl an Parametern (Zeitdruck, Ziel, Relevanz bzw. Verantwortlichkeit, Art der Aufgabe, Art des Urteils, Gegenstand der Analyse etc.) definiert ist. Um dies zu systematisieren und um eine präzise Beschreibung der diagnostischen Situation möglich zu machen, wird die Situation im Modell von Loibl et al. (2020) durch sogenanntes *Framing* und durch *Cues* beschrieben. Zu Letzterem existiert eine Studie von Oudman et al. (2018), die den Einfluss des Vorhandenseins von *Cues* auf die Urteilsgenauigkeit untersucht. Dabei wurde erstens den Proband*innen die Namen der lösenden Schüler*innen gegeben bzw. die Namen entfernt, um somit das vorhandene Wissen zu diesen Schüler*innen zu aktivieren bzw. zu hemmen. Zweitens wurden Informationen über vergangene Antworten auf ähnliche Testfragen von den Schüler*innen bereitgestellt bzw. nicht bereitgestellt.

4.2 Person Characteristics

Bisherige Forschung zum Einfluss von *Person Characteristics* auf die diagnostische Kompetenz konnte zeigen, dass es viele *Person Characteristics* gibt, die das erfolgreiche Diagnostizieren beeinflussen. Dazu werden die *Person Characteristics* im DiaKom-Modell in *Traits* und *States* unterteilt. *Traits* sind dabei jene Eigenschaften, die über verschiedene Situationen hinweg eher stabil sind. Ein Beispiel hierfür ist das Wissen. *States* hingegen sind jene Eigenschaften, die explizit von der Situation abhängen, beispielsweise das jeweilige Stresslevel. Ein Beispiel für die Forschung zu *Traits* findet sich bei Kron et al. (2022), die den Einfluss von „Content Knowledge", „Pedagogical Content Knowledge" und „Pedagogical Knowledge" auf diagnostische Kompetenz bezüglich der Urteilsgenauigkeit nachweisen. Ostermann et al. (2018) konnten den Einfluss von „Pedagogical Content Knowledge" auf die Entwicklung der Urteilsgenauigkeit durch eine Intervention belegen. Hock (2021) entdeckte einen Zusammenhang des Selbstkonzepts bzw. der Selbstwirksamkeitserwartung mit der diagnostischen Kompetenz in der Forschungstradition der fehlerdiagnostischen Kompetenz. Heinrichs und Kaiser (2018) stellten einen Zusammenhang der fehlerdiagnostischen Kompetenz mit dem „Content Knowledge", praktischer Erfahrung, spezifischen Überzeugungen bezüglich des Lernens und Lehrens von Mathematik und dem Studienfortschritt fest. Wedel et al. (2022) konnten in ihrer Studie einen Einfluss der Empathie der Proband*innen auf die diagnostische Kompetenz ermitteln. Schreiter et al. (2021) betrachteten Aufgaben als Diagnostikgegenstand und verglichen die Diagnosen von Studierenden und Lehrkräften. Da kein signifikanter Unterschied zwischen den Diagnosen der Studierenden und der Lehrkräfte bestand, hat die Berufserfahrung in der Studie von Schreiter et al. (2021) keinen Einfluss. Auch das professionelle Wissen und die diagnostische Kompetenz wiesen in ihrer Studie keinen Zusammenhang auf. Chernikova et al. (2020) konnten in ihrer Metastudie nachweisen, dass geringes Vorwissen bei Proband*innen zu einer höheren Entwicklung der diagnostischen Kompetenz führt. Zusätzlich wurden in der Forschungstradition der Urteilsgenauigkeit Faktoren untersucht, die die Genauigkeit des Urteils beeinflussen. Beispielsweise untersuchten Praetorius et al. (2013) den Zusammenhang zwischen der Urteilsgenauigkeit und dem Selbstvertrauen der Lehrkräfte bezüglich der gefällten Urteile. Hierbei hat sich gezeigt, dass im Kontext des Faches Deutsch keine Korrelation zwischen dem Selbstbewusstsein der Lehrkräfte und deren Urteilsgenauigkeit nachweisbar war. Für das Fach Mathematik korrelierte das Selbstbewusstsein auf einem moderaten Level mit der Urteilsgenauigkeit. Kaiser et al. (2012) untersuchten den Zusammenhang zwischen allgemeinen kognitiven Fähigkeiten und der Genauigkeit der Urteile. Hierbei zeigte sich ein Zusammenhang. Rausch et al. (2015) untersuchten den Einfluss des Vorwissens („Content Knowledge") auf die Genauigkeit der Urteile von Lehrkräften im Fach Deutsch. In ihrer Studie ergab sich dabei kein Zusammenhang zwischen dem von ihnen gemessenen Fachwissen und der Urteilsgenauigkeit. McElvany et al. (2009) hingegen identifizierten immerhin einen schwachen Zusammenhang zwischen der Urteilsgenauigkeit und dem fachdidaktischen Wissen („Pedagogical Content Knowledge"). Zusätzlich wurde in der Studie von McElvany et al. (2009) die Auswirkung der Anzahl der Berufsjahre auf die Urteilsgenauigkeit untersucht. Auch dieser Zusammenhang war nur schwach ausgeprägt. Ohle et al. (2015) betrachteten Zusammenhänge zwischen Motivation, Haltung, Selbsteffizienzüberzeugungen und Selbstreflexion bezüglich der Diagnose sowie diagnostischer Aktivitäten. Hierbei konnten sie zeigen, dass die Aspekte einen Einfluss auf die Dauer der diagnostischen Aktivitäten haben. Speziell für die Motivation ergab sich in ihrer Studie jedoch kein Zusammenhang zu den diagnostischen Aktivitäten. In der oben bereits erwähnten Studie von Kron et al. (2022) zeigte sich jedoch ein leichter Zusammenhang zwischen der Urteilsgenauigkeit und der Motivation, operationalisiert als Interesse.

Aus dem Forschungsstand (zusammengefasst in Tabelle 4.1) lassen sich zwei zentrale Erkenntnisse ableiten. Erstens scheint der Einfluss der jeweiligen Dispositionen von der Situation abzuhängen. Das zeigt sich in den divergierenden Forschungsergebnissen zum Einfluss auf das Wissen (CK, PCK, PK). Zweitens ist es anders als bei den *Situation Characteristics* nicht möglich, *Person Characteristics* hinreichend zu beschreiben. Das bedeutet, dass es stets eine weitere, nicht beschriebene Disposition geben kann, die einen Einfluss auf das diagnostische Denken hat. Daher kommen Loibl et al. (2020) zu dem Schluss, dass es für die Dispositionen nötig ist, diese entweder gezielt zu messen oder experimentell zu variieren.

Tab. 4.1 Übersicht Forschung zu *Person Characteristics*

Autor	Jahr	Trait/State	Effekt
Kron et al.	2022	Traits: Content Knowledge, Pedagogical Content Knowledge, Pedagogical Knowledge,	positiver Effekt
Kron et al.	2022	Trait: Motivation	schwach positiver Effekt
Ostermann et al.	2018	Trait: Pedagogical Content Knowledge	positiver Effekt
Hock	2021	Trait: Selbstkonzept / Selbstwirksamkeitserwartung	positiver Effekt
Heinrichs & Kaiser	2018	Trait: Content Knowledge, praktische Erfahrung, spezifische Überzeugungen, Studienfortschritt	positiver Effekt
Wedel et al.	2022	State: Empathie	positiver Effekt
Schreiter et al.	2021	Trait: Berufserfahrung	kein Effekt
Praetorius et al.	2013	State: Selbstvertrauen	positiver Effekt
Kaiser et al.	2012	Trait: Allgemeine kognitive Fähigkeiten	positiver effekt
Rausch et al.	2015	Trait: Content Knowledge	kein Effekt
McElvany et al.	2009	Trait: Pedagogical Content Knowledge, Berufserfahrung	schwach positiver Effekt
Ohle et al.	2015	Trait: Motivation	Kein Effekt
Ohle et al.	2015	Trait: Haltung, Selbstreflexion, Selbsteffizienzüberzeugung	positiver Effekt

4.3   Diagnostic Thinking

Während zu den *Situation Characteristics* (Abschnitt 4.1) und den *Person Cha-racteristics* (Abschnitt 4.2) empirische Befunde vorgestellt wurden, werden zum *Diagnostic Thinking* verschiedene Konzeptualisierungen dargestellt. Das diagnos-tische Denken ist das Zentrum des DiaKom-Modells. Loibl et al. (2020) legen sich trotzdem, wie oben beschrieben, auf kein Modell für das diagnostische Denken fest, sondern unterteilen den Prozess allgemeiner (in Anlehnung an Blö-meke et al., 2015 und Leuders et al., 2018) in Wahrnehmen, Interpretieren und Entscheiden und nennen lediglich Beispiele für Konzeptualisierungen des dia-gnostischen Denkens bzw. des Informationsverarbeitungsprozesses. Diese müssen vom Forschenden zur diagnostischen Situation passend ausgewählt werden. Ein Beispiel für eine mögliche Konzeptualisierung ist der prominente Ansatz des Noticings (van Es & Sherin, 2002; Schäfer & Seidel, 2015; Codreanu et al., 2021). Dies wäre eine passende Konzeptualisierung des Denkprozesses z. B. für diagnostische Situationen im Unterricht[1].

Ein weiteres und für diese Arbeit relevantes Beispiel, das in der Forschung zur diagnostischen Kompetenz bereits genutzt wurde (z. B. Philipp, 2018; Ostermann, 2018; Ostermann et al., 2018) ist das Modell von Nickerson (1999). Dieses beschreibt allgemein den Prozess, den ein Individuum durchläuft, wenn es ein „Arbeitsmodell des Wissens eines spezifisch anderen" erhalten möchte.

Wie das obige Modell (Abbildung 4.3) zeigt, geht Nickerson (1999) davon aus, dass der diagnostische Prozess (der Prozess, um ein Modell des Wissens anderer zu erhalten) beim eigenen Wissen oder der eigenen Lösung der diagnostizierenden Person beginnt. Die diagnostizierende Person ist sich ihres spezifischen Wissens bewusst und gelangt durch Eingrenzung dieses Wissens zu einem Standardmodell für das Wissen beliebiger anderer. Dieses Standardmodell wird weiter konkretisiert, indem es mit spezifischen Informationen oder Erfahrungen in Bezug auf eine Gruppe, z. B. eine bestimmte Klasse, abgeglichen wird. Schließlich wird dieses anfängliche Modell für das Wissen spezifisch anderer Personen mit Informationen verglichen, die zu einem Arbeitsmodell für das Wissen einer bestimmten Person führen. Dieser Prozess kann als ein Prozess des Vergleichens und Anpassens beschrieben werden (Tversky & Kahneman, 1974), bei dem das Wissen des Diagnostizierenden den Ausgangspunkt bildet. Durch den Vergleich mit verschiedenen Wissensaspekten, wie den Wissensaspekten, die spezifisch für das Wissen des Diagnostizierenden stehen, und die Anpassung um die identifizierten Unterschiede endet der Prozess beim Wissen einer spezifischen anderen Person (siehe auch Philipp, 2018).

Aus dem Modell von Nickerson leitet Philipp (2018) ein Modell für die diagnostische Kompetenz ab:

---

[1] Weitere Beispiele für mögliche Konzeptualisierungen, die allerdings für die vorliegende Arbeit keine weitere Relevanz haben, sind die Dual-Process-Theorien (Chen and Chaiken, 1999) und der Decision-Making-Ansatz (Schoenfeld, 2011).

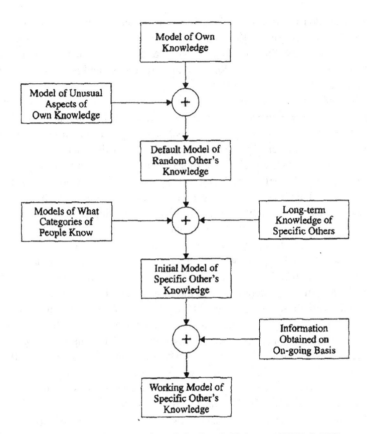

Abb. 4.3 „Model of specific others' knowledge" nach Nickerson (1999, S. 740)

Das Modell nach Philipp (2018, Abbildung 4.4) ist ebenfalls ein Modell des kognitiven Prozesses und bezieht sich auf die Analyse einer Schü-ler*innenlösung, die Schritt für Schritt analysiert wird. Die Analyse beginnt bei einer eigenen Lösung, in der Voraussetzungen und mögliche Hürden identifi-ziert werden. Anschließend wird der Schüler*innenlösung gefolgt, sodass die Schüler*innenperspektive eingenommen wird. Zuletzt werden in der Schritt-für Schritt-Analyse sowohl die Stärken als auch die Schwächen des Schülers/der Schülerin identifiziert. Letztere werden mit verschiedenen Vergleichskomponen-ten wie einem anderen Lösungsversuch der Aufgabenstellung, mentalen Modellen oder häufigen Fehlern verglichen. Zusätzlich werden Hypothesen bezüglich der

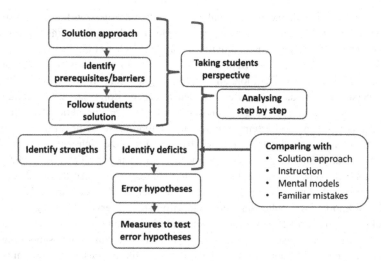

Abb. 4.4 Modell des diagnostischen Prozesses nach Philipp (2018, S. 123)

identifizierten Schwächen aufgestellt. Zu diesen Hypothesen, die sich beispielsweise auf die Ursache für einen Fehler beziehen können, werden Maßnahmen zur
Überprüfung bedacht.

Ostermann et al. (2018; siehe auch Ostermann 2018) schlagen ebenfalls ein
Modell auf der Grundlage des Modells von Nickerson (1999) vor. Im Bereich
der Urteilsgenauigkeit ist das Ziel des Modells, spezifische Wissensfacetten (Ball
et al., 2008) zu identifizieren, die im Prozess des Vergleichens und Anpassens
relevant sind. Das vorgeschlagene Modell beginnt dabei mit dem „Model of
own Knowledge of higher Mathematics" und führt über das „Default Model of
Knowledge of Random Students' Knowledge" und das „Initial Model of Specific
Students' Knowledge" zum finalen „Working Model of Specific Students' Knowledge". Zwischen den vier „Models" findet jeweils ein Vergleichen und Anpassen
mit verschiedenen Aspekten statt.

Nickerson (1999) bezieht sich in seinem Modell nicht auf einzelne Aktivitäten im diagnostischen Prozess. Das wird im Modell nach Heitzmann et al. (2019)
deutlich, denn hier sind die in Abschnitt 3.8 angesprochenen epistemischen Aktivitäten (z. B. *problem identification, questioning* und *hypothesis generation*; siehe
auch Fischer et al., 2014), die im Cosima-Modell verwendet werden, als eine
Konzeptualisierung des Denkens zu verstehen. Auch Leuders et al. (2018) halten

fest, dass man das diagnostische Denken ebenfalls mit Ansätzen konzeptualisieren kann, die dem „clinical reasoning" zuzuordnen sind. Zu diesen lässt sich der Ansatz über die epistemischen Aktivitäten zählen (Fischer et al., 2014). Auch die Forschung von Reinhold (2018) kann diesem Ansatz zugeordnet werden. Sie ist in der Tradition, in der die diagnostische Kompetenz als Prozess verstanden wird, zu verorten. Dementsprechend folgt sie der Einteilung in die präaktionale, aktionale und postaktionale Phase. Zur aktionalen Phase der diagnostischen Kompetenz gehören die Subprozesse „collecting", „interpreting" und „concluding" (Reinhold, 2018, S. 136), die sich gut den bereits bekannten drei Subprozessen des diagnostischen Denkens „Perceive", „Interpret" und „Decide" zuordnen lassen. Den Subprozessen weist Reinhold dann sogenannte Mikroprozesse zu, die den epistemischen Aktivitäten ähneln. So werden dem Subprozess „collecting" die Mikroprozesse „observing", „recognizing", „tracking" und „sorting" zugeordnet. Dem Subprozess „interpreting" werden die Mikroprozesse „contrasting", „enriching", „isolating", „coding" und „supporting" zugeordnet und dem Subprozess „concluding" die Mikroprozesse „generalizing", „deducing", „anticipate/predict" und „compare alternatives". So ist bei Reinhold (2018) insgesamt ein alternativer Vorschlag zu den epistemischen Aktivitäten zu sehen.

Schreiter et al. (2022) konzeptualisieren in ihrer Studie das *Diagnostic Thinking* als Informationsverarbeitungsprozess mithilfe von Eye-Tracking. Sie fokussieren dabei auf den Subprozess des Wahrnehmens und konzentrieren sich auf die von ihnen benannten Aktivitäten des Identifizierens und Evaluierens. Die Ergebnisse des Eye-Trackings, also der Analyse der Blickbewegungen der Proband*innen, werden durch Interviews ergänzt, in denen die Proband*innen zu ihren Blickbewegungen befragt werden.

Rieu et al. (2022) konzeptualisieren das *Diagnostic Thinking* in einer der Tradition der Urteilsgenauigkeit bezüglich Aufgabenschwierigkeiten zuzuordnenden Studie ebenfalls anhand der drei bekannten Bereiche wahrnehmen, interpretieren und entscheiden. Während das Wahrnehmen nicht weiter spezifiziert wird, operationalisieren die Autoren das Interpretieren als das Identifizieren von Aufgabenmerkmalen und das Entscheiden als das Integrieren der identifizierten Aufgabenmerkmale in die Entscheidung über die Aufgabenschwierigkeit, den Lösungsprozess oder das Lernziel.

Aufgrund der Vielzahl an möglichen Ansätzen ist es nötig, dass Forschende eine für die Situation passende Konzeptualisierung wählen. Dabei ist es zusätzlich relevant, die jeweilige Forschungstradition zu beachten.

4.4 Diagnostic Behavior

Wie schon in Abschnitt 4.1 zu den Charakteristika der Situation beschrieben, wirkt diagnostische Kompetenz in vielen Bereichen. Ebenso vielfältig sind die Ausdrücke diagnostischer Kompetenz. Diese können sich in Produkten (z. B. Entscheidungen – Ostermann et al. 2018) oder Prozessen (z. B. Augenbewegung – Schreiter et al. 2022) äußern. Ein nicht nur in dieser Arbeit viel diskutierter Ausdruck diagnostischer Kompetenz ist das Urteil über das erwartete Ergebnis (Urteilsgenauigkeit – Abschnitt 3.2), in anderen Worten die Vorhersage über die Leistung von Schüler*innen bei einem spezifischen Test. Bisher wenig untersucht wurde diagnostisches Verhalten, das sich in freien Analysen von Schüler*innendokumenten äußert.

4.5 Fazit zur Forschung zur diagnostischen Kompetenz

Der theoretische Teil dieser Arbeit war primär folgender Frage gewidmet: Was wird unter diagnostischer Kompetenz in der Forschung verstanden? Hierzu konnte herausgearbeitet werden, dass diagnostische Kompetenz stark von der jeweiligen Situation abhängt. Je nach Charakteristika der diagnostischen Situation sind andere *States* und *Traits* der diagnostizierenden Person nötig und es findet ein anderer diagnostischer Denkprozess statt. Das bedeutet, dass die diagnostische Kompetenz einer Person in der einen diagnostischen Situation sehr hoch sein kann, in einer anderen jedoch niedrig. Dies könnte eine Erklärung für den divergenten Forschungsstand zum Einfluss des Wissens als *Person Characteristic* sein, denn je nach Art der Situation und des Denkprozesses hat das Wissen des Diagnostizierenden scheinbar einen unterschiedlich großen Einfluss. Aus diesem Zusammenhang ergibt sich, dass die diagnostische Kompetenz stets für spezifische diagnostische Situationen operationalisiert werden muss. Die vorliegende Arbeit leistet einen Vorschlag, um die Forschungslücke bezüglich der Analyse von Schüler*innendokumenten zu offenen Lernangeboten der Arithmetik als diagnostische Situation zu schließen.

Operationalisierung der diagnostischen Kompetenz

Aufgrund der oben beschriebenen Situiertheit der Konzeptualisierungen diagnostischer Kompetenz besteht eine große Varianz unter den Operationalisierungen. Die Arithmetik stellt eines der zentralen Themenfelder des Mathematikunterrichts der Grundschule dar (Rathgeb-Schnierer et al., 2023). Insbesondere offenen Lernangeboten wird ein hoher Stellenwert für den Erwerb von Schüler*innenkompetenzen bezüglich der Arithmetik zugeordnet. Trotz dieser Zentralität wurden offene Lernangebote der Arithmetik als diagnostische Situation noch wenig betrachtet, woraus sich in diesem Kapitel eine erste, theoretische Forschungsfrage ergibt. Daraufhin wird eine Operationalisierung der diagnostischen Kompetenz für diese diagnostische Situation vorgeschlagen.

5.1 Theoretische Forschungsfrage

Komplexe Schüler*innendokumente, wie sie z. B. bei der Bearbeitung offener Lernangebote (Schütte, 2008) entstehen, wurden als diagnostische Situation bisher kaum betrachtet und eine differenzierte Konzeptualisierung der diagnostischen Kompetenz und insbesondere des diagnostischen Denkens für diese diagnostische Situation steht aus. Daraus ergibt sich die erste und theoretische Forschungsfrage der vorliegenden Arbeit:

> „Wie lassen sich die diagnostische Kompetenz und das diagnostische Denken bezüglich des Analysierens von Schüler*innendokumenten zu offenen Lernangeboten der Arithmetik unter Einbezug der Qualität der Diagnosen konzeptualisieren und operationalisieren?"

J. P. Volkmer, *Förderung diagnostischer Kompetenz angehender Grundschullehrkräfte*, Mathematikdidaktik im Fokus, https://doi.org/10.1007/978-3-658-44327-6_5

Die Forschungsfrage wird im Folgenden beantwortet, indem die Operationalisierung diagnostischer Kompetenz entlang des DiaKom-Modells (Loibl et al., 2020, Abbildung 5.1) vorgenommen wird. Das Modell unterscheidet vier Bereiche: *Situation Characteristics, Person Characteristic, Diagnostic Thinking* und *Diagnostic Behavior* (Begründung siehe Abschnitt 3.9).

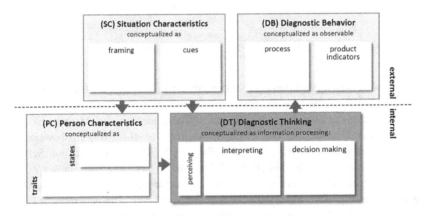

Abb. 5.1   Blanko-Modell diagnostischer Kompetenz nach Loibl et al. (2020)

Die Operationalisierung ist maßgeblich für die Gestaltung einzelner Bestandteile der später vorgestellten Interventionen und des eingesetzten Messinstruments. Entsprechend werden die Interventionen und die Messinstrumente bereits angedeutet und im Detail in den Abschnitten 7.2.2 und 7.2.4 vorgestellt. Im Folgenden werden die Operationalisierungen der vier Bereiche separat dargelegt.

5.2   Situation Characteristics

Die diagnostische Situation (siehe Abbildung 5.2) wird im DiaKom-Modell in die Bereiche *Framing* und *Cues* unterteilt und in der vorliegenden Arbeit wie folgt operationalisiert:

Framing (Rahmung, übersetzt nach Schreiter et al., 2022) umfasst jene Aspekte, die die Situation beschreiben, zum Beispiel wie viel Zeit für die Diagnostik gegeben wird. Das *Framing* der diagnostischen Situation der vorliegenden Arbeit ist durch das Diagnostizieren von Schüler*innendokumenten zu offenen

Abb. 5.2 *Situation Characteristics* (Loibl et al., 2020) in der vorliegenden Arbeit

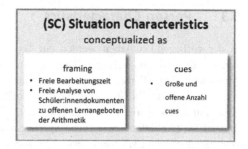

Lernangeboten der Arithmetik gegeben. Die hohe Relevanz dieser diagnostischen Situation begründet sich durch ihren Bezug zum späteren Lehrberuf: Das Einsammeln und Analysieren von Schüler*innendokumenten nach einer Unterrichtsstunde oder einer Hausaufgabe gehört zum Alltag von Lehrer*innen. Analog zur Praxissituation wird kein Zeitdruck bei der Erstellung der Diagnose auf die Studierenden ausgeübt[1]. In der bisherigen Forschung wurde oft ein spezifisches Ziel der Analyse festgehalten. Beispiele hierfür sind Aufgaben wie ‚Identifiziere den/die Fehler im vorliegenden Dokument und interpretiere diese(n)‘ oder ‚Analysiere das Schüler*innendokument im Hinblick auf die Stärken der Schüler*in‘ (siehe Kapitel 4). In der vorliegenden Arbeit wurde bewusst kein spezifisches Ziel der Analyse vorgegeben. Zum einen sind die angehenden Lehrkräfte in ihrer zukünftigen beruflichen Praxis frei und eigenständig in der Wahl des Analysefokus. Zum anderen enthalten die Lösungen zu offenen Lernangeboten der Arithmetik aufgrund ihrer besonderen Beschaffenheit eine Vielzahl an *Cues*. *Cues* (Hinweisreize, übersetzt nach Schreiter et al., 2022) sind adaptiert nach Brunswik (1955) all jene Aspekte der Situation, die Informationen enthalten, die in der Diagnostik genutzt werden können. Sie ermöglichen im Fall der offenen Lernangebote eine vielschichtige Analyse, sodass die Forschung zur diagnostischen Kompetenz durch die vorliegende Arbeit um diese Situationen ergänzt wird.

---

[1] Sowohl in der Praxissituation als auch in den Studien der vorliegenden Arbeit sind die Diagnostizierenden trotzdem zeitlich in gewisser Weise limitiert. Im Alltag von Lehrer*innen sind zahlreiche Aufgaben zu erledigen und die Studierenden der vorliegenden Studien haben ca. eine Woche Zeit, die Bearbeitung zu beginnen. Zeitdruck wird insofern nicht ausgeübt, als nach Bearbeitungsstart keine zeitliche Beschränkung von einigen Minuten gesetzt wird. In vielen bisherigen Studien hatten die Proband*innen nur einige Minuten Zeit für die Diagnose.

5.3   Person Characteristics

In der vorliegenden Arbeit werden ein Teil des fachdidaktischen Wissens zur Arithmetik und ein Teil des Fachwissens zur Arithmetik gemessen (siehe Abschnitt 8.2.5). Hierbei handelt es sich um *Traits*, da das Wissen in einer Person über mehrere Situationen stabil sein sollte (Bleidorn et al., 2021). Wie in Abschnitt 4.2 beschrieben, halten Loibl et al. (2020) fest, dass die *Person Characteristics* (Abbildung 5.3) auch experimentell variiert werden können. In der vorliegenden Arbeit wird in Interventionen experimentell das vermittelte Wissen über die Analyse von Schülerdokumenten bzw. über das eigenständige Erkunden von offenen Lernangeboten variiert, indem verschiedene Interventionen designt werden, die jeweils einen unterschiedlichen Fokus setzen.

Abb. 5.3 *Person Characteristics* (Loibl et al., 2020) in der vorliegenden Arbeit

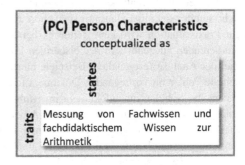

5.4   Diagnostic Thinking

Das *Diagnostic Thinking* soll nach Loibl et al. (2020) und wie in Abschnitt 4.3 reflektiert individuell auf Grundlage der diagnostischen Situation operationalisiert werden. Die vorliegende Arbeit bezieht sich auf drei verschiedene Ansätze der Operationalisierung. Erstens wird der generellen Unterteilung in die Subprozesse Wahrnehmen und Interpretieren[2] gefolgt, die auch Loibl et al. (2020) im Modell vorschlagen. Weiter wird auf zwei Ansätze zurückgegriffen, die bereits erfolgreich in der Forschung eingesetzt, allerdings nicht kombiniert wurden: zum einen das „Model of specific others' knowledge" (Nickerson, 1999; erfolgreich umgesetzt z. B. bei Philipp & Gobeli-Egloff, 2022, Ostermann et al., 2018), zum anderen die epistemischen Aktivitäten, die im Rahmen des Nediko-Modells genutzt werden (Heitzmann et al., 2019; Fischer et al., 2014; Chernikova et al., 2020; Kramer et al., 2021).

Die konkrete Situation, in der der diagnostische Denkprozess angestoßen wird, sieht in der vorliegenden Arbeit wie folgt aus: Die Studierenden bekommen eine Aufgabenstellung zu einem offenen Lernangebot aus der Arithmetik und eine zugehörige Schülerlösung präsentiert. Zusätzlich gibt es eine Information über die Klassenstufe des/der Schüler*in, der/die die Lösung erstellt hat.

Für diese Situation wurde der Prozess nach Nickerson (1999, siehe auch Abschnitt 4.3) in der vorliegenden Arbeit adaptiert. Der adaptierte Prozess (siehe Abb. 5.4) beruht ebenso wie der Prozess nach Nickerson (1999) auf einem Prozess des Vergleichens und Anpassens und ist darüber hinaus in zwei Phasen unterteilt, die jeweils einen unterschiedlichen Schwerpunkt setzen. In Phase 1 wird der Fokus auf die zu Grunde liegende Aufgabe gelegt. Hier beginnt das Modell mit dem Wissen des Diagnostizierenden über eine Lösung bzw. mit einem Lösungsansatz. Dieses Wissen wird angepasst mit dem Ziel des Wissens über eine Standardlösung bzw. einen Standardlösungsansatz. Damit ist eine Lösung oder ein Lösungsansatz gemeint, die oder der von einer beliebigen Person erstellt werden kann. Um von der eigenen Lösung auf die Standardlösung zu schließen, müssen die besonderen Aspekte der eigenen Lösung identifiziert und die Lösung muss demnach entsprechend angepasst werden. In Phase 2 wird der Fokus auf Schüler*innen gelegt. Dazu wird die Standardlösung bzw. der Standardlösungsansatz erneut angepasst mit dem Ziel, eine erste Idee der Schüler*innenlösung zu erhalten, die später analysiert wird. Dazu wird Wissen über die spezifische Schüler*innengruppe hinzugezogen. Abschließend wird die vorliegende Schüler*innenlösung Schritt für Schritt analysiert, um ein Arbeitsmodell der spezifischen Lösung zu erstellen, das dauerhaft angepasst wird.

Ein fiktiver diagnostischer Denkprozess könnte dem Modell nach z. B. so aussehen: Wenn eine Lehrkraft ein diagnostisches Urteil über eine Schüler*innenlösung für eine bestimmte Aufgabe fällt, könnte die diagnostizierende

---

[2] Der dritte Subprozess „Entscheiden" wird in der vorliegenden Arbeit ausgeklammert und nicht weiter betrachtet.

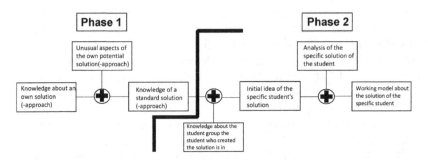

Abb. 5.4 Prozess des diagnostischen Denkens, adaptiert nach Nickerson (1999)

Person zunächst über die eigene Lösung oder den Lösungsansatz nachdenken. Diese Lösung bzw. dieser Ansatz müssen angepasst werden, da aufgrund der Schulbildung, des Studiums, der Berufserfahrung usw. möglicherweise eine komplexere Lösung durch die diagnostizierende Person entwickelt werden kann (Phase 1). Bevor die diagnostizierende Person die Schüler*innenlösung analysiert, holt sie zusätzliche Informationen ein, z. B. die Klassenstufe des Schülers/der Schülerin. Mit diesem Wissen antizipiert die diagnostizierende Person dann eine mögliche Lösung für die jeweilige Schülergruppe, wobei sie berücksichtigt, dass Viertklässler*innen andere Lösungen als Zehntklässler*innen generieren könnten. Danach folgt die Schritt-für-Schritt-Analyse der Schüler*innenlösung, bei der die Informationen kontinuierlich verarbeitet werden (Phase 2).

Es ist nicht davon auszugehen, dass jede Komponente des nach Nickerson (1999, Abb. 5.4) adaptierten Modells in jedem individuellen diagnostischen Denkprozess enthalten ist. Hingegen wird angenommen, dass alle beschriebenen Komponenten mögliche Bestandteile des Denkprozesses sind, die je nach Diagnostizierendem und nach Situation in unterschiedlicher Intensität und Reihenfolge auftreten. Dementsprechend wird auch nicht davon ausgegangen, dass der Prozess einschließlich der Phasen 1 und 2 chronologisch durchlaufen wird, sondern dass das adaptierte Modell einen idealtypischen Verlauf darstellt.

Die epistemischen Aktivitäten werden nach Fischer et al. (2014) genutzt und lauten: „problem identification", „questioning", „generating hypothesis", „evidence generation", „evaluating evidence" und "drawing conclusion" (siehe auch Abschnitt 3.8 und 4.3). Da es sich hierbei um allgemein formulierte Aktivitäten handelt, werden sie für die in der vorliegenden Arbeit behandelte diagnostische Situation adaptiert. Die Ziele der Adaption bestehen darin, erstens die Passung zur konkreten diagnostischen Situation zu gewährleisten und zweitens auf die

Subprozesse des diagnostischen Denkens (Wahrnehmen und Interpretieren; Loibl et al., 2020) zurückschließen zu können.

So wird die epistemische Aktivität „problem identification" für das Diagnostizieren von Schüler*innendokumenten zu offen Lernangeboten adaptiert zu „Manifeste Merkmale in einer Lösung identifizieren" (siehe Abbildung 5.5). Die epistemische Aktivität „questioning" wird adaptiert zu „Manifeste Merkmale hinterfragen und Ursachen ergründen". „Generating hypotheses" wird adaptiert zu „Hypothesen generieren zu Gedanken, Begründungen und Kompetenzen von Schüler*innen". Die epistemische Aktivität „evidence generation" wird zusammen mit der bereits angesprochenen epistemischen Aktivität „questioning" adaptiert zu „Hypothesen stützen, beispielsweise mit manifesten Merkmalen". Abschließend wird die epistemische Aktivität „evaluating evidence" adaptiert zu „Evaluation der aufgestellten Hypothesen". Wie die folgende Abbildung 5.5 zeigt, können dem Subprozess „Wahrnehmen des diagnostischen Denkens" (Loibl et al., 2020) die adaptierten epistemischen Aktivitäten „Manifeste Merkmale in einer Lösung identifizieren" und „Hypothesen stützen, beispielsweise mit manifesten Merkmalen" zugeordnet werden. Dabei nimmt das Stützen von Hypothesen eine Sonderrolle ein, da diese adaptierte epistemische Aktivität sowohl dem Wahrnehmen als auch dem Interpretieren zugeordnet werden kann. Dem Subprozess ‚Interpretieren' können darüber hinaus die adaptierten epistemischen Aktivitäten „Manifeste Merkmale hinterfragen und Ursachen ergründen" sowie „Hypothesen generieren zu Gedanken, Begründungen und Kompetenzen von Schüler*innen" zugeordnet werden. Keinem der Subprozesse nach Loibl et al. (2020) kann die adaptierte epistemische Aktivität „Evaluation der aufgestellten Hypothesen" zugeordnet werden.

Der Subprozess des Entscheidens wird in der vorliegenden Arbeit nicht betrachtet, ebenso wenig wie die epistemische Aktivität „drawing conclusion", da diese Bereiche in den schriftlich vorliegenden Analysen nicht vorhanden sind. Für die Vollständigkeit sind diese dennoch in der nachfolgenden Abbildung zu sehen.

Während die Verbindung zwischen den (adaptierten) epistemischen Aktivitäten und der Einteilung des diagnostischen Prozesses in die Subprozesse des Wahrnehmens und Interpretierens intuitiv gelingt, ist die Verbindung zum dritten verwendeten Ansatz, dem nach Nickerson (1999) adaptierten diagnostischen Denkprozess, nicht direkt ersichtlich.

Der geschilderte und nach Nickerson (1999) adaptierten Prozess des diagnostischen Denkens (siehe Abb. 5.4) ist im Hinblick auf die für die Analyse von Schüler*innendokumenten adaptierten epistemischen Aktivitäten an zwei

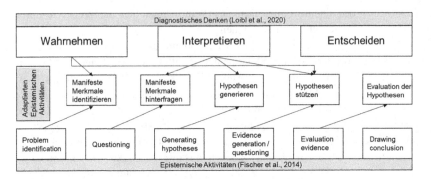

Abb. 5.5 (adaptierte) epistemische Aktivitäten und diagnostisches Denken

Stellen relevant (in der nachfolgenden Abb. 5.6 durch die beiden dickgedruckten Pfeile dargestellt): erstens bei der Schritt-für-Schritt-Analyse des konkreten Schüler*innendokuments, also beim letzten Schritt des nach Nickerson (1999) adaptierten Denkprozesses. In diesem Schritt sind alle zuvor geschilderten adaptierten epistemischen Aktivitäten relevant. Die Studierenden können manifeste Merkmale in einem Lernprodukt identifizieren und sie können diese hinterfragen und die Ursachen ergründen. Weiter können Hypothesen zu den Gedanken und Kompetenzen der Schüler*innen gebildet und beispielsweise mit manifesten Merkmalen gestützt werden. Abschließend können die gebildeten (und gestützten) Hypothesen evaluiert werden. Zweitens können die adaptierten epistemischen Aktivitäten schon vor der Analyse des konkreten Schüler*innendokuments eine Rolle spielen. So ist es möglich, dass zusätzliche Informationen in den diagnostischen Denkprozess eingebunden werden. In der vorliegenden Studie wurde die Klassenstufe als zusätzliche Information gegeben. Die Studierenden können die Angabe der Klassenstufe als eine Art manifestes Merkmal wahrnehmen, um dieses dann zu hinterfragen, Hypothesen zu generieren und zu stützen sowie abschließend zu evaluieren.

Insgesamt ergibt sich folgende Darstellung des diagnostischen Denkprozesses:

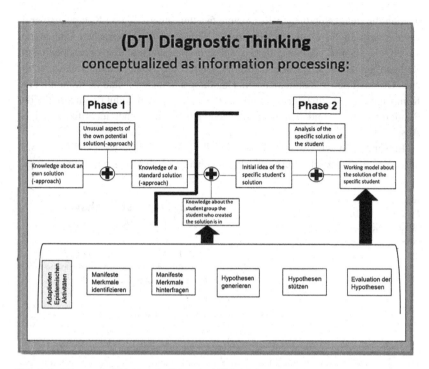

Abb. 5.6 *Diagnostic Thinking* (Loibl et al., 2020) in der vorliegenden Arbeit

5.5 Diagnostic Behavior

Das *Diagnostic Behavior* der angehenden Lehrkräfte liegt in der vorliegenden Arbeit in schriftlichen Analysen zu Schüler*innendokumenten vor. In diesen Analysen lassen sich die nach Fischer et al. (2014) adaptierten epistemischen Aktivitäten während der Diagnostik wiederfinden. In der Arbeit werden neben der Anzahl der jeweiligen adaptierten epistemischen Aktivitäten auch die Vielfalt innerhalb der adaptierten epistemischen Aktivitäten betrachtet. Dazu

werden die unterschiedlichen Kompetenzfacetten innerhalb von Kompetenzberei-
chen (orientiert an Rathgeb-Schnierer & Schütte, 2011) betrachtet und in der
Arbeit als „Breite" der adaptierten epistemischen Aktivitäten operationalisiert.
Rathgeb-Schnierer & Schütte (2011) definieren die Kompetenzbereiche „fachli-
ches Grundwissen", „mathematische Handlungskompetenz" und „kommunikative
Kompetenz". Die einzelnen Kompetenzfacetten wurden induktiv innerhalb der
Pilotierungsstudie und den Kompetenzbereichen zugeordnet identifiziert (siehe
Abschnitt 7.1 & 7.2.4).

Entsprechend wird das DiaKom-Modell (Loibl et al., 2020, Abbildung 5.7)
durch das diagnostische Verhalten der angehenden Lehrkräfte wie folgt ergänzt:

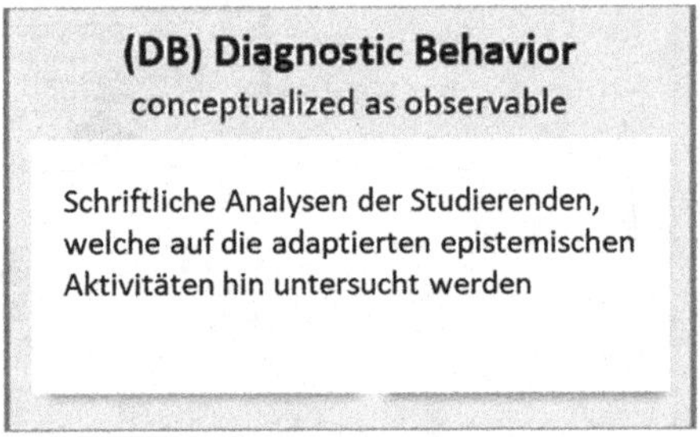

Abb. 5.7 *Diagnostic
Behavior* (Loibl et al.,
2020) in der vorliegenden
Arbeit

> **(DB) Diagnostic Behavior**
> conceptualized as observable
>
> Schriftliche Analysen der Studierenden,
> welche auf die adaptierten epistemischen
> Aktivitäten hin untersucht werden

Daher wird über die schriftlichen Analysen (*Diagnostic Behavior*) auf das
Diagnostic Thinking zurückgeschlossen. Insofern wird in der vorliegenden Arbeit
der tatsächliche kognitive Prozess nicht untersucht, sondern nur die schriftlich
vorliegenden adaptierten epistemischen Aktivitäten als Ausdruck des *Diagnostic
Thinking*.

Insgesamt leitet sich die in Abbildung 5.8 dargestellte Operationalisierung der
diagnostischen Kompetenz für die vorliegende Studie ab:

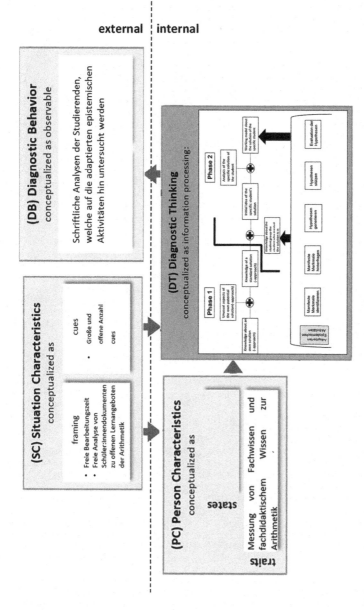

Abb. 5.8 Operationalisierung diagnostischer Kompetenz (Loibl et al., 2020) in der vorliegenden Studie

Förderung diagnostischer Kompetenz

6

Bisher wurde die Forschung zur diagnostischen Kompetenz vor allem in Hinblick auf deren Konzeptualisierung dargestellt. Darüber hinaus existiert Forschung zur Förderung diagnostischer Kompetenz. Diese Förderung scheint notwendig zu sein, weil verschiedene Studien nachweisen konnten, dass sowohl Lehrer*innen als auch angehende Lehrer*innen bzw. Studierende eine (zu) gering ausgeprägte diagnostische Kompetenz aufweisen, obwohl die Relevanz gut ausgeprägter diagnostischer Kompetenz nicht bestritten wird (Ophuysen & Behrman, 2015; Türling et al., 2011; Seifried & Wuttke, 2010; Wuttke & Seifried, 2013; Stahnke et al. 2016). Für diese Arbeit sind die Erkenntnisse von Stahnke et al. (2016) besonders relevant. Stahnke et al. (2016) konnten in einer Literaturstudie feststellen, dass Lehrkräfte schwache Ergebnisse in den Bereichen des Wahrnehmens und des Interpretierens des diagnostischen Denkens erzielen. Zusätzlich konnten sie herausarbeiten, dass es noch wenige Studien gibt, die beide Bereiche gleichzeitig in den Blick nehmen.

Im Folgenden werden zuerst die Forschungsergebnisse zur Förderung diagnostischer Kompetenz dargestellt. Anschließend werden die Implikationen der bisherigen Forschungsergebnisse zur Förderung diagnostischer Kompetenz für die vorliegende Arbeit dargestellt.

J. P. Volkmer, *Förderung diagnostischer Kompetenz angehender Grundschullehrkräfte*, Mathematikdidaktik im Fokus, https://doi.org/10.1007/978-3-658-44327-6_6

6.1   Forschungsergebnisse zur Förderung diagnostischer Kompetenz

Die Forschung zur Förderung diagnostischer Kompetenz ist möglich, weil Kompetenzen im Allgemeinen als „erlernbare kontextspezifische Leistungsdispositionen" (Klieme & Hartig 2007, S. 17) gelten. Damit sind auch diagnostische Kompetenzen generell als förderbar zu erachten (Herppich et al., 2018; Klug et al., 2016; Schäfer & Seidel, 2015). Eine Erkenntnis der Forschung zur Förderung diagnostischer Kompetenz ist darüber hinaus, dass es ohne ein spezifisches Training zu keinem Anstieg diagnostischer Kompetenz kommt. Das bedeutet, dass die diagnostische Kompetenz angehender Lehrkräfte nicht automatisch mit wachsendem Fachsemester steigt, wenn keine Intervention bzw. kein explizites Training stattfindet. Dies konnte eine Studie zeigen, die der Tradition der Urteilsgenauigkeit zuzuordnen ist (Kaiser & Möller, 2017). Diese Erkenntnis hat dazu geführt, dass der Entwicklung von dedizierten Fördermaßnahmen eine zuletzt wachsende Bedeutung in der Forschung zukommt. Während Kunter und Baumert im Jahr (2011) konstatierten, dass es bisher noch kaum Erkenntnisse gibt, die diagnostische Kompetenz zu fördern (vgl. auch Tittle, 2006), existieren heute zahlreiche Studien (siehe z. B. Enenkiel, 2022 oder Hock, 2022) und Metastudien (Chernikova et al., 2020), die sich der effektiven Förderung diagnostischer Kompetenz widmen. So konnten Chernikova et al. (2020) in ihrer Metastudie beispielsweise feststellen, dass Lernende mit geringem Vorwissen bezüglich der Diagnose durch geeignete Interventionen ihre diagnostische Kompetenz stärker entwickeln als Lernende mit hohem Vorwissen. Trotzdem wurden auch die diagnostischen Kompetenzen derjenigen Personen mit größerem Vorwissen bezüglich der Diagnose weiterentwickelt.

Studien zur Förderung diagnostischer Kompetenz lassen sich auf unterschiedliche Weisen charakterisieren. Für einen Überblick werden folgende Charakteristika unterschieden: Messung (Ansatz und Art), *Framing* (Material, zeitlicher Umfang und Zielgruppe) und die eingesetzten Aspekte der Förderung diagnostischer Kompetenz, die sich als wirksam erwiesen haben (Chernikova et al., 2020). Im Folgenden werden diese Charakteristika vorgestellt.

Ansatz und Art der Messung
In Kapitel 3 wurden drei Forschungstraditionen zur diagnostischen Kompetenz beschrieben (Urteilsgenauigkeit, Prozess, Dispositionen) und die daraus resultierenden holistischen Ansätze dargestellt, die die diagnostische Kompetenz abbilden sollen. In diesen Forschungstraditionen lassen sich verschiedene Ideen der Messung identifizieren, denen sich die Studien zur Förderung diagnostischer

Kompetenz zuordnen lassen. Es existieren Studien, die die Entwicklung diagnostischer Kompetenz mit einem Ansatz der Urteilsgenauigkeit (z. B. Oudmann et al., 2018), mit einem Wissenstest (Hiebert et al., 2018; Ohst et al., 2015), über das Identifizieren von Stärken bzw. Schwächen (z. B. Philipp, 2018), über das Wahrnehmen und Interpretieren eines spezifischen Fehlers (z. B. Heinrichs, 2015) oder über das offene Wahrnehmen und Interpretieren (z. B. Hellermann et al., 2015) messen.

Eng an den Ansatz der Messung gekoppelt, aber jeweils nicht einheitlich ist die Art der Messung in den einzelnen Studien. Es existieren Studien, die die diagnostische Kompetenz schriftlich durch geschlossene (Ostermann et al., 2018) Items oder durch offene Items (Philipp & Gobeli-Egloff, 2022) messen. Darüber hinaus existiert auch die Idee, die diagnostische Kompetenz über ein Interview zu erfassen (Schreiter et al., 2022) oder auf Technologien wie das Eye-Tracking zurückzugreifen (Schreiter et al., 2022).

Framing durch Material, zeitlichen Umfang und Zielgruppe
Weiter werden für die Förderung diagnostischer Kompetenz verschiedene diagnostische Situationen (DiaKom-Modell) genutzt, die durch das jeweilige *Framing* kategorisiert werden. Entsprechend wurden als Material für die Fördermaßnahmen (digitale) Simulationen (z. B. Kron et al., 2022), Videovignetten (z. B. Enenkiel et al., 2022), Textvignetten (Wedel et al., 2022), die Schwierigkeit von Aufgaben (Ostermann et al., 2018), weniger komplexe Schülerdokumente (Hock, 2021), komplexere Schülerdokumente (Eichler et al., 2023) und verschiedene Mischformen genutzt. Chernikova et al. (2020) konnten einen Einfluss der Situation auf die Entwicklung der diagnostischen Kompetenz identifizieren. Dabei haben Situationen, die interaktionsbezogene Aktivitäten (z. B. Interviews) umfassten, einen größeren Einfluss als Situationen, die aus der Interaktion mit beispielsweise einem Dokument bestehen.

Zusätzlich können die Förderungsansätze hinsichtlich ihres *Framings* bezüglich des zeitlichen Umfangs unterschieden werden. Es existieren Studien, in denen die Förderung lediglich eine einzelne Seminarsitzung umfasst (kurze Intervention), Studien, deren Förderung aus mehreren Sitzungen besteht (mittlere Intervention), oder Studien, in denen sich die Intervention über ein gesamtes Semester erstreckt (lange Intervention).

Darüber hinaus wird das *Framing* durch unterschiedliche Zielgruppen zur Förderung diagnostischer Kompetenz geprägt. Es sind Studien zu finden, die diese bei Lehrkräften fördern (z. B. Besser et al., 2015), und Studien, die sie bei angehenden Lehrkräften innerhalb ihrer universitären Ausbildung fördern (Philipp & Gobeli-Egloff, 2022).

Aspekte der wirksamen Förderung diagnostischer Kompetenz
Schließlich lassen sich die Studien über die Förderung diagnostischer Kompetenz nach den eingesetzten Aspekten zur Förderung unterscheiden. Hierzu existieren verschiedene Ansätze. Beispielsweise leiten Busch et al. (Busch et al., 2015a, 2015b) in Anlehnung an die Forschung zur Lehrer*innenfortbildung (siehe z. B. Barzel & Selter, 2015) Aspekte zur Förderung diagnostischer Kompetenz ab. In der vorliegenden Arbeit werden allerdings Chernikova et al. (2020) zur Orientierung genutzt, weil diese in einer Metastudie Aspekte zur Förderung explizit für die diagnostische Kompetenz herausgearbeitet haben. Dabei identifizieren sie das Problemlösen und verschiedene Prozesse des Scaffolding als relevante Aspekte für die Förderung diagnostischer Kompetenz. Diese Einflussfaktoren konnten Chernikova et al. (2020) mit einer Metastudie zur Förderung diagnostischer Kompetenz im medizinischen und bildungswissenschaftlichen Bereich ermittelt werden.

Aus der Metastudie ergab sich als eines der zentralen Elemente das Problemlösen. Chernikova et al. (2020) konnten einen positiven Einfluss des Problemlösens auf die Entwicklung der diagnostischen Kompetenz nachweisen. Laut Chernikova et al. (2020, S. 169) ist das Problemlösen in Bezug auf das diagnostische Denken vorhanden, wenn die Lernenden Fälle oder Probleme erhalten und selbst diagnostizieren.

Die Metapher des Scaffolding wurde erstmals von Wood et al. (1976, S. 90) im Zusammenhang mit der Unterstützung von Problemlöseaktivitäten durch gezielte Motivation und adressatenbezogene Auswahl geeigneter Bestandteile genutzt. Generell wird unter Scaffolding verstanden, dass die Lehrkraft die Lernenden dann bei der Bearbeitung von Aufgaben unterstützt, wenn diese ohne Unterstützung nicht gelöst werden können. Die drei zentralen Merkmale hierbei sind „contingency" (van de Pol et al., 2010, S. 274) „fading" und „transfer of responsibility" (van de Pol et al. 2010, S. 275). Damit ist gemeint, dass die Unterstützung adaptiv auf das aktuelle Level des Lernenden ausgerichtet ist („contingency"), dass die Unterstützung mit der Zeit abnimmt („fading") und dass die Lernenden mit der Zeit mehr Kontrolle über den eigenen Lernprozess übernehmen („transfer of responsibility"). Chernikova et al. (2020, S. 162; orientiert an Belland et al., 2017) beziehen das Scaffolding beim Erlernen diagnostischer Kompetenz spezifisch auf die Steuerung des diagnostischen Prozesses durch „a) Providing Examples […], b) Providing Prompts […], c) Assinging Roles and d) Including Reflection Phases".

Chernikova et al. (2020) konnten zeigen, dass das Liefern von Beispielen (*Providing Examples*) im Scaffolding-Prozess keinen Einfluss auf die Entwicklung diagnostischer Kompetenz hat. Hierzu gibt es bei Glogger-Frey und Renkl

(2017) sowie bei Renkl (2014) abweichende Ergebnisse, sodass die Rolle dieses Aspektes nicht klar ist. Glogger-Frey und Renkl (2017) führen weiter aus, dass das Kontrastieren von Beispielen ein hilfreicher Baustein für die Entwicklung diagnostischer Kompetenz sein könnte. Das explizite Anregen zum Kontrastieren und Vergleichen der Beispiele scheint in bisherigen Studien zur Förderung diagnostischer Kompetenz kein essenzieller Bestandteil gewesen zu sein. Während für die diagnostische Kompetenz die Forschung divergierende Ergebnisse bezüglich der Bereitstellung von Beispielen festgestellt hat, gilt das Kontrastieren und Vergleichen von Beispielen allgemein als wirksame Lehr-Lern-Methode (Alfieri et al., 2013). Alfieri et al. (2013) konnten in ihrer Metastudie zum Kontrastieren und Vergleichen nicht nur die generelle Wirksamkeit nachweisen, sondern einzelne Faktoren identifizieren, die die Wirksamkeit beeinflussen: Detailliertheit der Beispiele, Art der Instruktion usw. Entsprechend könnte durch die Auswahl der Beispiele, die Art der Instruktion usw., verbunden mit der expliziten Aufforderung, die Beispiele zu kontrastieren und zu vergleichen, der Aspekt *Providing Examples* zu einem eindeutig wirksamen Aspekt zur Förderung diagnostischer Kompetenz werden.

Ein weiterer Aspekt des Scaffolding in der Metastudie von Chernikova et al. (2020) ist die Bereitstellung von Prompts, die in ‚während‘, ‚nach‘ und ‚langfristig‘ unterteilt werden. Dies bezieht sich jeweils auf den Zeitpunkt, zu dem der jeweilige Prompt bereitgestellt wird. Mit ‚während‘ wird ausgedrückt, dass der Prompt während des diagnostischen Prozesses zur Verfügung steht. ‚Nach‘ bedeutet ‚nach der Diagnostik‘ und ‚langfristig‘ bezieht sich auf ein Zusammenspiel von Prompts und Diagnostik. Die Metastudie ergab positive Effekte für alle drei Arten von Prompts. Allerdings haben Prompts, die nach dem diagnostischen Prozess gegeben werden, bessere Effekte als solche, die während des Prozesses zur Verfügung stehen. Gegensätzliches konnte Enenkiel (2022) identifizieren, denn in ihrer Studie zeigte sich kein Einfluss des Zeitpunkts des Prompts, der sich in ihrer Studie auf Feedback bezieht. Dies könnte an der Art des Feedbacks liegen. Während die Forschung zum Feedback feststellt, dass adaptives Feedback besonders positive Effekte hat (Wisniewski et al., 2019), greift Enenkiel (2022) auf die Präsentation von Musterlösungen zurück. Weiter werden durch bereitgestellte Prompts in verschiedenen Studien die Wissensfacetten (Dispositionen oder *Traits* im DiaKom-Modell) adressiert (z. B. Schreiter et al., 2022; Irmer et al., 2022). Von der Förderung z. B. des pädagogisch-psychologischen Wissens wird ein wesentlicher Einfluss erwartet (z. B. Schrader, 2014), sodass es verschiedene Studien gibt, die unterschiedliche Wissensfacetten gezielt erweitern, um damit diagnostische Kompetenz zu fördern.

Das Zuweisen von Rollen (*Assigning Roles*) hatte einen signifikanten Einfluss auf den Zuwachs diagnostischer Kompetenz (Chernikova et al., 2020). Hierbei sind typische Rollen die der Lehrkraft und die des*der Schüler*in. Die Zuweisung der Rolle als Lehrkraft ist in fast allen Studien zur Entwicklung der diagnostischen Kompetenz von (angehenden) Lehrkräften enthalten (Besser et al., 2015; Busch et al., 2015a; Gold et al., 2013; Klug et al., 2016; Schons et al., 2022; Gobeli-Egloff & Philipp, 2022; Enenkiel et al., 2022). Nur in wenigen Studien wird auch die Rolle einer Lehrkraft im realen Unterricht angenommen (z. B. Besser et al., 2015). Zum Zuweisen der Rolle als Schüler*in stellen Chernikova et al. (2020) fest, dass ein Mangel an Studien besteht. Trotzdem gehen sie von positiven Effekten dieser Zuweisung aus, da anzunehmen sei, dass durch das Einnehmen der Schüler*innenrolle spezifische Kompetenzen bzw. spezifisches Wissen erworben werden. Diese Hypothese lässt sich weiter dadurch stützen, dass das Einnehmen der Schüler*innenperspektive Teil des Modells des diagnostischen Prozesses nach Philipp (2018; siehe Abschnitt 4.3 und 5.3) ist.

Auch das Einbeziehen von Reflexionsphasen hat einen signifikanten Einfluss auf den Zuwachs diagnostischer Kompetenz (Chernikova et al., 2020). Chernikova et al. (2020) halten fest, dass die positiven Effekte des Reflektierens bereits 1933 (Dewey, 1933) bedacht wurden. Für eine Definition des Begriffs berufen sie sich auf Nguyen et al. (2014, S. 1182), die wie folgt definieren: „Reflection is the process of engaging the self in attentive, critical, exploratory and iterative interactions with one's thoughts and actions, and their underlying conceptual frame, with a view to changing them and with a view on the change itself". Bezüglich der Reflexionsphasen konnte sie feststellen, dass Lernende mit höherem Vorwissen stärker von Reflexionsphasen profitieren als solche mit geringerem Vorwissen.

Chernikova et al. (2020) halten fest, dass ein positiver Effekt von kollaborativen Phasen identifiziert werden kann. Weiter umfassen die meisten der in der Metastudie untersuchten Studien zur Förderung diagnostischer Kompetenzen mehrere der genannten Aspekte des Scaffolding. Daher sind Aussagen über die Wirksamkeit einzelner Aspekte mit Vorsicht zu betrachten (Chernikova et al., 2020, S. 187).

Nachfolgend werden ausgewählte Studien zur Förderung diagnostischer Kompetenz bezogen auf die oben genannten Kriterien vorgestellt. Dabei werden existierende Lücken im Forschungsfeld zur Förderung diagnostischer Kompetenz identifiziert (siehe zusammenfassend Tabelle 6.1)

Tab. 6.1 Übersicht über Forschung zur Förderung diagnostischer Kompetenz

Autor (Jahr)	Ansatz der Messung	Art der Messung	Framing: Förderung	Framing: Zeitlicher Umfang der Förderung	Framing: Zielgruppe	Aspekte der Förderung (Chernikova et al., 2020)
Ostermann et al. (2018)	Urteilsgenauigkeit	Einschätzung Aufgabenschwierigkeit bei geschlossenen Aufgaben – Schriftlich	Texte	Kurz	Lehrkräfte	Problem-orientation Assigning Roles
Philipp & Gobeli-Egloff (2022)	Identifizieren von Stärken und Schwächen von Schüler*innen	Kurze Lösungen mit Begründung – Schriftlich offene Items codiert	Komplexes Design mit einem durchgeführten diagnostischen Interview im Zentrum	Mittel	Angehende Lehrkräfte	Problem-orientation Providing Prompts Assigning Roles
Hock (2021)	Fehlerdiagnostische Kompetenz	Wahrnehmung und Interpretation einfacher Schüler*innenfehler – Schriftlich	Komplexes Design mit der konkreten Förderung eines/r Schüler*in	Mittel	Angehende Lehrkräfte	Problem-orientation Assigning Roles
Heinrichs & Kaiser (2018)	Fehlerdiagnostische Kompetenz	Interpretation einfacher Schüler*innenfehler – Schriftlich	Komplexes Design basierend auf Videos	Mittel	Angehende Lehrkräfte	Problem-orientation Providing Prompts Assigning Roles
Larrain & Kaiser (2022)	Fehlerdiagnostische Kompetenz	Interpretation eines Fehlers der in einem Video auftaucht – Schriftlich	Komplexes Design basierend auf Videos und Schüler*innendokumenten	Mittel	Angehende Lehrkräfte	Problem-orientation Providing Prompts Including Reflection Phases

(Fortsetzung)

Tab. 6.1 (Fortsetzung)

Autor (Jahr)	Ansatz der Messung	Art der Messung	Framing: Förderung	Framing: Zeitlicher Umfang der Förderung	Framing: Zielgruppe	Aspekte der Förderung (Chernikova et al., 2020)
Enenkiel et al. (2022)	Wahrnehmen und Interpretieren spezifisch	Verschiedene Diagnoseaufträge – Schriftlich	Komplexes Design mit einer digitale Lernplattform mit Videos	Mittel – Lang	Angehende Lehrkräfte	Providing Examples Providing Prompts Assigning Roles
Sunder et al. (2016)	Urteilsgenauigkeit	Wahrnehmung von spezifischen Unterrichtsfacetten - Schriftlich	Komplexes Design mit verschiedenen Videos	Lang	Angehende Lehrkräfte	Problem-orientation Providing Prompts Assigning Roles
Schreiter et al. (2022)	Wahrnehmen und Interpretieren spezifisch	Schwierigkeitsmerkmale von Aufgaben – Eye-Tracking-Software	Wissensvermittlung	Kurz	Angehende Lehrkräfte	Problem-orientation Providing Prompts Assigning Roles

Ostermann et al. (2018) maßen bei angehenden Lehrkräften im mathematischen Inhaltsfeld die Funktionen diagnostischer Kompetenz durch einen der Tradition der Urteilsgenauigkeit zuzuordnenden Ansatz. Dabei wurde spezifisch die Aufgabenschwierigkeit eingeschätzt. Die Förderung der diagnostischen Kompetenzen geschah durch die Bereitstellung von Wissen, das in Anlehnung an den nach Nickerson (1999) adaptierten diagnostischen Denkprozess ausgewählt wurde. Eine Intervention enthielt einen Text, der dem *pedagogical content knowledge* zuzuordnen ist. Dieser Text war mit Aufgaben verbunden, bei denen die Teilnehmenden die Rolle der Lehrkraft übernehmen mussten. Diese Intervention lieferte signifikante Effekte mit großer Stärke. Eine zweite Gruppe wurde mit einem Text über den Expert-Blind-Spot aufgeklärt. Dies hatte zwar einen Einfluss auf die im Pretest stattgefundene Überschätzung, nicht aber auf die Urteilsgenauigkeit bezüglich der Rangordnung. Insgesamt handelte es sich um zwei kurze Interventionen, die weniger als eine Seminarsitzung umfassten. Damit konnte die Studie erstens zeigen, dass diagnostische Kompetenz auch in einem kurzen Zeitraum förderbar ist. Darüber hinaus hatte das Bereitstellen eines Prompts verbunden mit der Zuweisung einer Rolle einen Effekt, während ein anderer Prompt kaum einen Effekt zeigte.

Philipp und Gobeli-Egloff (2022) haben eine Studie designt, die eine Intervention bei angehenden Lehrkräften von fünf Seminarsitzungen mit 90 Minuten Länge umfasst. Im Rahmen der Intervention wurde inhaltsspezifisches fachdidaktisches Wissen gefördert. Dabei wurde sowohl auf die Bereitstellung von Wissen und auf das Betrachten verschiedener Beispiele als auch auf die Übernahme der Rolle der Lehrkraft geachtet. Die Messung der diagnostischen Kompetenz fand im Sinne des Erfassens von Stärken und Schwächen eines/einer Schüler/in statt. Die Schüler*innenlösungen umfassten dabei kurze Lösungen mit Begründung, sodass es sich um eher weniger komplexe Schüler*innenlösungen handelte. Mit dieser Studie konnte erneut gezeigt werden, dass diagnostische Kompetenz (bereits bei angehenden Lehrkräften) speziell durch Vermittlung des Wissens und der Situationscharakteristika entwickelbar ist.

Hock (2021) schließt an den fehlerdiagnostischen Kompetenz-Ansatz an und förderte in vier Interventionssitzungen das Wissen angehender Lehrkräfte zu Schülerfehlern und Ursachen zu zwei Themengebieten (ganze Zahlen und Prozentrechnung). Dabei wurden verschiedene Prompts und Beispiele eingesetzt. Die Messung erfolgte durch die Wahrnehmung und Interpretation von einfachen Schüler*innenfehlern. Durch die Intervention konnte die diagnostische Kompetenz, konzeptualisiert als fehlerdiagnostische Kompetenz, gefördert werden.

Eine weitere Studie mit einem umfassenden Ansatz stammt von Heinrichs & Kaiser (2018). Sie entwickelten eine videogestützte Intervention, die in vier

Sitzungen à 90 Minuten eingesetzt wurde und auf den Phasen der fehlerdiagnostischen Kompetenz nach Heinrichs (2015) beruhte. Die Bezugsgruppe waren angehende Lehrkräfte. Die vier Sitzungen bauten auf Teilen des fehlerdiagnostischen Prozesses auf und beinhalteten verschiedene Prompts, die Übernahme der Rolle als Lehrkraft und die Problemorientierung. Diese Studie konnte ebenfalls die diagnostische Kompetenz der angehenden Lehrkräfte fördern.

Auch Larrain und Kaiser (2022) gestalteten eine Intervention mithilfe von Videovignetten sowie Schüler*innendokumenten, die aus vier Sitzungen bestand. Diese orientierten sich ebenfalls an den Phasen des fehlerdiagnostischen Prozesses nach Heinrichs (2015) und beinhalteten Prompts sowie eine Problemorientierung. Zusätzlich sollten die Teilnehmer*innen über das Denken der Schüler*innen diskutieren. Dabei wurde die diagnostische Kompetenz als fehlerdiagnostische Kompetenz konzeptualisiert und explizit gemessen wurde die Kompetenz, Hypothesen über Fehler zu generieren. Auch hier zeigten sich positive Effekte der Gesamtintervention.

Enenkiel et al. (2022) führten eine Studie mit angehenden Lehrkräften durch. Die Teilnehmenden arbeiteten mit einer videovignettengestützten Lernplattform, auf der sie die Videos analysieren sollten. Zusätzlich wurden Musterlösungen der Analyse als Prompts eingesetzt. Hintergrundinformationen zu den Schüler*innen in den Videos konnten die Studierenden eigenständig einholen. Durch die Lernplattform wurde den Studierenden die Rolle der Lehrkraft zugeordnet. Auch bei dieser Studie zeigte sich ein Lernzuwachs.

Ebenfalls mit dem Fokus auf Videovignetten führten Sunder et al. (2016) eine Interventionsstudie mit Studierenden des Grundschullehramts durch, die dem *Noticing* zuzuordnen ist. Gemessen wurde in dieser Studie die Wahrnehmung der Studierenden von spezifischen Unterrichtsfacetten im Vergleich zu einem Expertenrating. Die Intervention erstreckte sich über ein gesamtes Semester und umfasste verschiedene Aspekte der wirksamen Förderung nach Chernikova et al. (2020). So wurden in der Intervention verschiedene Videos von Unterricht analysiert und es wurden Prompts für die Teilnehmer*innen bereitgestellt, die deren Wissen adressierten. Die Studierenden übernahmen in dieser Studie auf zwei Weisen die Rolle Lehrkraft, indem sowohl eigener als auch fremder Unterricht betrachtet wurde.

Schreiter et al. (2022) maßen die diagnostische Kompetenz bei Lehramtsstudierenden bezüglich der Schwierigkeitsmerkmale von Aufgaben durch Eye-Tracking, indem Studierende spezifische Merkmale erkennen mussten. Die untersuchte Intervention dauerte 90 Minuten und umfasste die Analyse von Aufgaben bezüglich ihrer Schwierigkeit aus der Perspektive der Lehrkraft. Darüber hinaus wurden Prompts bereitgestellt, die typische schwierigkeitsgenerierende Merkmale thematisierten.

Es existieren weitere Interventionsstudien zur Förderung diagnostischer Kompetenz. Sie lassen sich allerdings aufgrund fehlender Informationen nicht in die vorgeschlagene Systematik einfügen (z. B. Beretz et al., 2017; Clarke et al., 2018; Frommelt et al., 2019). Trotzdem zeigt sich, dass vielfältige umfassende und wirksame Interventionen zur Förderung diagnostischer Kompetenz vorliegen. Gleichzeitig sind verschiedene Teilaspekte noch nicht ausreichend beforscht. Beispielsweise nutzen die vorgestellten Studien unterschiedliche *Framings*, bspw. digitale Videovignetten (z. B. Enenkiel et al. 2022) oder digitale Simulationen (Schons et al., 2022), als Versuch, eine möglichst hohe Authentizität zu gewährleisten, während sich nur vereinzelte Studien mit komplexeren Schüler*innendokumenten befassen. Diese komplexen Schüler*innendokumente können ein vielfältiges Wahrnehmen und Interpretieren ermöglichen, weswegen in dieser Arbeit darauf zurückgegriffen wird. Darüber hinaus ist das konkrete *Framing* der Situation der vorliegenden Arbeit bisher nicht betrachtet worden. Die zu analysierenden Schüler*innendokumente (siehe Abschnitt 7.2.2.2 für ein Beispiel) lassen sich als komplexe Schüler*innendokumente klassifizieren, die vielfältiges Wahrnehmen und Interpretieren ermöglichen. Hier schließt die vorliegende Arbeit an, indem Interventionen designt werden, die explizit verschiedene Rollen betonen. Weiter ist der zeitliche Umfang der bisher untersuchten Interventionen als kurz oder mittel zu bezeichnen, sodass hier eine Forschungslücke bezüglich langer Interventionen identifiziert werden kann.

Schließlich konnten bereits Chernikova et al. (2020) in ihrer Metastudie feststellen, dass die Rolle als Schüler*in bisher nicht untersucht wurde. Diese Forschungslücke ist insbesondere mit Blick auf den diagnostischen Denkprozess relevant. Das eigenständige Lösen und Erkunden von Aufgaben und damit das Übernehmen der Rolle als Schüler*in ist expliziter Teil einiger Konzeptualisierungen diagnostischer Kompetenz (z. B. Philipp, 2018). Entsprechend ist ein möglicher Einfluss der Übernahme der Rolle als Schüler*in auf die Entwicklung diagnostischer Kompetenz eine Forschungslücke. Ebenfalls wurde der Einfluss der beiden Rollen (Lehrer*in und Schüler*in) bisher nicht systematisch untersucht und verglichen.

6.2   Förderung diagnostischer Kompetenz in der vorliegenden Arbeit

Aufbauend auf der vorgestellten bisherigen Forschung zur Förderung diagnostischer Kompetenz und der in Kapitel 5 dargelegten Operationalisierung diagnostischer Kompetenz in dieser Arbeit wurden verschiedene Interventionen designt, die auf einem ähnlichen Grundkonzept basieren. Das Grundkonzept wird im Folgenden präsentiert. Die spezifischen Unterschiede zwischen den Interventionen werden in den Abschnitten 7.2.2.7 und 8.2.3 erläutert. Essenzielle Bestandteile aller Interventionen sind der nach Nickerson (1999) adaptierte diagnostische Denkprozess und die wirksamen Aspekte der Förderung diagnostischer Kompetenz (Chernikova et al., 2020) sowie Vergleichsprozesse.

6.2.1   Diagnostischer Denkprozess

Alle Interventionen der vorliegenden Arbeiten stützen sich auf die Konzeptualisierung des nach Nickerson (1999; siehe auch Abb. 5.4) adaptierten diagnostischen Denkprozesses. Hierbei konnten in Abschnitt 5.3 zwei Phasen des Prozesses herausgearbeitet werden. In der ersten Phase wird das zugrunde liegende Lernangebot adressiert. Diese Phase wird in den Interventionen betont, indem die Studierenden in der Erkundung offener Lernangebote der Arithmetik geschult werden. Die zweite Phase des Denkprozesses adressiert dann die Lösung zu einem Lernangebot. Diese Phase wird in den Interventionen betont, indem die Studierenden in der Analyse von Schüler*innendokumenten geschult werden.

6.2.2   Problemorientierung

Jede der später vorgestellten Interventionen basiert auf einem problemorientierten Lernansatz durch die Konzentration auf offene Lernangebote, weil sich die Studierenden bei der Lösung eines offenen Lernangebots mit einem Fall oder einem Problem (Holzäpfel et al., 2018) im Sinne von Chernikova et al. (2020) beschäftigen. Nach Nickerson (1999) wird auch das Lösen eines offenen Lernangebots als Teil des diagnostischen Denkens verstanden (siehe Phase 1 des adaptierten Prozesses in Abschnitt 5.3). Die Analyse einer Schüler*innenlösung für ein offenes Lernangebot stellt ebenfalls einen Fall oder ein Problem dar, bei dem die angehenden Lehrer diagnostisch Denken (siehe Phase 2 des adaptierten

Prozesses in Abschnitt 5.3). Daher nutzen alle Interventionen die nachgewiesenen positiven Effekte der Problemorientierung. Obwohl der positive Effekt des problemorientierten Lernens auf die diagnostische Kompetenz bisher vor allem für die medizinische Diagnostik nachgewiesen wurde, fordern Chernikova et al. (2020) als Ergebnis ihrer Metastudie, dass zukünftige Forschung verstärkt darauf zurückgreifen sollte. In den Interventionen wurden drei bis vier offene Lernangebote bzw. Schüler*innendokumente zu diesen eingesetzt. Dabei stammen alle offen Lernangebote aus dem Themengebiet der Arithmetik. Die Arithmetik als Themengebiet wurde aufgrund ihrer Zentralität im Mathematikunterricht der Grundschule gewählt (Rathgeb-Schnierer et al., 2023).

6.2.3 Providing Examples

Chernikova et al. (2020) verstehen unter *Providing Examples*, dass die Lernenden zu einem beliebigen Zeitpunkt eine Beispiellösung erhalten. Wie in Abschnitt 6.1 berichtet, ist der Einfluss dieses Faktors nicht geklärt. Da jedoch z. B. Glogger-Frey und Renkl (2017), Renkl (2014) sowie Besser et al. (2015) von positiven Effekten berichten, wurde *Providing Examples* in die Interventionen integriert.

Bisherige Forschung zur Förderung diagnostischer Kompetenz hat sich, wie bereits beschrieben, zumeist auf Lösungen zu geschlossenen Aufgaben fokussiert, sodass auch die Beispiellösungen sich auf geschlossene Aufgaben bezogen. Beispiellösungen zu offenen Lernangeboten stellen aufgrund der Offenheit bezüglich der Lösungswege, der Ergebnisse und der Darstellungsweisen eine konzeptuelle Hürde dar. Um möglichst viele Lösungswege, Ergebnisse und Darstellungsweisen in die Beispiellösungen zu integrieren, wird in der vorliegenden Arbeit die Beispiellösung als Synthese der Bearbeitungen der Studierenden in den Interventionen operationalisiert.

6.2.4 Providing Prompts

Prompts sind Informationen, die den Lernenden während des Lernprozesses gegeben werden, um sie zu unterstützen. Prompts wurden in alle Interventionen integriert, weil die bisherige Forschung positive Effekte unterschiedlicher Arten von Prompts nachweisen konnte (Chernikova et al., 2020). Die eingesetzten Prompts orientieren sich an den zwei Phasen des nach Nickerson (1999) adaptierten diagnostischen Denkprozesses (siehe Abschnitt 5.3) und werden je nach Intervention variiert (siehe Abschnitt 7.2.2.7 und 8.2.3). Dabei leiten die Prompts

z. B. das Erkunden der offenen Lernangebote an oder geben einen Rahmen für die Analyse der Schüler*innendokumente.

6.2.5 Including Reflection Phases

Auch bezüglich *Including Reflection Phases* konnte bisherige Forschung einen positiven Effekt nachweisen.

In dieser Arbeit sind die Reflexionsphasen durch verschiedene Arbeitsweisen organisiert. Der Ablauf der später vorgestellten Interventionen gliedert sich wie folgt:

a) Gemeinsamer Beginn
b) Einzelarbeit
c) Partnerarbeit
d) Gruppenarbeit
e) Gesamtgruppenarbeit

Dieser Aufbau orientiert sich grob an den Bausteinen der Unterrichtsgestaltung mit offenen Lernangeboten (z. B. Rathgeb-Schnierer und Rechtsteiner, 2018). Dieser gliedert sich in die Bausteine: „Gemeinsamer Beginn", „Arbeitsphase", „Zwischenaustausch" sowie „Präsentation und Reflexion". Die Besonderheit bei dieser Gestaltungsform von Unterricht besteht darin, dass die Phasen mehr als einmal pro Unterrichtseinheit auftreten können.

Mit der Definition der Reflexion von Chernikova et al. (2020; nach Nguyen et al., 2014) sind sowohl die Phasen des Zwischenaustauschs als auch der Präsentation und Reflexion als Reflexionsgelegenheiten zu sehen. Damit alle Experimentalbedingungen der Interventionen einem möglichst ähnlichen Aufbau folgen, orientieren sich alle später vorgestellten Bedingungen an den Punkten a) bis e).

Die Phasen c), d) und e) sind kooperative Reflexionsphasen. Diese bieten sich an, weil Chernikova et al. (2020) festgestellt haben, dass in der Berufsdomäne des Lehramts kooperative Phasen einen positiven Effekt haben.

Wie an den konkreten Aufträgen ablesbar (siehe Abschnitt 7.2.2.5), wird in jeder Reflexionsphase ein Vergleich angeregt. Dieser Vergleich soll sich sowohl auf Unterschiede als auch auf Gemeinsamkeiten fokussieren und soll sich daher auf die nachgewiesen positiven Effekte des Kontrastierens und Vergleichens als Lehr-Lern-Methode stützen (Alfieri et al., 2013; Lipowsky et al., 2019).

6.2.6 Assigning roles

Wie im Kapitel zur Förderung diagnostischer Kompetenz (Kapitel 6) beschrieben, gibt es für die Berufsdomäne des Lehramts die zwei typischen Rollen Lehrer*in und Schüler*in. Bisherige Forschung (siehe Kapitel 6) konnte zeigen, dass das Zuweisen dieser Rollen positive Effekte auf die Entwicklung diagnostischer Kompetenz hat, wobei vor allem die Lehrer*innnerolle zumeist zugeschrieben wurde. In den später vorgestellten Studien wird zwischen beiden Rollen variiert.

Die Schüler*innenrolle wird von den Studierenden immer dann übernommen, wenn sie selbst offene Lernangebote erkunden. Bezüglich des nach Nickerson (1999) adaptierten Prozesses bezieht sich die Schüler*innenrolle auf die erste Phase. Die Lehrer*innenrolle wird von den Studierenden immer dann übernommen, wenn sie aufgefordert sind, Schüler*innendokumente zu analysieren. Das Übernehmen der Rolle als Lehrer*in entspricht der zweiten Phase des nach Nickerson (1999) adaptierten Prozesses.

Es wurden Interventionsbedingungen designt, die sich auf die Zuweisung von einer Rolle auf die Studierenden beschränken, und solche Bedingungen, die dafür sorgen sollten, dass beide Rollen übernommen werden.

Insgesamt wurden alle Aspekte nach Chernikova et al. (2020) in die Interventionen der vorliegenden Arbeit integriert. Die konkrete Ausführung der einzelnen Aspekte wird Abschnitt 7.2.2 vorgestellt.

Erste Studie

7

Im Folgenden wird die erste von zwei Studien der vorliegenden Arbeit vorgestellt. Zu Beginn wird dabei die Forschungsfrage präsentiert. Anschließend wird die Methode der ersten Studie erläutert. Es folgen die Präsentation der Ergebnisse und deren abschließende Diskussion.

7.1 Forschungsfrage

Die erste Studie soll die theoretisch bereits herausgearbeitete Forschungslücke adressieren. Wie in Abschnitt 5.3 gezeigt, lassen sich die adaptierten epistemischen Aktivitäten (Fischer et al., 2014) den Subprozessen des diagnostischen Denkens (Loibl et al., 2020) zuordnen. Speziell für das Wahrnehmen und das Interpretieren als Subprozesse des diagnostischen Denkens konnten unter anderem Stahnke et al. (2016 und Larrain & Kaiser, 2022; siehe zusätzlich: Seifried & Wuttke, 2010; Türling et al., 2011; Wuttke & Seifried, 2013) schlechte Leistungen feststellen. Es fehlt daher an Studien, die speziell diese Aspekte fördern und dabei auf angehende Lehrkräfte fokussieren. Daraus folgt die zweite Forschungsfrage der vorliegenden Arbeit:

> „Welche Bestandteile der diagnostischen Kompetenz von Lehrkräften – bezogen auf das adäquate Beurteilen von Lernprodukten von Schülerinnen und Schülern in drei Kompetenzbereichen sowie auf die damit verbundenen adaptierten epistemischen

Ergänzende Information Die elektronische Version dieses Kapitels enthält Zusatzmaterial, auf das über folgenden Link zugegriffen werden kann https://doi.org/10.1007/978-3-658-44327-6_7.

J. P. Volkmer, *Förderung diagnostischer Kompetenz angehender Grundschullehrkräfte*, Mathematikdidaktik im Fokus, https://doi.org/10.1007/978-3-658-44327-6_7

Aktivitäten – lassen sich durch eine spezifische Intervention verändern, die sich auf die Betonung der zwei Phasen des nach Nickerson (1999) adaptierten diagnostischen Denkprozesses stützt?"

Dabei besteht die Hypothese, dass Studierende, die eine spezifische Intervention erhalten, im Vergleich zu einer Wartekontrollgruppe höhere diagnostische Kompetenz nach der Intervention aufweisen.

7.2   Methode

Um die Forschungsfrage zu beantworten, wurde eine experimentelle Studie im Pre-Post-Design durchgeführt. Der experimentellen Studie ging eine Pilotierung voraus. Diese wird nachfolgend vorgestellt. Anschließend werden die Stichprobe und das Design der experimentellen Studie erläutert. Danach werden der Aufbau der Intervention, die Datenerhebung sowie das Messinstrument und die Methode der Datenauswertung präsentiert, bevor die Ergebnisse der Studie vorgestellt und diskutiert werden.

7.2.1   Pilotierungsstudie, Stichprobe und Design

Im Wintersemester 2019/2020 wurde eine Pilotierung in Form einer Interventionsstudie mit 20 Teilnehmer*innen durchgeführt. Die Intervention fand in Form eines Seminars statt, das über 14 Semesterwochen lief. Ziel der Pilotierungsstudie war es, das Messinstrument und verschiedene Bausteine der Intervention zu generieren. Wie an verschiedenen Stellen bereits beschrieben, sollte die diagnostische Kompetenz der Studierenden in der zu betrachtenden diagnostischen Situation durch die Analyse von Schüler*innendokumenten zu offenen Lernangeboten definiert sein. Daher wurde das Seminar genutzt, um verschiedene offene Lernangebote mit Studierenden zu erproben. Es wurden vier verschiedene Lernangebote eingesetzt, die von den Studierenden erkundet wurden.

In einem weiteren Seminarschritt sollten die Studierenden die bereits erkundeten Lernangebote in Grundschulklassen einsetzen. Hier sollten die Studierenden im direkten Kontakt mit Schüler*innen erfahren, wie diese die Lernangebote bearbeiten und wie eine entsprechende Unterrichtsstunde gestaltet werden kann. Zur Gestaltung des Unterrichtsvorhabens gab es vorbereitende Seminarsitzungen und im Anschluss waren Seminarsitzungen zur Reflexion der erfolgten Umsetzung eingeplant. Dieser Teil des Pilotierungsseminars hatte aus forschungspraktischer

Sicht das Ziel, Schüler*innenlösungen für die Intervention der nachfolgenden Studie zu generieren.

Abschließend wurde eine erste Variante des Diagnostiktests eingesetzt, um mit den Lösungen ein entsprechendes Codiermanual zu entwerfen. Dabei wurde bereits explizit zwischen der Anzahl und der Breite der adaptierten epistemischen Aktivitäten als Qualitätsmerkmal der Diagnostik unterschieden (siehe dazu Abschnitt 7.2.4). Die Breite der adaptierten epistemischen Aktivitäten ergibt sich aus der Anzahl der unterschiedlichen Kompetenzfacetten pro epistemischer Aktivität der Studierenden. Diese Kompetenzfacetten wurden induktiv auf der Grundlage der Kompetenzbereiche nach Rathgeb-Schnierer und Schütte (2011) aus den Daten der Pilotierungsstudie gewonnen. So konnte festgestellt werden, dass die Studierenden sich im Kompetenzbereich ‚fachliches Grundwissen' z. B. auf das korrekte Rechnen oder das Stellenwertverständnis der Schüler*innen beziehen. Im Kompetenzbereich ‚mathematische Handlungskompetenz' wird vor allem die Systematik des Lösungsweges adressiert und im Kompetenzbereich ‚kommunikative Kompetenz' beziehen sich die epistemischen Aktivitäten auf die Darstellung der Lösung oder das Aufgabenverständnis (für eine Übersicht über alle Kompetenzbereiche und Kompetenzfacetten siehe Tab. 7.10 in Abschnitt 7.2.3). Die Diagnostikitems bestehen jeweils aus einem einleitenden Text und einer Schüler*innenlösung zu einem offenen Lernangebot. Hier wurde in der Pilotierungsstudie auf Verständlichkeit und die Möglichkeit zur reichhaltigen Analyse geprüft (siehe für Itembeispiele und eine genaue Beschreibung Abschnitt 7.2.3). Auf der Grundlage der Erkenntnisse der Pilotierungsstudie wurde die erste Studie designt.

Die erste Studie wurde im Sommersemester 2020 durchgeführt. Hierbei wurde eine Intervention mit 14 Semesterwochen mit 57 Teilnehmer*innen[1] und einer Kontrollgruppe mit Wartebedingung mit 18 Teilnehmer*innen durchgeführt. Alle Studierenden der Stichprobe studieren Grundschullehramt und haben vor der Teilnahme am fachdidaktischen Seminar unter anderem die folgenden Vorlesungen besucht: je eine Fach und Fachdidaktik verbindende Vorlesung zur Arithmetik und Geometrie sowie eine Vorlesung zur Diagnostik in der Grundschule. Ebenso haben sie ein Praxissemester absolviert. Mit der Verortung der Studien im vierten Semester ist sichergestellt, dass diese bereits die Möglichkeit hatten, grundlegende fachliche, fachdidaktische und diagnostische Kenntnisse zu erwerben. Diese stellen eine Voraussetzung für die Entwicklung diagnostischer Kompetenzen dar (Loibl et al. 2020; Heitzmann et al. 2018). Die Zuteilung

---

[1] Die Gesamtstichprobe in der Interventionsgruppe besteht aus 70 Studierenden. Aufgrund von Dropouts liegen allerdings nur für 57 Studierende vollständige Testdaten vor.

zur Experimentalbedingung bzw. zur Kontrollgruppe erfolgte zufällig über die
Selbsteinwahl der Studierenden in Seminare.

Die Studie musste durch die Covid-19-Pandemie in ein digitales Setting
umgeplant werden. Die beschriebenen Seminarsitzungen fanden daher in einem
Onlinekonferenztool statt.

Wie in Abschnitt 5.3 deutlich geworden ist, lässt sich das diagnostische Denken durch einen Prozess konzeptualisieren (siehe Abb. 5.4 – nach Nickerson
(1999) adaptierter Prozess). Dieser Prozess lässt sich prinzipiell in zwei Phasen
unterteilen. In Phase 1 wird der Fokus primär auf die Aufgabe gelegt, während in
Phase 2 der Fokus auf Schülerlösungen liegt. Es wurde eine Intervention designt,
die diese beiden Phasen des Prozesses adressieren soll. Die Länge der Intervention beträgt 14 Semesterwochen, bestehend aus wöchentlichen 90-minütigen
Seminarsitzungen. Die Konzeption der Intervention zur Entwicklung diagnostischer Kompetenz (14 Semesterwochen) orientiert sich, wie in Abschnitt 6.2
ausführlich dargelegt, auch an den strukturellen Merkmalen, die Chernikova et al.
(2020) im Rahmen ihrer Metastudie für die Förderung diagnostischer Kompetenz beschreiben. Konkret sind dies das Bereitstellen von Beispielen (*Providing
Examples*), das Anbieten von Prompts (*Providing Prompts*), die Zuweisung von
Rollen (*Assigning Roles*) sowie die Anregung von Reflexion (*Including Reflection
Phases*). Zusätzlich ist die Anregung des stetigen Vergleichs von Lernprodukten
mit Vergleichsobjekten ein Teil der Seminarkonzeption. Das Kernanliegen der
ersten Studie besteht darin, die Veränderung der adaptierten epistemischen Aktivitäten bei der Analyse von Schüler*innendokumenten zu offenen Lernangeboten
durch die Intervention insgesamt zu untersuchen. Es war explizit kein Anliegen,
die Wirkung einzelner Elemente der 14 Wochen andauernden Intervention zu evaluieren. In der Intervention wird stark die erste Phase des nach Nickerson (1999)
adaptierten Prozesses betont. Die Studierenden erkunden vier offene Lernangebote über zwölf Wochen (Fokus auf Phase 1) und analysieren Schülerdokumente
zu einem offenen Lernangebot über zwei Wochen (Fokus auf Phase 2). In der
folgenden Tabelle 7.1 wird das Studiendesign dargestellt.

Tab. 7.1 Studiendesign erste Studie

Pretest
Intervention orientiert an Phase 1 für vier offene Lernangebote (12 Wochen)
Intervention orientiert an Phase 2 für Schüler*innendokumente (2 Wochen)
Posttest

7.2.2 Aufbau der Intervention

Im Folgenden wird der konkrete Aufbau der Intervention beschrieben. Dabei orientiert sich die Struktur der Beschreibung an den wirksamen Aspekten der Förderung diagnostischer Kompetenz (Chernikova et al., 2020). Entsprechend wird mit der *Problem Orientation* begonnen, bevor die Aspekte des Scaffolding beschrieben werden (siehe für die theoretische Begründung der Bestandteile Abschnitt 6.2).

7.2.2.1 Offene Lernangebote

Das erste eingesetzte Lernangebot trägt den Titel „Zielzahl" (Birnstengel-Höft & Feldhaus, 2006, Abbildung 7.1) und die zugehörige Aufgabenstellung lautet[2]:

Wie kommt man in einer Zahlenfolge auf die Zielzahl 20? Die Zahlenfolge umfasst vier Zahlen und die vierte Zahl soll 20 sein. Man gelangt zu der Zahl an einer bestimmten Stelle, indem man die beiden Zahlen davor addiert. Wenn du zum Beispiel mit 6 (1. Stelle) und 7 (2. Stelle) beginnst, erhältst du 13 (3. Stelle) und 20 (4. Stelle). Dein Ziel ist es, alle Zahlenfolgen zu finden, bei denen 20 an vierter Stelle steht.

Abb. 7.1 Beispiel Zielzahl

$$\underline{6}\quad \underline{7}\quad \underline{13}\quad \underline{20}$$

$$\underline{3}\quad \underline{4}\quad \underline{7}\quad \underline{11}$$

Die Anzahl der Stellen und die zu erreichende Zahl sind dabei beliebig variierbar. Zur Lösung bieten sich verschiedene Strategien an, z. B. zufälliges Probieren, systematisches Probieren oder Algebraisieren.

Das zweite Lernangebot hat den Titel „Reihenzahlen" (Scherer & Steinbring, 2004, Abbildung 7.2). Eine mögliche Aufgabenstellung sieht wie folgt aus: Reihenzahlen sind Zahlen, die sich als Summe aufeinanderfolgender (natürlicher) Zahlen darstellen lassen, beispielsweise 54 (als Summe der Zahlen 12, 13, 14 und 15) oder 75 (als Summe der Zahlen 24, 25 und 26). Dein Ziel ist es, herauszufinden, welche Zahlen bis 100 sich als Summe aufeinanderfolgender natürlicher Zahlen darstellen lassen.

---

[2] Ein Lösungsvorschlag zu allen vier Lernangeboten und die konkrete Einführung finden sich im Anhang im elektronischen Zusatzmaterial a bis d.

Abb. 7.2 Beispiel
Reihenzahl

$$12 + 13 + 14 + 15 = 54$$

$$24 + 25 + 26 = 75$$

Der Zahlenraum der Summanden und der zu untersuchende Zahlenraum lassen sich auch bei diesem offenen Lernangebot beliebig variieren.

Das dritte eingesetzte Lernangebot trägt den Namen „Abbauzahlen" (Hengartner et al., 2010, Abbildung 7.3). Eine mögliche Aufgabenstellung sieht wie folgt aus: Eine Abbauzahl ist dann gefunden, wenn die wiederholte Subtraktion mit einem pro Rechnung um 1 kleiner werdenden Subtrahenden mit dem Ergebnis 0 endet. Beispielsweise ist 12 eine Abbauzahl zu 50. Versuche, so viele Abbauzahlen im Zahlenraum bis 50 wie möglich zu finden.

Abb. 7.3 Beispiel
Abbauzahlen

$$50 - 12 = 38$$

$$38 - 11 = 27$$

$$27 - 10 = 17$$

$$17 - 9 = 8$$

$$8 - 8 = 0$$

Auch bei dieser Aufgabe sind Variationen z. B. hinsichtlich des Zahlenraums möglich.

Die drei bisher vorgestellten Lernangebote waren Teil aller Interventionsvariationen. Das vierte Lernangebot trägt den Titel „Minustürme" (Wittmann & Müller, 2018, Abbildung 7.4) und war nur Teil der Pilotierungsstudie und der ersten Studie. Eine Aufgabe zu Minustürmen sieht wie folgt aus: Minustürme werden wie folgt gebaut: Wähle drei verschiedene Ziffern (z. B. 4, 5, 8). Bilde nun die größte Zahl (854) und die kleinste Zahl (458) aus diesen drei Ziffern.

Anschließend bilde deren Differenz mit der größeren Zahl als Minuend: 854 −
458 = 396. Nutze die Ziffern der Differenz (3, 9, 6) zur Bildung eines neuen
Zahlenpaars samt zugehöriger neuer Differenz (963 − 369 = 594). Führe diesen
Schritt so oft wie möglich mit verschiedenen Startziffern durch. Was kannst du
entdecken?

Abb. 7.4 Beispiel
Minustürme

854	963	954
- 458	- 369	- 459
= 396	= 594	= 495

7.2.2.2 Schüler*innendokumente

Als weiteres wichtiges Element der Intervention und ebenfalls als *Problem
Orientation* sind die Schüler*innendokumente anzusehen. Im Rahmen der Pilotierungsstudie konnten zu jedem der gerade vorgestellten vier Lernangebote
verschiedene echte Schüler*innendokumente generiert werden. Die entstandenen
Schüler*innendokumente sind heterogen bezüglich des Alters und der Klassenstufe der bearbeitenden Kinder sowie des Bearbeitungslevels. Letzteres kann sich
aufgrund der Offenheit der Aufgabenstellung in verschiedenen Dimensionen darstellen. So divergieren die Anzahl der aufgestellten Rechnungen, die Anzahl der
Fehler, die Vielfalt der Fehler, der genutzte Zahlenraum, die Anzahl und Tiefe
der erstellten Systematiken.

Die folgende Tabelle 7.2 stellt zu jedem der eingesetzten offenen Lernangebote
jeweils ein beispielhaftes Schüler*innendokument dar.

Tab. 7.2 Beispiele Schüler*innendokumente

Zielzahl	Reihenzahlen

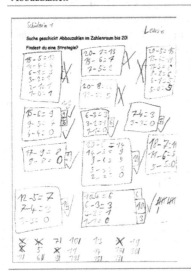

Abbauzahlen	Minustürme

Die Studierenden erhalten die Möglichkeit, zu den jeweiligen Lernangeboten eigenständig echte Dokumente auszuwählen, um diese zu analysieren. Da es sich um die oben beschriebenen, in der Pilotstudie generierten Dokumente handelt, haben die Studierenden pro Lernangebot eine Auswahl aus bis zu 20 voneinander verschiedenen heterogenen Schüler*innendokumenten[3].

7.2.2.3 Providing Examples

In der Intervention (siehe Abschnitt 7.2.2.7 und 8.2.3) wurden verschiedene Versionen des *Providing Examples* eingesetzt. Im ersten Teil der Intervention, der sich auf das Erkunden von offenen Lernangeboten (Phase 1 des nach Nickerson (1999) adaptierten Prozesses nachempfunden) bezieht, wurden exemplarische Beispiele für eine Aufgabenlösung als Synthese aller Aufgabenlösungen der Studierenden betrachtet. Im zweiten Teil der Intervention, der sich auf das Analysieren von Schüler*innendokumenten zu offenen Lernangeboten (Phase 2 des nach Nickerson (1999) adaptierten Prozesses nachempfunden) bezieht, wurden exemplarische Beispiele für eine Diagnose als Synthese der Analysen aller angehenden Lehrer*innen zu den Lösungen der Schüler*innen betrachtet.

7.2.2.4 Providing Prompts

In der ersten Studie wurden die folgenden Prompts integriert.

Prompt a:
Bei diesem Prompt (Abbildung 7.5) handelt es sich um eine allgemeine Einführung in das Thema der offenen Lernangebote. Der Prompt wurde in allen später dargestellten Interventionen eingesetzt, da offene Lernangebote im Zentrum jeder Intervention standen. Im Rahmen des Prompts erhalten die Studierenden die Definition von offenen Lernangeboten („Offene Lernangebote sind komplexe Aufgabenstellungen in einem abgegrenzten Themenbereich, die natürliche Differenzierung beinhalten und somit zum gemeinsamen Arbeiten an einem Lerngegenstand anregen." (Schütte, 2008, S. 89)) sowie einige charakterisierende Eigenschaften (siehe Abb. 7.5).

Ziel des Prompts war es, eine Einführung ins Thema zu gewährleisten und den zentralen Gegenstand vorzustellen.

---

[3] Alle zur Verfügung stehenden Schüler*innendokumente sind in Anhang m im elektronischen Zusatzmaterial zu finden.

Abb. 7.5   Prompt zur Definition offener Lernangebote

Prompt b:
Der folgende Prompt schließt an den kurzen Prompt a an und soll vertiefendes
Wissen zu offenen Lernangeboten vermitteln. Dabei werden offene Lernange-
bote noch einmal genauer definiert und verschiedene Beurteilungskriterien offener
Lernangebote erarbeitet.

Um die Kriterien bei offenen Lernangeboten zu prüfen, werden den Studierenden entsprechende Fragen vorgestellt: für die Bedeutsamkeit z. B. *Ist der
Sachverhalt für Lernende tatsächlich so interessant, dass sie eine Lösung finden
wollen?*, für die mathematische Ergiebigkeit z. B. *Bietet die Aufgabe Anreize zum
Entdecken von Mustern und zum Erforschen weiterer Zusammenhänge?* und bezüglich der Offenheit des Lernangebots z. B. *Sind Lösungswege auf unterschiedlichen
Schwierigkeitsniveaus möglich, d. h. ermöglicht das offene Lernangebote eine Form
der Selbstdifferenzierung?*.

Ziel dieser Prompts war es, einen tieferen Einblick in die strukturellen Eigenschaften von offenen Lernangeboten zu ermöglichen. Bezogen auf die diagnostische Kompetenz war die Idee hierbei, den Studierenden spezifischeres Wissen für
die Situation zu vermitteln. Da im Diagnostiktest (siehe Abschnitt 7.2.3) Schüler*innendokumente zu offenen Lernangeboten analysiert werden sollen, könnte
das durch diese Prompts vermittelte Wissen für die Analyse des Dokuments
hilfreich sein.

Prompt c:

Ein weiterer Prompt (siehe Tabelle 7.3) beschäftigt sich mit dem eigenständigen Erkunden von offenen Lernangeboten unter der Frage ‚Erkunden – aber wie?'. Bei diesem Prompt werden die zentralen Ideen einer eigenständigen Erkundung wiederholt. Hierbei reicht die Wiederholung aus, weil das Konzept des Erkundens an der Universität Kassel ein integraler Bestandteil der verpflichtenden Vorlesung des ersten Semesters ist (Eichler et al., 2022).

Entsprechend werden den Studierenden die folgenden Stichpunkte genannt:

Tab. 7.3 Prompt ‚Erkunden – aber wie?'

Prompt ‚Erkunden – aber wie?'
• Beispiele/Aufgaben sammeln (und zwar viele)
• Beispiele/Aufgaben ordnen und versuchen, Muster und Gesetzmäßigkeiten zu entdecken
• Entdeckungen machen, notieren und ordnen
• Vermutung entwickeln und diesen nachgehen
• Erfahrungen und Entdeckungen systematisieren
• Aussagen formulieren
• Aufgabe variieren und neue Fragen stellen
• Hintergründe erschließen
○ Ist das immer so? Warum ist das so?

Ziel des Prompts war es, eine kurze Erinnerung an das Erkundungskonzept zu liefern, um somit erste Handlungsschritte im Umgang mit dem jeweiligen offenen Lernangebot anzuleiten.

Prompt d:

Der folgende Prompt bezieht sich auf das Analysieren von Schüler*innendokumenten. Bei diesem Prompt werden zuerst Definitionen[4] des Kompetenzbegriffs vorgestellt und diskutiert. Dies hat das Ziel, festzuhalten, was mit der Analyse von Schüler*innendokumenten erfasst werden kann. Diese Diskussion führt in der Intervention zum Modell von Blömeke et al. (2015; siehe auch Abschnitt 2.2) und zu dem Verweis, dass es in Schüler*innenlösungen beobachtbare Merkmale (manifeste Merkmale) gibt, die dann als Indikatoren für mögliche Kompetenzausprägungen des erstellenden Schülers/der erstellenden Schülerin genutzt werden können.

Anschließend werden verschiedene Kompetenzbereiche vorgestellt, die die Schüler*innen in einem Dokument zeigen können.

In Anlehnung an Rathgeb-Schnierer und Schütte (2011) werden die vier Bereiche ‚fachliches Grundwissen‘, ‚mathematische Handlungskompetenzen‘, ‚kommunikative Kompetenzen‘ und ‚Personenbezogene Kompetenzen‘ vorgestellt. Letztere lassen sich in einem Schüler*innendokument nicht erkennen, sodass sich die Analyse der Dokumente auf die drei verbleibenden Bereiche reduziert. Dies wird mit den Studierenden diskutiert.

Anschließend werden zu den Kompetenzbereichen zugehörige Kompetenzfacetten vorgestellt (Rathgeb-Schnierer & Schütte, 2011; siehe Tabelle 7.4). Die Kompetenzfacetten werden induktiv in der Pilotierungsstudie selbst entwickelt. Zu den Aspekten werden zum Teil hypothetische Beispiele diskutiert, um die Bedeutungen zu klären.

---

[4] Explizit wurden hier die Definition von Weinert (2001, S. 27) „Kompetenz ist das Verfügen über kognitive Fähigkeiten und Fertigkeiten in Anforderungssituationen (und der zu Kompetenz gehörende Wille, die Fähigkeiten und Fertigkeiten einzusetzen)" und die Definition von Max (1997) „Kompetenz ist die Aktivierung der personellen Ressourcen in der konkreten Situation im Zusammenhang mit einem Handlungsziel" gegenübergestellt.

Tab. 7.4 Analysierbare Kompetenzbereiche in Schüler*innendokumenten

fachliches Grundwissen	mathematische Handlungskompetenz	kommunikative Kompetenz
• Fachbegriffe und Symbole kennen	Erforschen:	• Informationen und Arbeitsanweisungen aus Aufgabentexten entnehmen
• Grundlegende Konzepte verstehen (Zahlbegriff)	• Probieren erfolgt zufällig oder systematisch	• Lösungswege und Entdeckungen nachvollziehbar darstellen
• Rechenoperationen und Zusammenhänge verstehen	• Vermutungen werden aufgestellt und überprüft	• *Lösungswege von anderen nachvollziehen*
• Über aspektreiches Zahlwissen verfügen	Entdecken	• Mathematisch argumentieren und begründen
• Ergebnisse realistisch einschätzen	• Muster erkennen und fortsetzen	• *Kooperieren und helfen*
• Sicheres Rechnen im Bereich der Basisfakten	• Aufgabeneigenschaften erkennen	
• Korrektes Ausführen der Rechenverfahren	• Zahl- und Aufgabenbeziehungen erkennen (und nutzen)	
	Problemlösen	
	• Eigene Lösungswege entwickeln	
	• Zahl- und Aufgabenbeziehungen zur Lösung nutzen	
	• Aufgabenadäquate Verwendung von Methoden, strategischen Werkzeugen und Verfahren	
	Erfinden	
	• Aufgaben weiterentwickeln	
	• Eigene Aufgabenstellungen formulieren	
	• Erfinderaufgaben kreativ lösen	

Anschließend wird ein kurzer Input zu diagnostischen Kompetenzen gegeben. Dieser soll die Studierenden auf die unterschiedlichen Teilkompetenzen
,Wahrnehmen' und ,Interpretieren' hinweisen. Darüber hinaus werden diese Teilkompetenzen für die Studierenden mit den adaptierten epistemischen Aktivitäten
(z. B. Eichler et al., 2023 oder Fischer et al., 2014) verbunden, sodass Trans-
parenz über die Konzeptualisierung diagnostischer Kompetenz entstehen sollte
(Tabelle 7.5).

Tab. 7.5 Prompt zu adaptierten epistemischen Aktivitäten und Kompetenz

Kompetenz	adaptierte epistemische Aktivitäten
Wahrnehmen	Manifeste Merkmale eines Schüler*innendokuments identifizieren
Interpretieren	Annahmen zu Kompetenzen und Gedanken der Schüler*innen treffen. Annahmen prüfen und anreichern mit: – weiteren Beispielen – Wissen zu Schüler*innenprodukten Sicherheit der Annahmen evaluieren Entwicklungen von Maßnahmen zur Erhöhung der Sicherheit

Hierbei und auch im kommenden Abschnitt wird insbesondere Wert darauf
gelegt, zu betonen, dass aufgestellte Annahmen/Hypothesen im besten Fall stets
mit erkannten manifesten Merkmalen verbunden werden sollten. Um dies auch
praktisch zu verdeutlichen, wird der nachfolgende Prompt (Abb. 7.6) eingesetzt.
Die Studierenden sollen zu dem Schüler*innendokument ihren ersten Eindruck
schildern und dann eine Analyse vorschlagen, die einen Kompetenzbereich
benennt und die adaptierten epistemischen Aktivitäten berücksichtigt.
  Anschließend werden am folgenden Beispiel zu allen drei Kompetenzbereichen manifeste Merkmale samt zugehöriger Interpretation vorgestellt. Das Ziel
dieses Prompts (Tabelle 7.6) war es, abzusichern, dass alle Studierenden das
Konzept der Analysen verstanden haben.

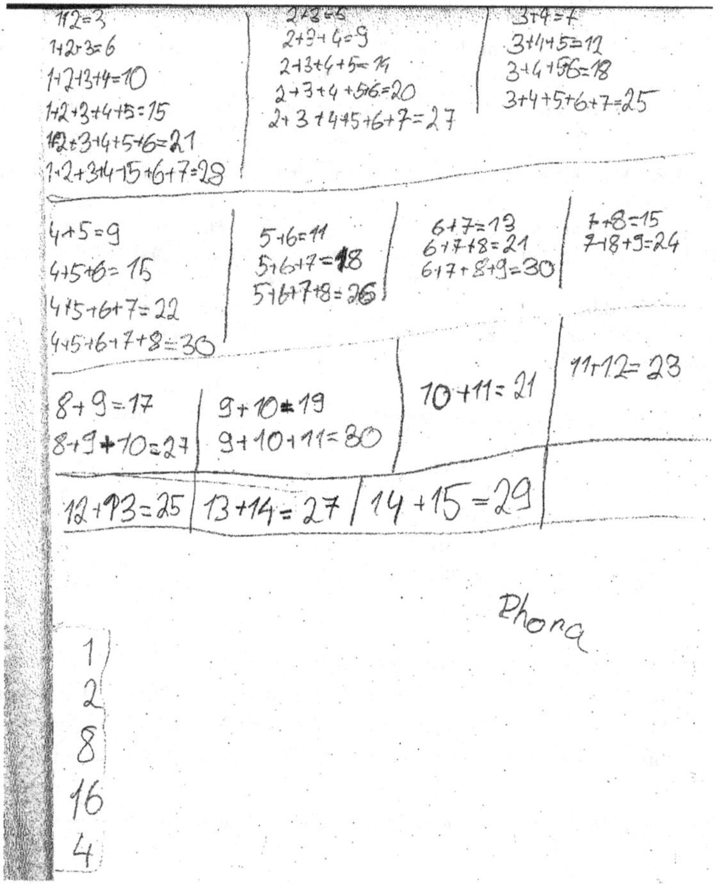

$1+2=3$
$1+2+3=6$
$1+2+3+4=10$
$1+2+3+4+5=15$
$1+2+3+4+5+6=21$
$1+2+3+4+5+6+7=28$

$2+3=5$
$2+3+4=9$
$2+3+4+5=14$
$2+3+4+5+6=20$
$2+3+4+5+6+7=27$

$3+4=7$
$3+4+5=11$
$3+4+5+6=18$
$3+4+5+6+7=25$

$4+5=9$
$4+5+6=15$
$4+5+6+7=22$
$4+5+6+7+8=30$

$5+6=11$
$5+6+7=18$
$5+6+7+8=26$

$6+7=13$
$6+7+8=21$
$6+7+8+9=30$

$7+8=15$
$7+8+9=24$

$8+9=17$
$8+9+10=27$

$9+10=19$
$9+10+11=30$

$10+11=21$

$11+12=23$

$12+13=25$ $13+14=27$ $14+15=29$

Phona

1
2
8
16
4

Abb. 7.6 Prompt mit einem Schüler*innendokument zu den Reihenzahlen

Wie aus Tabelle 7.6 ersichtlich ist, wird jeweils nur eine Interpretation mit den zugehörigen stützenden manifesten Merkmalen vorgestellt, sodass viele Aspekte der Lösung nicht weiter betrachtet werden (z. B. die Zahlen am unteren Ende des Dokuments). Hier soll also keine vollständige Analyse des komplexen Schüler*innendokuments vorgestellt werden, sondern vielmehr die Idee der Analyse kenntlich werden.

Tab. 7.6 Prompt mit Beispiel Diagnostik

fachliches Grundwissen		mathematische Handlungskompetenz		kommunikative Kompetenz	
Wahrneh-mung	Interpreta-tion	Wahrneh-mung	Interpreta-tion	Wahrneh-mung	Interpreta-tion
Rechnungen sind richtig Mehrfach-Addition enthalten Überträge enthalten Zahlenraum bis 30	Kind kann im Zahlenraum bis 30 sicher mit der Addition umgehen	Anfang der Rechentürme erhöht sich von links nach rechts um 1 Zeilenweise wird ein Summand hinzugenom-men Die Anzahl der Rechnungen im Turm nimmt am.	Das Kind geht auf verschiedene Weisen systematisch vor.	Rechentürme auf einer Höhe und weitgehend untereinander Rechnungen mit bündige m Beginn Trennung durch Striche	Kind kann Problembe-arbeitungen strukturieren

Das übergreifende Ziel dieses Prompts war es, den Studierenden einen Einblick in die Analyse von Schüler*innendokumenten zu eröffnen. Dabei werden nicht nur Möglichkeiten und Grenzen diskutiert, sondern auch die Kategorien der Analyse vorgestellt und an einem Beispiel diskutiert. Von diesem Prompt gibt es eine Kurzversion, der den Studierenden jeweils noch einmal vor der Analyse der Schüler*innendokumente zu einem neuen Lernangebot zur Verfügung steht.

Prompt e:
Der letzte Prompt schließt in allen Bedingungen jeweils das Semester ab. Der Prompt findet also jeweils in der 14. Woche statt. Hierbei wird auf der Grundlage der Erkundungen der offenen Lernangebote und der Analyse der Schüler*innendokumente ein Vergleich der drei bzw. vier offenen Lernangebote angeregt und in Diskussionsphasen umgesetzt.

7.2.2.5 Including Reflection Phases

Wie in Abschnitt 6.2.5 beschrieben sind *Reflection Phases* durch den Aufbau der Interventionsteile in unterschiedliche Arbeitsformen (Einzelarbeit, Partnerarbeit etc.) inkludiert. Dabei werden die folgenden Reflexionsaufträge in Abhängigkeit von der betonten Phase des nach Nickerson (1999) adaptierten diagnostischen Denkprozesses genutzt:

Für Erkundungen von offenen Lernangeboten (Phase 1 des nach Nickerson (1999) adaptierten diagnostischen Denkprozesses):

> ‚Stellen Sie sich wechselseitig Ihre Entdeckungen und Vorgehensweisen sowie die Variationen vor und arbeiten Sie Gemeinsamkeiten und Unterschiede heraus.'

Für die Analyse von Schüler*innendokumenten (Phase 2 des nach Nickerson (1999) adaptierten diagnostischen Denkprozesses):

> ‚Stellen Sie sich wechselseitig Ihre Schülerdokumente und Analysen vor. Vergleichen Sie Ihre Schülerdokumente im Hinblick auf manifeste Merkmale und Interpretation und arbeiten Sie Gemeinsamkeiten und Unterschiede heraus.'

7.2.2.6 Assigning roles

In der Intervention der ersten Studie übernehmen die Studierenden sowohl die Schüler*innen- als auch die Lehrer*innenrolle. Dabei wird die Schüler*innenrolle durch das Lösen der oben skizzierten offenen Lernangebote (Abschnitt 7.2.2.1) induziert. Die Lehrer*innenrolle ergibt sich durch das Analysieren von Schüler*innendokumenten.

7.2.2.7 Konkreter Ablauf der Intervention

Die Intervention (Tabelle 7.7) beginnt mit den Prompts a und b zu Möglichkeiten und Grenzen von offenen Lernangeboten. Anschließend wird mit Prompt c die Erkundung von offenen Lernangeboten eingeführt. Im Sinne des gemeinsamen Beginns (Rathgeb-Schnierer, 2006; Rathgeb-Schnierer & Rechtsteiner, 2018) soll in der zweiten Woche nach einer kurzen Erinnerung an Prompt c mit dem offenen Lernangebot ‚Zielzahl' begonnen werden. Dabei findet in einer kurzen Arbeitsphase eine erste individuelle Erkundung des Lernangebots statt. Erste Befunde werden anschließend in der Seminargruppe diskutiert. Diese insgesamt ca. zehnminütige Arbeitsphase soll gewährleisten, dass jeder Studierende das Lernangebot verstanden hat. Abschließend für diese Seminarsitzung wird der Arbeitsauftrag für die kommende Arbeitsphase präsentiert. Die Studierenden sollen in Einzelarbeit das Lernangebot erkunden. Dabei sollen die Sammlung von Beispielen, das Finden von Mustern und Gesetzmäßigkeiten, das Formulieren von Aussagen und die Variation des Lernangebots beachtet werden. Im Anschluss sollen

Tab. 7.7 Ablauf der Intervention der ersten Studie

Woche 1	– Prompt a, b und c
Woche 2	– Erinnerung Prompt b und gemeinsamer Beginn Erkundung des Lernangebots ‚Zielzahl'
Woche 3	– Einzelarbeit Erkundung des Lernangebots und Partnerarbeit Vergleich der Erkundungen
Woche 4	– Reflexions- und Präsentationsphase – Erinnerung Prompt b und gemeinsamer Beginn Erkundung des Lernangebots ‚Reihenzahlen'
Woche 5	– Einzelarbeit Erkundung des Lernangebots und Partnerarbeit Vergleich der Erkundungen
Woche 6	– Reflexions- und Präsentationsphase – Erinnerung Prompt b und gemeinsamer Beginn Erkundung des Lernangebots ‚Abbauzahlen'
Woche 7	– Einzelarbeit Erkundung des Lernangebots und Partnerarbeit Vergleich der Erkundungen
Woche 8	– Reflexions- und Präsentationsphase – Erinnerung Prompt b und gemeinsamer Beginn Erkundung des Lernangebots ‚Minustürme'
Woche 9	– Einzelarbeit Erkundung des Lernangebots und Partnerarbeit Vergleich der Erkundungen
Woche 10	– Reflexions- und Präsentationsphase – Erinnerung Prompt a und b
Woche 11	– Prompt d
Woche 12	– gemeinsamer Beginn Analyse von Schüler*innendokumenten zu einem der vier Lernangebote
Woche 13	– Einzelarbeit Analyse eines spezifischen Schüler*innendokuments und Partnerarbeit Vergleich der Analysen
Woche 14	– Reflexions- und Präsentationsphase und Prompt e

im Sinne der Reflexionsphasen ein Austausch und ein Vergleich (Alfieri et al., 2013) in Partnerarbeit stattfinden. Dieser Austausch wird ebenfalls im Sinne der Reflexionsphasen in einem bereitgestellten Protokollbogen festgehalten und soll die Aspekte ‚Vorgehensweisen', ‚Entdeckungen' und ‚Variationen' beinhalten. Die Studierenden sind angehalten, ihre Erkundungen unter diesen drei Punkten zu vergleichen. Um sowohl der Einzelarbeitsphase als auch der Tandem-/ Partnerarbeitsphase ausreichend Raum zu geben, wird dafür eine Woche Zeit gegeben. Die Ergebnisse der Erkundungen sollen dann in der vierten Seminarsitzung in einer Präsentations- und Reflexionsphase (Chernikova et al., 2020,

Rathgeb-Schnierer & Rechtsteiner, 2018) zusammengetragen werden. Dazu werden die Studierenden zuerst in drei Kleingruppen eingeteilt, in denen sie ihre Ergebnisse sammeln. Die Kleingruppen werden so zusammengestellt, dass sich eine Gruppe auf die gemachten ‚Entdeckungen‘, eine weitere auf die ‚Vorgehensweisen‘ und die letzte Gruppe auf die ‚Variationen‘ konzentriert. Abschließend werden die Ergebnisse des Gruppenaustauschs vorgestellt, im Plenum diskutiert und um nicht genannte Aspekte erweitert.

Nach einer kurzen Erinnerung an Prompt b wird dann das Lernangebot ‚Reihenzahlen‘ präsentiert. Der oben beschriebene Ablauf wiederholt sich nun. Anschließend wird erneut an Prompt b erinnert und das offene Lernangebot der ‚Abbauzahlen‘ präsentiert, wonach der beschriebene Zyklus aus gemeinsamem Beginn, individueller Erkundung, Vergleich und Reflexion in Partnerarbeit sowie Reflexions- und Präsentationsphase in der Gruppe erneut wiederholt wird. Dieser zyklische Aufbau wird in den Wochen acht bis zehn noch einmal für das Lernangebot ‚Minustürme‘ wiederholt.

In Woche elf wird Prompt d zum Kompetenzbegriff und zur Analyse von Schüler*innendokumenten intensiv behandelt. Anschließend wird in Woche zwölf ein Schüler*innendokument zum offenen Lernangebot ‚Zielzahl‘ präsentiert. Im Sinne eines gemeinsamen Beginns (Rathgeb-Schnierer & Rechtsteiner, 2018) sollen die Studierenden in einer kurzen (5 Minuten) individuellen Arbeitsphase das Dokument analysieren. Dabei wird an Prompt d erinnert. Die von den Studierenden gefundenen Analysepunkte werden anschließend in der Seminargruppe diskutiert. Dies soll sicherstellen, dass jeder Studierende den Analyseauftrag verstanden hat. Im Sinne der *Problem Orientation* sollen die Studierenden anschließend aus einer Vielzahl von Schüler*innendokumenten zu den vier offenen Lernangeboten eines aussuchen und dieses in Einzelarbeit analysieren. Die individuellen Analysen sollen dann im Sinne einer Reflexionsphase (Chernikova et al., 2020) in einer Partner-/Tandemarbeit verglichen werden (Alfieri et al., 2013). Die Tandemarbeit ist dann im Sinne einer (weiteren) Reflexionsphase in einem Protokoll festzuhalten. Um sowohl der Einzelarbeitsphase als auch der Tandem-/Partnerarbeitsphase ausreichend Raum zu geben, wird dafür erneut eine Woche Zeit gegeben. Die Ergebnisse der Analysen werden dann in der letzten Seminarsitzung in einer Präsentations- und Reflexionsphase (Chernikova et al., 2020, Rathgeb-Schnierer & Rechtsteiner, 2018) zusammengetragen. Dazu werden die Studierenden zuerst in Kleingruppen eingeteilt, in denen sie ihre Ergebnisse sammeln sollen. Die Kleingruppen werden so zusammengestellt, dass möglichst gemeinsame Dokumente existieren. Abschließend wird an einzelnen Dokumenten die Analyse der Schüler*innendokumente vorgestellt und im Plenum diskutiert.

Durch die Teilnahme an dieser Intervention nehmen die Studierenden im Sinne des *Assigning Roles* die Schüler*innenrolle in den Wochen eins bis zehn und die Lehrer*innenrolle in den Wochen elf bis dreizehn ein.

7.2.3   Datenerhebung

Im Folgenden wird das eingesetzte Testinstrument zur diagnostischen Kompetenz dargestellt. Zwar existieren bereits erprobte Tests zur diagnostischen Kompetenz (z. B. Brunner et al. 2011, Enenkiel et al., 2022 & Philipp, 2018), diese sind für die vorliegende Studie jedoch nicht nutzbar. Die diagnostische Kompetenz und damit auch der Test, der diese misst, hängen, wie in Abschnitt 5.1 beschrieben, von der diagnostischen Situation ab. Die diagnostische Situation der offenen Lernangebote wurde bisher nicht betrachtet, sodass eine Neuentwicklung eines Diagnostiktests für diese spezifische Situation erforderlich war.

Erste Items des Tests wurden in der Pilotierungsstudie im Wintersemester 2019/2020 getestet. In der ersten Studie im Sommersemester 2020 wurde dann eine erste Version des Tests eingesetzt.

Die Grundstruktur des diagnostischen Tests war dabei in jeder Studie dieselbe. Die Items und die Anzahl der Items wurden jedoch verändert. Die Tests bestehen aus jeweils zwei bis drei Diagnoseitems. Alle Items beinhalten eine Aufgabenstellung zu einem offenen Lernangebot aus der Arithmetik und eine zugehörige Schüler*innenlösung. Die Aufgabenstellung für jedes Item war: ‚Bitte analysieren Sie das Schüler*innendokument‘[5]. Zusätzlich wurde die Information geteilt, aus welcher Klassenstufe die Schüler*innenlösung stammt. Um die diagnostische Situation (Abschnitt 5.1) möglichst realitätsnah zu gestalten, wurde die Entscheidung getroffen, die Schüler*innendokumente nicht zu konstruieren, sondern auf echte Dokumente zurückzugreifen. Diese wurden, wie oben bereits erwähnt, in der Pilotierung generiert. Weiterhin gab es keine Beschränkung der Bearbeitungszeit, da (angehende) Lehrkräfte bei der Betrachtung von Schüler*innendokumenten im Berufsalltag auch keine direkte Zeitbeschränkung haben.

Bei der ersten Studie wurden die Diagnostiktests zu Beginn und zum Ende des Semesters eingesetzt und als PDF-Datei zur Verfügung gestellt. In einem Bearbeitungszeitraum von ca. zehn Tagen sollten die Studierenden diese Datei entweder ausdrucken und bearbeiten oder direkt digital bearbeiten. Die Teilnahme an diesen Tests war insofern verpflichtend, als die Studierenden, wenn sie sich

---

[5] Der Test befindet sich vollständig in Anhang e im elektronischen Zusatzmaterial.

gegen die Teilnahme entschieden, eine Ersatzaufgabe bearbeiten mussten. Dies wurde in allen Studien auf diese Weise durchgeführt.

Beide Tests beinhalteten drei Items im oben beschrieben Design. Alle drei Items waren von Pre- zu Posttest unterschiedlich. In der folgenden Tabelle 7.8 sind zwei Beispiele dargestellt.

Tab. 7.8 Beispielitems Diagnostiktest

Beispiel-Item Pretest 1	Beispiel-Item Posttest 1
Zielzahl 20 Aufgabenstellung: Zahlenketten werden gebildet indem die erste und die zweite Zahl addiert die dritte Zahl ergeben. Die zweite und die dritte ergeben zusammen die vierte Zahl usw. Suchen Sie viele verschiedene Zahlenketten mit vier Gliedern, die die Zielzahl 20 ergeben. Schülerdokument (3. Klasse): 	Geheimnis der vertauschten Ziffern: Aufgabenstellung: Wähle dir zwei beliebige Ziffern und bilde aus diesen die beiden zweistelligen Zahlen. Subtrahiere im Anschluss die kleinere von der größeren Zahl. Was fällt dir auf? Schülerdokument (3. Klasse):
Aufgabenstellung: Bitte analysieren Sie das Schüler*innendokument.	Aufgabenstellung: Bitte analysieren Sie das Schüler*innendokument.

Die Schüler*innendokumente der ersten beiden Items waren jeweils so gewählt, dass sie reichhaltige Möglichkeiten zur Analyse boten. Das Schüler*innendokument des dritten Items war verkürzt und bot nur akzentuierte Möglichkeiten, um die Bearbeitungszeit der Tests in einem akzeptablen Rahmen zu halten.

7.2.4   Datenauswertung

Die Bearbeitungen der Items des Diagnostiktests liegt in Form von Freitexten vor, da die Aufgabenstellung an die Teilnehmenden lautete: ‚Bitte analysieren Sie das Schüler*innendokument'. Mit dem Modell von Loibl et al. (2020) werden die Freitexte als das *Diagnostic Behavior* verstanden. In den Freitexten lassen sich adaptierten epistemischen Aktivitäten als Indikatoren für das *Diagnostic Thinking* finden. Beispielsweise ist die adaptierte epistemische Aktivität (z. B. Heitzmann et al., 2017) ‚Problem Identification' für das Projekt adaptiert worden mit ‚manifeste Merkmale in einem Schüler*innendokument identifizieren'. Diese lässt auf ‚Wahrnehmen' als Teilprozess des diagnostischen Denkens zurückschließen (siehe Abschnitt 5.3 für eine ausführliche Begründung und Tab. 7.9 für die vollständige Übersetzung zwischen epistemischer Aktivität, adaptierter Aktivität und Prozess des diagnostischen Denkens). Um diese Indikatoren systematisch zu erfassen, wurde ein Codiersystem entwickelt. Das Codiersystem ist in drei Schritte unterteilt. Im ersten Schritt werden die Texte der Studierenden in die adaptierten epistemischen Aktivitäten aufgeteilt, die entweder dem Prozess des ‚Wahrnehmens' (im Folgenden wird von der adaptieren epistemischen Aktivität ‚manifeste Merkmale erkennen' gesprochen) oder des ‚Interpretierens' (im Folgenden wird von ‚Hypothesen' gesprochen, um die zugehörigen adaptierten epistemischen Aktivitäten zusammenzufassen) zuzuordnen sind. Im zweiten Schritt werden zusätzlich die Hypothesen codiert, die z. B. durch ein manifestes Merkmal gestützt sind.

Tab. 7.9 Beispiel Codierung Teil 1

Codierung	Manifestes Merkmal	Hypothese	Gestützte Hypothese
Beschreibung	Konkret erkennbar in der Lösung	z. B. Hypothesen über die Kompetenzen der Schülerinnen und Schüler	Stützung der Hypothese über die Kompetenzen durch z. B. ein manifestes Merkmal
Beispiel	Die Schülerin rechnet alle Aufgaben richtig.	Die Schülerin kann im Zahlenraum bis 50 sicher rechnen.	Die Schülerin kann im Zahlenraum bis 50 sicher rechnen, weil sie alle Aufgaben richtig ausgerechnet hat.

Im abschließenden dritten Schritt werden die Aussagen der Studierenden auf der Grundlage der Kompetenzbereiche von Rathgeb-Schnierer und Schütte

(2011 – siehe auch Abschnitt 5.5) und der induktiv in der Pilotierungsstudie gewonnenen Kompetenzfacetten codiert (siehe Tabelle 7.10). Dabei wird betrachtet, welchen Bereich und welche Facette die Studierenden in der Schüler*innenlösung ansprechen.

Tab. 7.10 Kompetenzbereiche und Kompetenzfacetten

Kompetenzbereich	fachliches Grundwissen	mathematische Handlungskompetenz	kommunikative Kompetenz
Kompetenzfacette	korrektes Rechnen Rechenfehler Stellenwertverständnis Übergänge Zahlbegriff Rechentricks Zahldarstellung	Lösungsstrategie Aufgabenbeziehung Erfinden	äußere Form Kommentare Aufgabenverständnis

Wenn der Teilnehmende z. B. eine Aussage über einen Rechenfehler in der Schüler*innenlösung macht, so wurde der Code ‚Rechenfehler' zusätzlich vergeben (siehe Tabelle 7.11). Das Ziel dieser zusätzlichen Codierung war es, einen Einblick in die Qualität der Analysen der Studierenden zu gewinnen. Dabei wird eine vielfältige Analyse, die auf ein breites Bild der Kompetenzbereiche zielt, als qualitativ hochwertiger angesehen als eine Analyse, die sich eng auf einige wenige Facetten bezieht.

Tab. 7.11 Beispiel Codierung Teil 2

Codierung	Rechenfehler	Lösungsstrategie	äußere Form
Beschreibung	Die Analyse bezieht sich auf einen Rechenfehler im Schüler*innendokument	Die Analyse bezieht sich auf die Lösungsstrategie im Schüler*innendokument	Die Analyse bezieht sich auf die äußere Form des Schüler*innendokuments
Beispiel	„Der Schüler verrechnet sich bei der Aufgabe 7 + 5.000"	„Die Schülerin geht systematisch vor."	„Der Schüler schreibt alle Aufgaben bündig untereinander."

Aus dem gerade beschriebenen Dreischritt ergibt sich eine Codierung, die beispielhaft in Tabelle 7.12 dargestellt ist.

Tab. 7.12 Beispiel Codierung Teil 3

Beispielsatz	zugehöriger Code
Der Schüler hat die Aufgabe verstanden	Hypothese – Aufgabenverständnis (kommunikative Kompetenz)
Das Kind rechnet alle Aufgaben richtig	manifestes Merkmal – korrektes Rechnen (fachliches Grundwissen)
Die Schülerin rechnet im Zahlenraum bis 20 sicher.	Hypothese – korrektes Rechnen (fachliches Grundwissen)
Die Schülerin rechnet im Zahlenraum bis 20 sicher, weil alle Aufgaben richtig gerechnet sind.	gestützte Hypothese – korrektes Rechnen (fachliches Grundwissen)

Darüber hinaus wurden einige Sonderaussagen der Studierenden codiert. Dazu zählen Äußerungen zu möglichen Förderansätzen, zur Evaluation der eigenen Diagnose, zur Qualität der Lösung sowie eigene Lösungsvorschläge für das jeweilige offene Lernangebot (Tabelle 7.13).

Tab. 7.13 Beispiel Codierung Teil 4

Beispielsatz	zugehöriger Code
Um das Stellenwertverständnis des Kindes weiter auszubauen, könnte mit Mehrsystemblöcken gearbeitet werden.	Förderung
Um sicherzustellen, dass es sich wirklich um einen Zählfehler handelt, müsste ich weitere Aufgaben des Kindes sehen.	Evaluation
Insgesamt würde ich sagen, dass das Kind die Aufgabe gut bearbeitet hat.	Qualität
Ich würde erstmal versuchen eine Formel aufzustellen.	eigene Lösung

Die Reliabilität der Codierungen wurde durch einen Interrater geprüft. Die Codierung nahmen dazu zwei Personen im Rahmen der ersten Studie vor, die Reliabilitätsprüfung der Codierungen erfolgte mit dem ICC. Da sich das Codiermanual für die folgenden Studien nicht mehr geändert hat, wurde die Reliabilität für die zweite Studie nicht erneut geprüft. Für die Codierungen der manifesten Merkmale und Hypothesen, die für jeden Kompetenzbereich zusammengefasst wurden, ergaben sich für alle Kompetenzbereiche sehr gute Reliabilitäten von mindestens 0,8 (Döring & Bortz, 2016). Für die gestützten Hypothesen resultierten weiterhin hohe Reliabilitäten von mindestens 0,7 (Döring & Bortz, 2016).

Die Codierungen wurden für die Auswertung für die einzelnen Testzeitpunkte jeweils aufsummiert und statistisch ausgewertet. Dabei wurde zwischen der Anzahl und der Breite der adaptierten epistemischen Aktivitäten unterschieden. Die Breite bezieht sich auf die Anzahl der verschiedenen genannten Kompetenzbereiche pro adaptierter epistemischer Aktivität pro Schüler*innenlösung. Das bedeutet, wenn beispielsweise zwei manifeste Merkmale zum korrekten Rechnen in einer Schüler*innenlösung identifiziert wurden, wird für die Breite nur das erste manifeste Merkmal gezählt. Wird anschließend ein manifestes Merkmal zum Lösungsvorgehen identifiziert, geht dieses wieder in die Breite ein. Wie in Abschnitt 5.4 beschrieben, wird damit in der vorliegenden Arbeit ein weiterer quantitativer Indikator für die Qualität der jeweiligen Diagnose betrachtet. Die statistische Auswertung bezieht sich auf Mittelwertvergleiche, mixed ANOVEN und t-Tests. Dabei wird sowohl zwischen den Testzeitpunkten als auch zwischen den jeweiligen Gruppen der beiden Studien verglichen.

7.3   Ergebnisse

Im Folgenden werden die Ergebnisse der ersten Studie vorgestellt.[6] Die Studie untersucht in einem Pre-Post-Design mit einer Interventions- und einer Kontrollgruppe die Auswirkung der Intervention auf die diagnostische Kompetenz der Studierenden. Dabei wird die diagnostische Kompetenz über die Anzahl und die Breite der adaptierten epistemischen Aktivitäten (siehe Abschnitt 7.2.3) operationalisiert. Geprüft wird explizit die Hypothese, dass die Studierenden der Interventionsgruppe im Posttest bessere Ergebnisse erzielen als die Studierenden der Kontrollgruppe.

7.3.1   Messinstrument

Die erste Studie wurde zusätzlich zur in Abschnitt 7.1 aufgeführten Fragestellung genutzt, um verschiedenen Fragen bezüglich des neu entwickelten Testinstruments nachzugehen. Diese werden folgend zuerst beantwortet, bevor die Ergebnisse bezüglich der (Entwicklung der) adaptierten epistemischen Aktivitäten präsentiert werden.

---

[6] Die Ergebnisse der 1. Studie der vorliegenden Arbeit sind zum Teil auch veröffentlicht in Eicher et al. (2023).

Bei der induktiven Codierung der Analysen der Studierenden wurde unter anderem erfasst, ob die adaptierten epistemischen Aktivitäten der Studierenden adäquat waren. Als nicht adäquat werden die Aktivitäten benannt, bei denen es sich entweder um Wiederholungen handelt oder die inhaltlich falsch sind. Letzteres ergibt sich in den meisten Fällen dadurch, dass die getätigte Aussage nicht zum Dokument passt. Beispielsweise wird vom Studierenden identifiziert, dass alle Additionen im vorliegenden Dokument richtig sind. Liegt nun im Dokument eine falsche Addition vor, so würde die Identifikation als nicht adäquat eingeschätzt. Tatsächlich wurden 6 % der genannten manifesten Merkmale und aufgestellten Hypothesen als nicht adäquat eingeschätzt, wobei der Großteil der nicht adäquaten adaptierten epistemischen Aktivitäten auf den Pretest entfällt.

Neben den später berichteten adaptierten epistemischen Aktivitäten (Identifizieren manifester Merkmale, Generieren von Hypothesen und Generieren von gestützten Hypothesen) wurden Aussagen der Studierenden bezüglich der Evaluation ihrer eigenen Aussagen, bezüglich eigener Lösungsvorschläge, bezüglich vorgeschlagener Förderungsansätze und bezüglich der generellen Qualität der Lösung ausgewertet. In der folgenden Tabelle 7.14 sind die Anzahlen dieser Aussagen für die Gruppen dargestellt.

Hierbei hat sich gezeigt, dass zur Förderung und zur Evaluation kaum Äußerungen getätigt wurden. Die Qualität der Lösung wurde von den Studierenden primär im Posttest eingeschätzt, wogegen eigene Lösungsvorschläge eher im Pretest von der Interventionsgruppe formuliert wurden. Für die Betrachtung des diagnostischen Denkens wären evaluative Äußerungen von Interesse, weil diese eine adaptierte epistemische Aktivität darstellen (siehe Fischer et al., 2014 oder Abschnitt 5.4). Auch Äußerungen zur Förderung wären interessant, weil diese sich im Diagnostikprozess oft an aufgestellte Diagnosen anschließen. Da zu beiden Bereichen kaum Äußerungen von den Studierenden getätigt wurden, werden diese für die weiteren Analysen nicht betrachtet. Die Qualität der Lösung zu bewerten und eine eigene Lösung aufzustellen, ist nicht Teil der Operationalisierung des diagnostischen Denkens in der vorliegenden Arbeit und wird somit ebenfalls nicht weiter analysiert. Besonders die Einschätzung der Qualität durch die Studierenden in adäquat und nicht adäquat zu unterteilen, wäre eine methodische Hürde. Stattdessen wird folgend auf die adaptierten epistemischen Aktivitäten des Identifizierens manifester Merkmale, des Generierens von Hypothesen und des Generierens von gestützten Hypothesen Bezug genommen.

Tab. 7.14 Sonderaussagen der Studierenden

Gruppe	Förderung Pre	Förderung Post	Evaluation Pre	Evaluation Post	Qualität Pre	Qualität Post	Eigene LösungPre	Eigene Lösung Post	N
Intervention	1	2	1	0	21	68	37	9	57
Kontrolle	4	0	7	1	9	14	7	4	18

7.3.2 Anzahl der adaptierten epistemischen Aktivitäten

Im Folgenden wird die Verteilung der adaptierten epistemischen Aktivitäten in den drei Aufgaben im Pre- und Posttest im Vergleich zu Beginn rein deskriptiv betrachtet.

Allgemein lässt sich festhalten, dass insgesamt ungefähr doppelt so viele manifeste Merkmale identifiziert wie Hypothesen aufgestellt wurden. Weiter wurden ungefähr dreimal so viele Hypothesen wie gestützte Hypothesen formuliert.

In Tabelle 7.15 sind die Verteilungen der drei adaptierten epistemischen Aktivitäten in der Interventionsgruppe (links) und der Kontrollgruppe (rechts), im Pretest (blau) und im Posttest (rot) dargestellt. Dabei wird vertikal die Anzahl der Studierenden und horizontal die Anzahl der adaptierten epistemischen Aktivitäten gezeigt. Die Anzahl der adaptierten epistemischen Aktivitäten wird jeweils in Intervallen gruppiert dargestellt.

Beispielsweise zeigt sich für die Verteilung der manifesten Merkmale in der Interventionsgruppe (siehe Tab. 7.15), dass im Pretest die meisten Studierenden in Gruppe 4 (horizontale Achse oben links) sind und damit zwischen 16 und 20 manifeste Merkmale identifizieren. Die Studierenden der Interventionsgruppe generieren vor der Intervention hauptsächlich zwischen 4 und 11 Hypothesen (blaue Balken in Tab. 7.15 mittig links) und 0 bis 5 gestützte Hypothesen (blaue Balken in Tab. 7.15 unten links). Die Studierenden der Kontrollgruppe identifizieren im Pretest hauptsächlich zwischen 10 und 19 manifeste Merkmale (blaue Balken in Tab. 7.15 oben rechts), generieren zwischen 12 und 19 Hypothesen (blaue Balken in Tab. 7.15 mittig rechts) und generieren 2 bis 3 gestützte Hypothesen (blaue Balken in Tab. 7.15 unten rechts).

Für die Kontrollgruppe zeigt sich weiter, dass diese im Posttest über alle adaptierten epistemischen Aktivitäten hinweg tendenziell niedrigere Werte erzielt als im Pretest. Dieses Absinken lässt sich eventuell durch die Konzeption der beiden Tests erklären. Da alle Testitems vom Pre- zum Posttest ausgetauscht wurden, können die Aufgaben im Posttest in gewisser Hinsicht schwieriger gewesen sein als im Pretest. In der Interventionsgruppe hingegen ist für das Identifizieren manifester Merkmale keine eindeutige Veränderung zu erkennen. Eine deutliche Veränderung hingegen zeigt sich für die Anzahl der generierten Hypothesen. Hier scheinen die Studierenden im Posttest mehr Hypothesen generiert zu haben als im Pretest. Dieser Eindruck verstärkt sich bei Betrachtung der gestützten Hypothesen. Hier haben die meisten Studierenden der Interventionsgruppen im Pretest 0 bis 5 gestützte Hypothesen aufgestellt. Im Posttest generieren die meisten Studierenden der Interventionsgruppe allerdings zwischen 4 und 9 gestützte

Tab. 7.15 Verteilung der adaptierten epistemischen Aktivitäten in Pre- und Posttest

Verteilung der Interventionsgruppe	Verteilung der Kontrollgruppe

Hypothesen, sodass die Verschiebung im Balkendiagramm sehr deutlich wird (siehe Tab. 7.15, letzte Zeile in der Spalte der Interventionsgruppe).

Die Betrachtung der Entwicklung des diagnostischen Denkens (Loibl et al., 2020) – konzeptualisiert durch die adaptierten epistemischen Aktivitäten der Diagnostik in der untersuchten Intervention im Vergleich zur Kontrollgruppe – zeigt auf, dass die Anzahl der identifizierten manifesten Merkmale nicht signifikant beeinflusst worden ist. Dies zeigt sich auch in der folgenden Tabelle 7.16, in der die Teststatistiken (Mittelwert, Standardabweichung und N) für die

Interventions- und die Kontrollgruppe angegeben sind und darüber hinaus an einem Liniendiagramm dargestellt werden.

Eine ANOVA mit Messwertwiederholung für die Anzahl der identifizierten manifesten Merkmale zeigt einen knapp nichtsignifikanten Interaktionseffekt von Zeit * Gruppe (F(1,73) = 3,31; p = 0,073; η^2 = 0,043). Die Mittelwerte verdeutlichen, dass die Studierenden der Kontrollgruppe im Pretest im Durchschnitt 20,56 manifeste Merkmale identifizieren, während die Studierenden der Interventionsgruppe im Durchschnitt 17,14 manifeste Merkmale erkennen. Im Posttest besteht kaum mehr ein Unterschied zwischen den Mittelwerten mit durchschnittlich 14,83 identifizierten Merkmalen bei den Studierenden der Interventionsgruppe und 14,39 bei den Studierenden der Kontrollgruppe.

Dem stehen die Entwicklungen bezüglich der adaptierten epistemischen Aktivitäten gegenüber, die sich dem Generieren von Hypothesen und gestützten Hypothesen zuordnen lassen. Für die Anzahl der generierten Hypothesen unterscheidet sich die Entwicklung von Interventions- und Kontrollgruppe. Hier zeigt sich ein hochsignifikanter Interaktionseffekt von Zeit * Gruppe (F(1,73) = 9,18; p > 0,01; η^2 = 0,112) mit mittlerer Effektstärke (Cohen, 2013). Wie in Tabelle 7.16 (Mitte) deutlich wird, ist die Kontrollgruppe der Interventionsgruppe im Pretest deutlich überlegen (M-Kontrollgruppe: 12,28 und M-Interventionsgruppe: 7,02; t(22,8) = −0,389; p < 0,001; |d| = 1,13). Im Posttest existiert dieser Unterschied nicht mehr (M-Kontrollgruppe = 10,67 und M-Interventionsgruppe = 10,83; t(21,7) = 0,78; p = 0,94), sodass die Intervention ein Aufholen gegenüber der Kontrollgruppe ermöglicht hat.

Auch die Anzahl der generierten gestützten Hypothesen ist durch die Intervention stark beeinflusst worden. Wie bereits bei der Anzahl der Hypothesen lässt sich Tabelle 7.16 (rechts) entnehmen, dass im Pretest die Kontrollgruppe überlegen ist (M-Kontrollgruppe: 4,68 und M-Interventionsgruppe: 2,49; t(23,0) = −2,88; p < 0,001; |d| = −0,84), während im Posttest die Interventionsgruppe überlegen ist (M-Kontrollgruppe: 2,83 und M-Interventionsgruppe: 5,35). Auch hier zeigt sich ein hochsignifikanter Interaktionseffekt von Zeit * Gruppe (F(1,73) = 13,99; p < 0,001) mit einem großen Effekt (η^2 = 0,16). Anders als bei der Anzahl der generierten Hypothesen ergibt sich für die Anzahl der gestützten Hypothesen allerdings ein signifikanter Unterschied zwischen Interventionsgruppe und Kontrollgruppe im Posttest (t-Test, t(72,94) = 3,27; p < 0,001; |d| = 0,66) mit einem mittleren Effekt.

Tab. 7.16 Anzahl adaptierter epistemischer Aktivitäten

	Manifest				Hypothesen				gest. Hypothesen		
Gruppe	M	SD	N	Gruppe	M	SD	N	Gruppe	M	SD	N
Pretest											
Intervent.	17,14	6,61	57	Intervent.	7,02	3,83	57	Intervent.	2,49	2,16	57
Kontrolle	20,56	8,93	18	Kontrolle	12,28	5,32	18	Kontrolle	4,68	2,97	18
Posttest											
Intervent.	14,83	7,75	57	Intervent.	10,83	5,24	57	Intervent.	4,96	4,48	57
Kontrolle	14,39	9,49	18	Kontrolle	10,67	8,11	18	Kontrolle	2,78	1,31	18

Insgesamt zeigt sich für die Anzahl adaptierter epistemischer Aktivitäten: Die Pretest-Ergebnisse der Kontrollgruppe sind für die hier betrachteten adaptierten epistemischen Aktivitäten deutlich und zum Teil signifikant höher als diejenigen der Interventionsgruppe. Bezogen auf die Nennung von manifesten Merkmalen und Hypothesen werden durch die Intervention Unterschiede ausgeglichen. Bei der Nennung der gestützten Hypothesen holt die Interventionsgruppe dagegen nicht nur auf, sondern zeigt im Posttest eine signifikante Überlegenheit. Das bedeutet, dass die Hypothese für die Anzahl der generierten (gestützten) Hypothesen bestätigt werden kann. Für die Anzahl der identifizierten Merkmale konnte die Hypothese nicht bestätigt werden.

7.3.3   Breite der adaptierten epistemischen Aktivitäten

Um einen Einblick in die Qualität der Diagnosen zu erlangen, wurde zusätzlich zur Anzahl der adaptierten epistemischen Aktivitäten die Breite der adaptierten epistemischen Aktivitäten untersucht. Wie bereits in der Methode beschrieben, wird die Breite der adaptierten epistemischen Aktivitäten durch die Anzahl der genannten Kompetenzfacetten (siehe Tab. 7.10 in Abschnitt 7.2.4) pro adaptierter epistemischer Aktivität definiert.

Zu Beginn ergab die Codierung der Analysen der Studierenden, dass tatsächlich alle Kompetenzfacetten innerhalb der drei Kompetenzbereiche (‚fachliches Grundwissen‘, ‚mathematische Handlungskompetenz‘ und ‚kommunikative Kompetenz‘) angesprochen werden. Weiter wurde betrachtet, ob die Nennung von manifesten Merkmalen unabhängig von der Anzahl und der Breite der Hypothesen ist bzw. ob mit steigernder Anzahl an adaptierten epistemischen Aktivitäten auch die Breite der adaptierten epistemischen Aktivitäten automatisch steigt.

Sowohl im Pretest als auch im Posttest ergeben sich die stärksten Korrelationen (siehe Tabelle 7.17) jeweils zwischen der Anzahl und der Breite einer adaptierten epistemischen Aktivität. Beispielsweise liegt die Korrelation zwischen der Anzahl der identifizierten manifesten Merkmale und der Breite der identifizierten manifesten Merkmale im Pretest bei $r = 0{,}63$. Im Posttest beläuft sich die Korrelation auf $r = 0{,}81$. Noch höhere Korrelationen ergeben sich zwischen der Anzahl der generierten Hypothesen und der Breite der generierten Hypothesen ($r = 0{,}78$ im Pretest und $r = 0{,}75$ im Posttest) sowie zwischen der Anzahl der generierten gestützten Hypothesen und der Breite der generierten gestützten Hypothesen ($r = 0{,}90$ im Pretest und $r = 0{,}97$ im Posttest). Die geringsten, aber trotzdem signifikanten Korrelationen zeigen sich jeweils zwischen den adaptierten epistemischen Aktivitäten, die dem Wahrnehmen zuzuordnen sind (Anzahl

Tab. 7.17 Korrelationen zwischen Anzahl und Breite der adaptierten epistemischen Aktivitäten

Pretest

	Breite gest. Hypothesen	Breite Hypothesen	Breite Manifest	Gest. Hypothesen	Hypothesen
Manifest	0,35**	0,25*	**0,63***	0,40**	0,39**
Hypothesen	0,62***	**0,78***	0,37**	**0,66***	
Gest. Hypothesen	**0,90***	0,53***	0,46***		
Breite Manifest	0,53***	0,42***			
Breite Hypothesen	0,59***				

Posttest

	Breite gest. Hypothesen	Breite Hypothesen	Breite Manifest	Gest. Hypothesen	Hypothesen
Manifest	0,46****	0,43***	**0,81***	0,48***	0,28*
Hypothesen	0,34*	**0,75***	0,26*	0,33*	
Gest. Hypothesen	**0,97***	0,47***	0,55***		
Breite Manifest	0,55***	0,47***			
Breite Hypothesen	0,51***				

Holm (1979) korrigiert; p < 0,05 = *; p < 0,01 = **

und Breite der manifesten Merkmale), und denen, die dem Interpretieren zuzuordnen sind (Anzahl und Breite der Hypothesen und der gestützten Hypothesen). Beispielsweise korreliert im Pretest die Anzahl der manifesten Merkmale mit der Anzahl der Hypothesen mit r = 0,39, mit der Anzahl der gestützten Hypothesen mit r = 0,40 und mit der Breite der gestützten Hypothesen mit r = 0,35. Im Posttest sind die Korrelationen zwar insgesamt höher, jedoch sind die geringsten Korrelationen zwischen den gleichen adaptierten epistemischen Aktivitäten wie im Posttest zu finden. Beispielsweise korreliert im Pretest die Anzahl der manifesten Merkmale mit der Anzahl der Hypothesen mit r = 0,28, mit der Anzahl der gestützten Hypothesen mit r = 0,48 und mit der Breite der gestützten Hypothesen mit r = 0,46.

In der untenstehenden Tabelle 7.18 wird die Breite in Bezug auf die drei Kompetenzbereiche, ‚fachliches Grundwissen' (blau), ‚mathematische Handlungskompetenz' (orange) und ‚kommunikative Kompetenz' (grau) dargestellt. Dabei wird die Anzahl der adaptierten epistemischen Aktivitäten für die einzelnen Gruppen und für die jeweiligen Kompetenzbereiche angegeben und ins Verhältnis gesetzt.

Wenn die Verteilung in Form der Kreisdiagramme und die zugehörigen Anzahlen betrachtet werden, so fällt auf, dass die Studierenden im Pretest einen starken Fokus auf den Kompetenzbereich ‚mathematische Handlungskompetenz' (MHK) beim Identifizieren manifester Merkmale legen (siehe Tab. 7.18). Auch zum ‚fachlichen Grundwissen' (FG) werden einige manifeste Merkmale identifiziert (Interventionsgruppe: FG = 317 und MHK = 637; Kontrollgruppe FG = 122 und MHK = 237). Für die ‚kommunikativen Kompetenzen' (KomK) werden allerdings kaum manifeste Merkmale identifiziert (Interventionsgruppe: 23; Kontrollgruppe: 11). Im Posttest hingegen verteilen sich die identifizierten manifesten Merkmale der Interventionsgruppe fast gleich auf die drei Kompetenzbereiche. Wenn dagegen die Verteilung der Kontrollgruppe betrachtet wird, fällt der Unterschied im Posttest auf, denn die Kontrollgruppe identifiziert auch im Posttest erkennbar am meisten manifeste Merkmale bezüglich der ‚mathematischen Handlungskompetenz' (FG: 28; MHK: 163; KomK: 68). Im Pretest ist die Verteilung eine ähnliche wie die der Interventionsgruppe

Für die adaptierte epistemische Aktivität des Generierens von Hypothesen zeigt sich in der Interventionsgruppe im Pretest ebenfalls ein Ungleichgewicht (siehe Tab. 7.19). Genauer wurden zwar für die Bereiche ‚fachliches Grundwissen' (FG – 48 %) und ‚mathematische Handlungskompetenz' (MHK – 40 %) ähnlich viele Hypothesen generiert. Die ‚kommunikative Kompetenz' (KomK) macht allerdings nur 12 % der Hypothesen aus. Diese Verteilung gleicht sich im Posttest deutlich an, mit 37 % für das ‚fachliche Grundwissen', 35 % für die ‚mathematische Handlungskompetenz' und 28 % für die ‚kommunikative Kompetenz'. In der Kontrollgruppe zeigt sich im Pretest eine ähnliche Verteilung wie die der Interventionsgruppe (FG = 48 %; MHK = 43 %; KomK = 9 %). Im Posttest ergibt sich eine Verteilung mit einer starken Betonung der Hypothesen bezogen auf die ‚mathematische Handlungskompetenz' von 59 %. Da die Hypothesen zum Fachwissen 28 % ausmachen und die Hypothesen zur ‚kommunikativen Kompetenz' 14 %, weicht die Verteilung auf die drei Kompetenzbereiche hier sogar noch stärker von einer Gleichverteilung ab.

Tab. 7.18 Verteilung der manifesten Merkmale auf die Kompetenzbereiche

	Intervention – manifest – Pretest			Intervention – manifest – Posttest			Kontrolle – manifest – Pretest			Kontrolle – manifest – Posttest		
Ber.	%	M	Ber.	%	M	Ber.	%	M	Ber.	%	M	
FG	32	5,56	FG	26	3,88	FG	33	6,78	FG	11	1,56	
MHK	65	11,18	MHK	38	5,68	MHK	64	13,17	MHK	63	9,06	
KomK	2	0,40	KomK	36	5,26	KomK	3	0,61	KomK	26	3,78	

Tab. 7.19 Verteilung der Hypothesen auf die Kompetenzbereiche

Intervention – Hypothesen – Pretest			Intervention – Hypothesen – Posttest			Kontrolle – Hypothesen – Pretest			Kontrolle – Hypothesen – Posttest		
Ber.	%	M	Ber.	%	M	Ber.	%	M	Ber.	%	M
FG	48	3,18	FG	37	4,58	FG	48	5,61	FG	28	3,17
MHK	40	2,68	MHK	35	4,33	MHK	43	5,06	MHK	59	6,72
KomK	12	0,79	KomK	28	3,49	KomK	9	1	KomK	14	1,56

Der Eindruck, dass die Interventionsgruppe die adaptierten epistemischen Aktivitäten durch die Interventionen gleichmäßiger verteilt, bestätigt sich nochmals bei der Betrachtung der Verteilung der aufgestellten gestützten Hypothesen (siehe Tabelle 7.20). Hierbei zeigt sich im Pretest für die Interventionsgruppe eine starke Betonung des ‚fachlichen Grundwissens' (FG – 48 %) und der ‚mathematische Handlungskompetenz' (MHK – 43 %). Während sich die wenigsten gestützten Hypothesen auf die ‚kommunikative Kompetenz' (KomK – 9 %) beziehen. In der Kontrollgruppe ist die Verteilung der gestützten Hypothesen im Pretest ähnlich, wobei die ‚mathematische Handlungskompetenz' geringfügig stärker betont wird (MHK – 53 %). Im Posttest zeigt sich, dass die gestützten Hypothesen in der Interventionsgruppe gleichmäßiger verteilt sind als im Pretest (FG – 31 %, MHK – 29 %, KomK – 39 %). In der Kontrollgruppe ist erneut der starke Fokus auf die ‚mathematische Handlungskompetenz' zu finden (FG – 23 %, MHK – 60 %, KomK – 18 %).

Auch bei den gestützten Hypothesen zeigt sich, dass im Pretest die ‚kommunikativen Kompetenzen' kaum bedacht werden (Interventionsgruppe: 9 % und Kontrollgruppe 7 %), während sich die meisten gestützten Hypothesen auf das ‚fachliche Grundwissen' (Interventionsgruppe: 48 % und Kontrollgruppe: 40 %) und auf die ‚mathematische Handlungskompetenz' (Interventionsgruppe: 43 % und Kontrollgruppe 53 %) beziehen, sodass sich ein Ungleichgewicht zwischen den drei Kompetenzbereichen ergibt. Im Posttest zeigt sich wieder ein deutlicher Unterschied zwischen den beiden Gruppen. Während in der Interventionsgruppe insgesamt deutlich mehr gestützte Hypothesen aufgestellt werden und sich diese gleichmäßiger verteilen (FG: 31 %; MHK: 29 % und KomK: 39 %), sinkt die Anzahl der gestützten Hypothesen in der Kontrollgruppe und das Ungleichgewicht existiert weiterhin, da sich hier die meisten gestützten Hypothesen auf die ‚mathematische Handlungskompetenz' beziehen (FG: 23 %, MHK: 60 % und KomK: 18 %).

Insgesamt verdeutlicht der Blick auf die Veränderung der Verteilung der adaptierten epistemischen Aktivitäten auf die Kompetenzbereiche, dass die Interventionsgruppe im Posttest eine gleichmäßigere Verteilung aufweist als die Kontrollgruppe, während im Pretest kaum Unterschiede zwischen Interventions- und Kontrollgruppe bestehen.

Die bisher thematisierten Kompetenzbereiche sind in Kompetenzfacetten unterteilt: der Kompetenzbereich ‚fachliches Grundwissen' in sieben Kompetenzfacetten, der Kompetenzbereich ‚mathematische Handlungskompetenz' in drei Kompetenzfacetten und der Kompetenzbereich ‚kommunikative Kompetenz' in drei Kompetenzfacetten. Nachfolgend wird die Anzahl der verschiedenen Facetten betrachtet.

Tab. 7.20 Verteilung der gestützten Hypothesen auf die Kompetenzbereiche

Intervention – gest. Hypothesen – Pretest			Intervention – gest. Hypothesen – Posttest			Kontrolle – gest. Hypothesen – Pretest			Kontrolle – gest. Hypothesen – Posttest		
Ber.	%	M	Ber.	%	M	Ber.	%	M	Ber.	%	M
FG	48	1,02	FG	31	1,23	FG	40	1,61	FG	23	0,5
MHK	43	0,91	MHK	29	1,14	MHK	53	2,11	MHK	60	1,33
KomK	9	0,19	KomK	39	1,54	KomK	7	0,28	KomK	18	0,39

Die horizontale Achse beschreibt in den folgenden Darstellungen (Abb. 7.7) die Anzahl verschiedener Facetten, die von den Studierenden der Interventionsgruppe mindestens einmal adressiert wurden. Auf der vertikalen Achse sind die Anzahlen der Studierenden dargestellt.

Durch die Darstellung der Verteilung wird hier sichtbar, dass sowohl bei den manifesten Merkmalen als auch bei den Hypothesen und den gestützten Hypothesen die Breite, also die Anzahl der verschiedenen genannten Kompetenzfacetten, vom Pre- zum Posttest in der Interventionsgruppe zunimmt, ohne dass sich die Form der Verteilung stark zu ändern scheint. Die große Bandbreite an Anzahlen von Facetten gibt einen Hinweis auf die Heterogenität der Studierenden zu beiden Testzeitpunkten. Beispielsweise kommen für das Identifizieren von manifesten Merkmalen zwischen 1 und 13 Facetten fast alle Anzahlen im Pretest vor. Im Posttest sind sogar alle Möglichkeiten abgedeckt, abgesehen von 14 und 16 verschiedenen Kompetenzfacetten.

Der Unterschied bezüglich der Breite der adaptierten epistemischen Aktivitäten zwischen Pre- und Posttest in der Interventionsgruppe wurde mit t-Tests analysiert. Die t-Tests zeigen hinsichtlich der Breite der manifesten Merkmale ($p < 0,001$), der Breite der Hypothesen ($p = 0,004$) und auch der Breite der gestützten Hypothesen ($p = 0,015$) hochsignifikante Unterschiede mit mittlerem Effekt ($|d| = 0,5$ für die Breite der gestützten Hypothesen und $d = 0,6$ für die Breite der Hypothesen) bzw. großem Effekt ($|d| = 0,9$ für die Breite der manifesten Merkmale) (Tab. 7.21).

Wird die Breite der adaptierten epistemischen Aktivitäten bezogen auf Interventions- und Kontrollgruppe analysiert, so zeigt sich hinsichtlich der manifesten Merkmale (siehe Tab. 7.22 auf der linken Seite) ein hochsignifikanter Interaktionseffekt von Zeit * Gruppe ($F(1,73) = 16,60$; $p < 0,001$) mit einer großen Effektstärke ($\eta^2 = 0,185$). In Tabelle 7.22 lässt sich wie schon bei der reinen Anzahl der adaptierten epistemischen Aktivitäten erkennen, dass die Kontrollgruppe im Pretest signifikant überlegen ist (t-Test: $t(32,10) = -2,44$; $p < 0,02$; $|d| = 0,63$). Im Posttest ist dann allerdings die Interventionsgruppe überlegen. Wird nur der Posttest betrachtet, so ist der Unterschied zwischen den Gruppen signifikant (t-Test: $t(36,80) = 2,76$; $p < 0,01$) mit einer mittleren Effektstärke ($|d| = 0,69$).

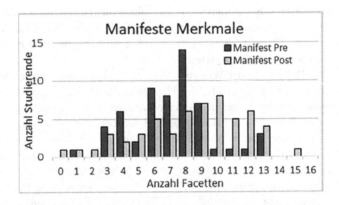

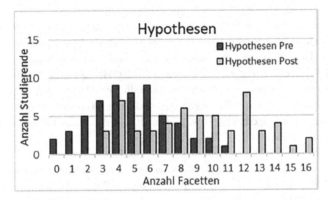

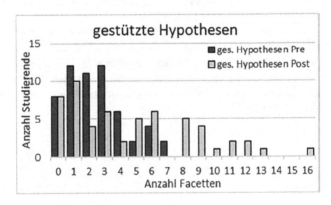

Abb. 7.7 Anzahl Facetten in Pre- und Posttest

Tab. 7.21 t-Test zur Breite der adaptierten epistemischen Aktivitäten

	manifeste Merkmale	Hypothesen	gestützte Hypothesen
Pretest: m (sd)	4,44 (1,25)	4,47 (1,71)	1,86 (1,44)
Posttest: m (sd)	5,91 (1,75)	5,47 (1,86)	2,71 (2,20)
Teststatistik	$t(112) = 5,18$	$t(112) = 2,98$	$t(112) = 2,46$
p und Cohens d	$p < 0,001$; $|d| = 0,9$	$p = 0,004$; $|d| = 0,6$	$p = 0,015$; $|d| = 0,5$

Auch bei der Breite der Hypothesen sowie der Breite der gestützten Hypothesen (Tab. 7.22 in der Mitte bzw. auf der rechten Seite) zeigen sich hochsignifikante Interaktionseffekte von Zeit * Gruppe (Hypothesen: $F(1,73) = 13,79$; $p < 0,001$; gestützte Hypothesen: $F(1,73) = 10,04$; $p < 0,01$). Der Effekt ist groß bzw. mittel ($\eta^2 = 0,16$ bzw. $\eta^2 = 0,121$). Für die Breite der Hypothesen zeigt sich ein etwas anderes Bild als bisher beschrieben: Zwar ist die Kontrollgruppe der Interventionsgruppe im Pretest überlegen, sie verschlechtert sich allerdings zum Posttest kaum, während sich die Interventionsgruppe signifikant verbessert. Für die Breite der gestützten Hypothesen zeigt sich erneut, dass die Interventionsgruppe im Pretest unterlegen und im Posttest überlegen ist. Betrachtet man allein den Posttest, so ist wiederum in beiden Fällen der Unterschied von Interventionsgruppe zur Kontrollgruppe signifikant (Hypothesen: $t(31,60) = 1,81$; $p = 0,05$; $|d| = 0,48$ und gestützte Hypothesen: $t(72,90) = 3,11$; $p = 0,002$; $|d| = 0,63$)[7].

Insgesamt hat sich für die Breite der adaptierten epistemischen Aktivitäten in der ersten Studie gezeigt, dass sich die Interventionsgruppe bei allen adaptierten epistemischen Aktivitäten steigert. Das bedeutet, dass sich beispielsweise die generierten Hypothesen im Pretest auf weniger verschiedene Aspekte beziehen als im Posttest. Demgegenüber ist die Breite der adaptierten epistemischen Aktivitäten der Kontrollgruppe im Posttest geringer als im Pretest, sodass insgesamt von einem Effekt der Intervention ausgegangen werden kann. Mit dieser Folgerung kann die eingangs gestellte Hypothese für die Breite der adaptierten epistemischen Aktivitäten bestätigt werden.

---

[7] Die t-Tests der ersten Studie finden sich in Anhang h im elektronischen Zusatzmaterial.

Tab. 7.22 Breite adaptierter epistemischer Aktivitäten

Gruppe	Breite Manifest M	SD	N	Breite Hypothesen M	SD	N	Breite gest. Hypothesen M	SD	N
Pretest									
Intervent.	7,07	2,48	57	5,02	2,47	57	2,26	1,69	57
Kontrolle	8,56	2,18	18	6,83	2,98	18	3,50	1,62	18
Posttest									
Intervent.	8,47	3,44	57	7,53	3,14	57	4,42	3,89	57
Kontrolle	6,33	2,66	18	6,11	2,81	18	2,61	1,14	18

7.4 Diskussion der Ergebnisse

Auf der Grundlage der Operationalisierung diagnostischer Kompetenz sollte in der ersten Studie eine Intervention gestaltet und auf ihre Wirksamkeit empirisch geprüft werden. Im Folgenden werden die in Abschnitt 7.3 dargestellten empirischen Ergebnisse der ersten Studie vor dem Hintergrund der in Abschnitt 7.1 gestellten Forschungsfrage diskutiert.

Dabei war ein übergreifendes Ziel der vorliegenden Arbeit, diagnostische Kompetenz in einer spezifischen und bisher wenig erforschten Situation zu operationalisieren. Die Operationalisierung war die zentrale Voraussetzung für die folgend diskutierten empirischen Ergebnisse der Interventionsstudien dieser Arbeit. Insbesondere die Operationalisierung des diagnostischen Denkens für die spezifische Situation der Studie mithilfe des nach Nickerson (1999, Abbildung 7.8) adaptierten Prozesses war eine wesentliche Grundlage des Designs der Intervention der ersten Studie.

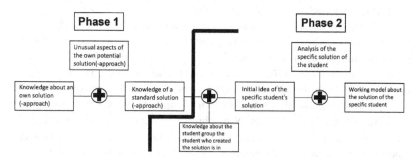

Abb. 7.8 Nach Nickerson (1999) adaptierter Prozess des diagnostischen Denkens

In der Intervention wurden sowohl die erste Phase des nach Nickerson (1999) adaptierten diagnostischen Denkprozesses über die Erkundung offener Lernangebote als auch die zweite Phase des nach Nickerson (1999) adaptierten diagnostischen Denkprozesses über die Analyse von Schüler*innendokumenten betont.

Neben der Forschung zur Konzeptualisierung und Operationalisierung konnte bisherige Forschung zur diagnostischen Kompetenz Erkenntnisse der möglichen Förderung diagnostischer Kompetenz gewinnen (siehe Kapitel 5). So existiert bereits ein breites Forschungsspektrum zur Ausprägung diagnostischer Kompetenz sowohl bei Lehrer*innen als auch bei Studierenden des Lehramts. Insgesamt kann mit Bezug auf die bisherige Forschung (z. B. Südkamp et al., 2012; Stahnke et al., 2016; Herppich et al., 2018; Klug et al., 2016; siehe auch Kapitel 5) gefolgert werden, dass das Fördern diagnostischer Kompetenz möglich ist.

Als ein Ergebnis des theoretischen Teils der vorliegenden Arbeit ist der Vorschlag zur Systematisierung der bisherigen Forschung zur Förderung diagnostischer Kompetenz (siehe Kapitel 6) anzusehen. Zentral für den Vorschlag waren die verschiedenen Aspekte der wirksamen Förderung diagnostischer Kompetenz, die Chernikova et al. (2020) in ihrer Metastudie identifiziert haben. Diese sind: *Problem Orientation, Providing Examples, Providing Prompts, Assigning Roles* und *Including Reflection Phases*. Sie bilden neben dem oben dargestellten diagnostischen Denkprozess die Grundlage der Intervention der ersten Studie. In der Metastudie wird gezeigt, dass sich die meisten Studien zur Förderung diagnostischer Kompetenz auf mehrere der genannten Aspekte berufen. Die Studien unterscheiden sich allerdings stark in den Rahmenbedingungen und damit in der betrachteten diagnostischen Situation, die daher in die in dieser Arbeit vorgeschlagene Systematisierung einbezogen werden. Aufgrund der mehrfach angesprochenen Abhängigkeit der diagnostischen Kompetenz von der diagnostischen Situation stellt sich die Frage, inwieweit die Effektivität und die Möglichkeit der Entwicklung der diagnostischen Kompetenz von der jeweiligen Situation abhängen. Die vorgeschlagene Systematisierung hat gezeigt, dass es große Unterschiede bezüglich der diagnostischen Situation (z. B. Diagnose von Videovignetten, komplexen Schüler*innendokumenten oder Aufgaben) und der Operationalisierung der diagnostischen Kompetenz (z. B. durch den Ansatz der Urteilsgenauigkeit oder das Wahrnehmen und Interpretieren eines spezifischen Fehlers) in den Situationen gibt. Darüber hinaus unterscheiden sich die Studien zur Förderung diagnostischer Kompetenz im Hinblick auf die untersuchte Gruppe (Lehrkräfte im Dienst oder Studierende) und im Hinblick auf den zeitlichen Umfang der Förderung (kurz: maximal eine Seminarsitzung (90 bis 120 Minuten), mittel: maximal drei bis vier Seminarsitzungen (90 bis 120 Minuten), lang: mehr als vier Seminarsitzungen (90 bis 120 Minuten)). Dabei konnte unter anderem eine Forschungslücke bei langer Förderung für Studierende identifiziert werden. Aus dieser Forschungslücke und der beschriebenen Forschungslücke bezüglich der Unklarheit der Übertragbarkeit der Interventionen ist die erste Studie entstanden, die mit der unten diskutierten Operationalisierung der diagnostischen Kompetenz und insbesondere des diagnostischen Denkens die folgende Forschungsfrage beantworten sollte:

„Welche Bestandteile der diagnostischen Kompetenz von Lehrkräften – bezogen auf das adäquate Beurteilen von Lernprodukten von Schülerinnen und Schülern in drei

Kompetenzbereichen sowie auf die damit verbundenen adaptierten epistemischen Aktivitäten – lassen sich durch eine spezifische Intervention verändern, die sich auf die Betonung der zwei Phasen des nach Nickerson (1999) adaptierten diagnostischen Denkprozesses stützt?"

Um die Frage zu beantworten, wurde eine quasi-experimentelle Interventionsstudie mit 75 Studierenden durchgeführt. Die Intervention beruht auf den Aspekten der wirksamen Förderung nach Chernikova et al. (2020). Sie lief über zwölf Seminarsitzungen und lässt sich daher als lange Intervention im Sinne der vorgeschlagenen Systematisierung der Studien zur Förderung diagnostischer Kompetenz verorten. Die Intervention wurde von 57 Studierenden besucht, während 18 Studierende über diesen Zeitraum einer Wartebedingung zugewiesen waren. Untersucht wurden im Sinne der vorgeschlagenen Operationalisierung diagnostischen Denkens mit Bezug zur betrachteten diagnostischen Situation die adaptierten epistemischen Aktivitäten der Studierenden beim Analysieren von Schüler*innendokumenten.

Die Ergebnisse bezüglich der adaptierten epistemischen Aktivitäten zeigen, dass die Studierenden der Kontrollgruppe im Pretest den Studierenden der Interventionsgruppe überlegen waren. Allerdings ergibt sich hinsichtlich der einzelnen adaptierten epistemischen Aktivitäten (manifeste Merkmale identifizieren, Hypothesen generieren und gestützte Hypothesen generieren) ein heterogenes Bild. Für die manifesten Merkmale ist der Unterschied am geringsten. Für die generierten Hypothesen und die generierten gestützten Hypothesen ist der Unterschied zwischen Interventionsgruppe und Kontrollgruppe im Pretest groß und signifikant. Zum Posttest verändern sich die Anzahl und die Breite der adaptierten epistemischen Aktivitäten. Insgesamt zeigt sich die Tendenz, dass die Anzahl und die Breite der adaptierten epistemischen Aktivitäten in der Interventionsgruppe steigen und in der Kontrollgruppe sinken.

Eine mögliche Erklärung für die Überlegenheit der Kontrollgruppe gegenüber der Interventionsgruppe liefert der unterschiedliche Fortschritt im Studium. Während die Studierenden der Interventionsgruppe im Mittel 4,7 Semester absolviert haben, haben die Studierenden der Kontrollgruppe bereits 6,1 Semester absolviert. Im Verlaufsplan des Studiums befindet sich nach dem hier untersuchten Seminar eine Vorlesung mit dem Titel ‚Diagnostik II'. Diese Vorlesung wird also wahrscheinlich von den Studierenden der Kontrollgruppe besucht worden sein, während die Studierenden der Interventionsgruppe die Vorlesung noch nicht besucht haben. In der Vorlesung werden Inhalte aufgegriffen, die eine Auswirkung auf die diagnostische Kompetenz der Studierenden haben könnten, was die Unterschiede zwischen den Gruppen erklären würde.

Darüber hinaus deutet die prägnant negative Entwicklung der Kontrollgruppe über alle adaptierten epistemischen Aktivitäten hinweg darauf hin, dass der Posttest der ersten Studie schwieriger war als der Pretest. Eine mögliche Ursache für dieses Gefälle in der Schwierigkeit könnte in den unterschiedlichen Items liegen, die in Pre- und Posttest verwendet wurden. Eine weitere Ursache könnte der Testzeitpunkt sein. Der Posttest wurde nach Abschluss des Semesters durchgeführt, sodass dadurch eventuell auf eine geringere Anstrengungsbereitschaft im Test zurückzuschließen ist. Beide Ursachen können allerdings nur als Hypothese formuliert werden. Unabhängig davon, welche Hypothese verfolgt wird (schwierigerer Test oder Testzeitpunkt), dürften die Auswirkungen für die Kontrollgruppe und die Interventionsgruppe die Gleichen sein. Dieses Ergebnis ordnet die nachfolgend dargestellten Verbesserungen der Interventionsgruppe nochmals ein, da sich diese vom Pre- zum Posttest nicht verschlechtert, sondern verbessert hat.

Für die Anzahl der identifizierten manifesten Merkmale hat sich durch das spezifische Treatment kein signifikanter Effekt ergeben. Weder die Studierenden der Interventionsgruppe noch die der Kontrollgruppe veränderten sich diesbezüglich signifikant, denn sowohl im Pretest als auch im Posttest identifizierten die Studierenden 16 bis 20 manifeste Merkmale. Eine Ursache könnte in den unterschiedlichen Items in Pre- und Posttest liegen. Es ist aber auch möglich, dass das Identifizieren manifester Merkmale durch die Intervention tatsächlich nicht trainiert wurde. Eine mögliche Ursache dafür könnte sein, dass die Studierenden der beiden Gruppen bereits zu Beginn ein hohes Kompetenzlevel in diesem Bereich aufwiesen. Um dies zu überprüfen, müsste jedoch weitere Forschung, z. B. in einem längsschnittlichen Ansatz, durchgeführt werden. Demgegenüber haben sich signifikante Unterschiede in der Entwicklung der adaptierten epistemischen Aktivitäten des Generierens von Hypothesen und des Generierens von gestützten Hypothesen gezeigt. Für die Anzahl der generierten Hypothesen kann allerdings eher von einem Aufholen der Interventionsgruppe gegenüber der Kontrollgruppe gesprochen werden, weil sich im Posttest keine signifikanten Unterschiede gezeigt haben. Demgegenüber ist der Effekt der Intervention auf die Entwicklung bezüglich gestützter Hypothesen signifikant. Im Sinne der Operationalisierung des diagnostischen Denkens werden die adaptierten epistemischen Aktivitäten ‚Generieren von Hypothesen‘ und ‚Generieren von gestützten Hypothesen‘ dem übergeordneten Teil des Interpretierens des diagnostischen Denkens zugeordnet. Damit wird Interpretieren als wesentlicher Bestandteil diagnostischer Kompetenz durch die spezifische Intervention gefördert. Da bisher wenige Studien parallel sowohl das Wahrnehmen als auch das Interpretieren als Aspekte der diagnostischen Kompetenz betrachten, ist es schwierig, diese Forschungsbefunde einzuordnen. In der Studie von Philipp und Gobeli-Egloff (2022) konnte beispielsweise das Wahrnehmen gefördert werden, nicht aber das Interpretieren. In zahlreichen anderen Studien werden Wahrnehmen und Interpretieren zusammengefasst und einzeln untersucht. Das betrifft sowohl Studien im Zusammenhang mit der fehlerdiagnostischen Kompetenz (z. B. Heinrichs, 2015) als auch Forschung zu den epistemischen Aktivitäten der Diagnostik (Kramer et al., 2021). Dass die einzelnen adaptierten epistemischen Aktivitäten sich durch die Intervention unterschiedlich verändern, unterstützt allerdings die bisherige Forschung in der Forderung, dass die (adaptierten) epistemischen Aktivitäten einzeln untersucht werden sollten und nicht als Gesamtkonstrukt (Bastian et al., 2022; Kramer, Förtsch & Neuhaus, 2021).

Diesen Eindruck bestätigt der Blick auf die Breite der adaptierten epistemischen Aktivitäten. Auch hier waren die Studierenden der Kontrollgruppe im Pretest jeweils überlegen und wurden im Posttest dann von den Studierenden der Interventionsgruppe überholt. Das gilt für die Breite aller drei adaptierten epistemischen Aktivitäten. Dabei wurde die Breite zu Beginn über die Verteilung der adaptierten epistemischen Aktivitäten auf die drei Kompetenzbereiche ‚fachliches Grundwissen‘, ‚mathematische Handlungskompetenz‘ und ‚kommunikative Kompetenz‘ betrachtet. Hierbei haben sich deutliche Unterschiede in der Entwicklung der Interventionsgruppe vom Pretest zum Posttest gezeigt. Während im Pretest bei allen drei untersuchten adaptierten epistemischen Aktivitäten ein starker Fokus auf der ‚mathematischen Handlungskompetenz‘ lag, verteilen sich diese im Posttest deutlich gleichmäßiger auf die drei Kompetenzbereiche. In der Kontrollgruppe zeigte sich sowohl im Pretest als auch im Posttest ein Ungleichgewicht zwischen den drei Kompetenzbereichen für alle drei adaptierten epistemischen Aktivitäten. Entsprechend ist davon auszugehen, dass die Interventionen die diagnostische Kompetenz der Studierenden dahingehend beeinflusst haben, dass alle hier betrachteten adaptierten epistemischen Aktivitäten sich gleichmäßiger auf die drei Kompetenzbereiche verteilen. Dies deckt sich mit einem Ziel der Interventionsgestaltung, da die Studierenden die Vielfalt der möglichen Kompetenzbereiche und Kompetenzfacetten (z. B. Rechenfehler oder Erfinden) die in einem Schüler*innendokument sichtbar werden können, innerhalb der Intervention kennenlernen. Die Breite der adaptierten epistemischen Aktivitäten als zusätzliches Qualitätsmerkmal einer Diagnose zu untersuchen, hat sich damit trotz des hohen Zusammenhangs mit der Anzahl der adaptierten epistemischen Aktivitäten als neue und wirksame Methode der Messung erwiesen, da tiefergreifende Erkenntnisse, wie die Einsicht in die unterschiedlichen Fokussierungen der Kompetenzbereiche, möglich geworden sind.

Der Unterschied zwischen Kontroll- und Interventionsgruppe und damit der Effekt der Intervention bestätigte sich in den Ergebnissen bezüglich der Breite der adaptierten epistemischen Aktivitäten bezogen auf die Kompetenzfacetten. Die Kompetenzfacetten sind den Kompetenzbereichen zugeordnet. Hierzu haben Varianzanalysen für alle drei adaptierten epistemischen Aktivitäten große Effekte gezeigt. Die Unterschiede zwischen der Interventions- und der Kontrollgruppe werden genau wie bei der Anzahl der adaptierten epistemischen Aktivitäten besonders im Posttest deutlich. Obwohl die Aufgaben von Pre- und Posttest in der ersten Studie verschieden sind, werden die Unterschiede hinsichtlich der adaptierten epistemischen Aktivitäten in der Breite und für die Anzahl bezüglich der gestützten Hypothesen auf die Intervention zurückgeführt, weil sowohl die Interventions- als auch die Kontrollgruppe diese Aufgaben bearbeitet haben und sich deutliche Unterschiede zwischen den Gruppen gezeigt haben.

Neben den adaptierten epistemischen Aktivitäten wurden in der ersten Studie weitere Aspekte der Analysen der Studierenden untersucht. Hierbei hat sich gezeigt, dass sowohl die Studierenden in der Interventionsgruppe als auch die Studierenden in der Kontrollgruppe weder im Pre- noch im Posttest ihre Analysen evaluieren und dass sie wenig Vorschläge zur Förderung der Schüler*innen machen, die die jeweiligen Schüler*innendokumente erstellt haben. Darüber hinaus gaben nur wenige Studierende beider Gruppen im Pretest eine Einschätzung der Qualität des Dokuments. Im Posttest existierten in der Interventionsgruppe im Verhältnis jedoch einige Aussagen über die Qualität der Lösung, während dies in der Kontrollgruppe weiterhin nicht der Fall war. Darüber hinaus konnte gezeigt werden, dass die Anzahl der eigenen Lösungen vom Pre- zum Posttest in der Interventionsgruppe zurückgeht. Insgesamt bezogen sich nur wenige Aussagen der Studierenden in den Analysen auf die soeben besprochenen Bereiche. Daher wurden diese Aussagen für die weitere Analyse nicht betrachtet. Allerdings ist die Beobachtung, dass die Anzahl eigener Lösungen der Studierenden generell recht niedrig ist und vom Pretest zum Posttest abnimmt, vor dem Hintergrund der beschriebenen Theorie interessant, denn in verschiedenen Konzeptualisierungen des diagnostischen Denkprozesses sind die eigenen Lösungen der Diagnostizierenden inkludiert (z. B. Philipp, 2018). Zwar ist nicht auszuschließen, dass die eigene Lösung ein Teil der Denkprozesse war, aber es kann festgehalten werden, dass in den schriftlichen Analysen der Studierenden die eigene Lösung nur selten ausgedrückt wurde. Schließlich hat sich für die adaptierte epistemische Aktivität der Evaluation der eigenen Aussage gezeigt, dass diese weder im Pre- noch im Posttest bei einer der Gruppen in nennenswerter Anzahl vorhanden war. Wenn die Evaluation als eine im Vergleich zum Generieren gestützter Hypothesen elaboriertere adaptierte epistemische Aktivität angesehen wird, erklärt sich

die geringere Anzahl. Dadurch kann geschlussfolgert werden, dass diese elaboriertere adaptierte epistemische Aktivität durch die vorliegende Intervention nicht
gefördert wurde. Der Vergleich zu anderen Studien ist insofern schwierig, als
die einzelnen adaptierten epistemischen Aktivtäten bisher nicht einzeln betrachtet wurden (Kramer, Förtsch & Neuhaus, 2021). Entsprechend lässt sich hier ein
Forschungsdesiderat erkennen: Wie muss eine Intervention aufgebaut sein, die
alle adaptierten epistemischen Aktivitäten, also auch die elaborierteren, fördert?

Die eingangs gestellte Forschungsfrage der ersten Studie dieser Arbeit kann
auf der Grundlage der diskutierten Ergebnisse wie folgt beantwortet werden.
Im Einklang mit bisheriger Forschung zur Förderung (Chernikova et al. 2020;
Kapitel 6) diagnostischer Kompetenz konnte bestätigt werden, dass die diagnostische Kompetenz in einer spezifischen Intervention mit verschiedenen Bausteinen,
z. B. *Providing Prompts, Assigning Roles* oder dem Fokus auf *Problem Orientation* (Chernikova et al., 2020), gefördert wird. Insbesondere konnte bestätigt
werden (siehe z. B. auch Enenkiel, 2022; Hock, 2021), dass sich die diagnostische Kompetenz bereits bei angehenden Lehrkräften (Studierenden des Lehramts
im durchschnittlich vierten Semester) in einer lang angelegten Intervention (14
Semesterwochen mit einer Seminarsitzung pro Woche à 90 Minuten) fördern
lässt. Die aufgestellte Hypothese, dass die Interventionsgruppe bessere Ergebnisse
im Posttest erzielt als die Kontrollgruppe, kann durch die diskutierten Ergebnisse
ebenfalls bestätigt werden.

Besonders herauszuheben ist, dass die erste Studie bisherige Forschung zur
Förderung diagnostischer Kompetenz um eine Situation erweitert, die bisher
wenig betrachtet wurde, und dass auch in dieser die wirksame Förderung auf
der Grundlage bekannter Aspekte (Chernikova et al., 2020) möglich ist. Weiter
konnte die erste Studie die von Stahnke et al. (2016) identifizierte Forschungslücke adressieren, denn durch die adaptierten epistemischen Aktivitäten konnten
Rückschlüsse auf die Subprozesse des diagnostischen Denkens (Wahrnehmen und
Interpretieren) gezogen werden. Während Stahnke et al. (2016) einen Mangel
an Studien feststellen, die beide Subprozesse untersuchen, zeigt die erste Studie
dieser Arbeit, dass die Auswirkung der Intervention bezüglich der Subprozesse
unterschiedlich ist. Die Auswirkung der Intervention auf die adaptierten epistemischen Aktivitäten, die dem Interpretieren zuzuordnen sind, ist signifikant,
während sich keine Auswirkungen der Intervention auf die adaptierten epistemischen Aktivitäten, die dem Wahrnehmen zuzuordnen sind, ermitteln lassen. Es
existieren Studien (z. B. Sunder et al., 2016), die mit einer Intervention, die sich
ebenso wie die vorliegende Studie auf die Aspekte der wirksamen Förderung
stützen, das Wahrnehmen von Studierenden fördern konnten. Entsprechend stellt
sich die Frage, ob die Förderung des Wahrnehmens und Interpretierens in einer

Intervention nicht möglich ist oder ob die Spezifika der eingesetzten Intervention ausschlaggebend waren. Darüber hinaus ist ebenfalls denkbar, dass die diagnostische Situation der vorliegenden Arbeit einen Einfluss auf die Förderbarkeit der diagnostischen Kompetenz hat. Limitiert sind die Ergebnisse der ersten Studie, wie oben diskutiert, durch die unterschiedlichen Items in Pre- und Posttest und die Überlegenheit der Kontrollgruppe im Pretest.

Bei der Reflexion der Gestaltung der Intervention der ersten Studie auf Grundlage des nach Nickerson (1999) adaptierten Prozesses wird deutlich, dass die Intervention mit einem starken Fokus auf Phase 1 gestaltet wurde. Der Großteil der Seminarsitzungen bezog sich auf das Erkunden von Aufgaben. Erst die letzten zwei der insgesamt 14 Seminarsitzungen betrafen die Analyse von Schüler*innendokumenten und damit der zweiten Phase des nach Nickerson (1999) adaptierten Denkprozesses. Dieser starke Fokus führt zu den ersten Forschungsfragen der zweiten Studie (siehe folgendes Kapitel) dieser Arbeit, denn in der zweiten Studie werden explizit die Effekte der Betonung der Phasen 1 und 2 des adaptierten diagnostischen Denkprozesses in Interventionen untersucht.

Zweite Studie 8

Im Folgenden wird die zweite Studie der vorliegenden Arbeit präsentiert. Dabei werden zuerst die Forschungsfragen vorgestellt, die aus den theoretischen Überlegungen und der Diskussion der Ergebnisse der ersten Studie motiviert sind. Es schließt sich die Darlegung der Methode und der Ergebnisse der zweiten Studie an. Abschließend werden die Ergebnisse vor dem Hintergrund der Theorie diskutiert.

8.1 Forschungsfragen

Die identifizierte Forschungslücke in Bezug auf Interventionen, die verschiedene Phasen des adaptierten diagnostischen Denkprozesses (Nickerson 1999; siehe Abb. 7.8) umfassen, sowie die Messung des diagnostischen Denkens mit Hilfe von Anzahl und Breite der adaptierten epistemischen Aktivitäten führen zu den folgenden Forschungsfragen:

Forschungsfrage 3.1:

„Wie wirken sich Interventionen, die auf verschiedene Phasen des nach Nickerson (1999) adaptierten diagnostischen Denkprozesses abzielen, auf die Anzahl der adaptierten epistemischen Aktivitäten der angehenden Lehrer*innen aus?"

Ergänzende Information Die elektronische Version dieses Kapitels enthält Zusatzmaterial, auf das über folgenden Link zugegriffen werden kann https://doi.org/10.1007/978-3-658-44327-6_8.

Forschungsfrage 3.2:

„Wie wirken sich Interventionen, die auf verschiedene Phasen des nach Nickerson
(1999) adaptierten diagnostischen Denkprozesses abzielen, auf die Breite der adaptierten epistemischen Aktivitäten der angehenden Lehrer*innen aus?"

Um diese Fragen zu beantworten, wurde die Gesamtintervention der ersten Studie so angepasst, dass in drei Interventionen (ausführlich dargestellt im folgenden
Kapitel mit den Teilen A, B und AB) jeweils eine oder beide Phasen des
adaptierten diagnostischen Denkprozesses betont werden. Dabei adressiert Interventionsbedingung B_1 die erste Phase des nach Nickerson (1999) adaptierten
diagnostischen Denkprozesses (Erkundung offener Lernangebote), Interventionsbedingung B_2 die zweite Phase (Analyse von Schüler*innendokumenten zu
offenen Lernangeboten) und Interventionsbedingung B_3 beide Phasen. Darüber
hinaus wurde eine Kontrollbedingung B_0 eingesetzt.

Dies führt zu einem 2×2-Design, indem zwischen der Erkundung offener
Lernangebote (ja/nein) und der Analyse von Schüler*innenlösungen zu die-
sen Aufgaben (ja/nein) unterschieden wird. Das Design wird in der folgenden
Tabelle 8.1 dargestellt.

Tab. 8.1 2×2-Design

	Erkundung offener Lernangebote	Keine Erkundung offener Lernangebote
Analyse von Schüler*innendokumenten	B_3	B_2
Keine Analyse von Schüler*innendokumenten	B_1	B_0

Auf der Grundlage des für die Arbeit zentralen Modells des diagnostischen Denkens (siehe Abb. 7.8) besteht die Hypothese, dass die Bedingung B_3
(beide Phasen) der vielversprechendste Ansatz zur Verbesserung des diagnostischen Denkens der Studierenden ist, da diese Bedingung beide Phasen des nach
Nickerson (1999) adaptierten diagnostischen Denkprozesses anspricht. Bei den
Bedingungen B_1 (Phase 1 – Erkundung offener Lernangebote) und B_2 (Phase 2 –
Analyse von Schüler*innendokumenten) besteht die Hypothese, dass die Arbeit
mit konkreten Schüler*innenlösungen für angehende Lehrkräfte eine authenti-
schere Situation darstellt als die Arbeit mit einer Aufgabe (Südkamp et al., 2012).
Aus diesem Grund wird davon ausgegangen, dass Bedingung B_2 eher geeignet ist,

das diagnostische Denken der angehenden Lehrkräfte zu fördern, als Bedingung B_1. Darüber hinaus wird angenommen, dass die eigene Arbeit der Studierenden mit den offenen Lernangeboten und deren möglichen Lösungen oder Schwierigkeiten zum diagnostischen Denken der Lehrkräfte beiträgt. Aus diesem Grund besteht die Hypothese, dass Bedingung B_1 (Phase 1 – Erkundung offener Lernangebote) im Vergleich zu Bedingung B_0 (Kontrollbedingung) effektiver ist, um das diagnostische Denken der Lehrkräfte zu fördern. Insgesamt wird die folgende Hypothese bezüglich der Forschungsfragen 3.1 und 3.2 aufgestellt.

H_1: Zur Förderung des diagnostischen Denkens der Studierenden ist B_3 (beide Phasen) effektiver als B_2 (Phase 2 – Analyse von Schüler*innendokumenten), B_2 (Phase 2 – Analyse von Schüler*innendokumenten) ist effektiver als B_1 (Phase 1 – Erkundung offener Lernangebote) und B_1 (Phase 1 – Erkundung offener Lernangebote) ist effektiver als B_0 (Kontrollbedingung).

Da die Hypothese bestand, dass das Adressieren der zweiten Phase (Analyse von Schüler*innendokumenten) einen größeren Einfluss auf die Entwicklung diagnostischer Kompetenz hat als das Adressieren der ersten Phase (Erkundung offener Lernangebote), war es aus forschungsethischer Sicht von Bedeutung, dass die Studierenden am Ende des Semesters die gleichen Interventionsbestandteile durchlaufen haben. Daraus und aus bisheriger Forschung, die identifiziert hat, dass eine bestimmte Reihenfolge von Bedingungen in einer Intervention vielversprechender ist als andere (Harr et al., 2015), ergibt sich die folgende Forschungsfrage.

Forschungsfrage 3.3:

„Ist eine spezifische Reihenfolge, die die Phasen des diagnostischen Denkens in einer Intervention anspricht, effektiver, um das diagnostische Denken, operationalisiert durch die adaptierten epistemischen Aktivitäten, von angehenden Lehrer*innen zu verbessern, als andere Reihenfolgen?"

Dabei wird also spezifisch untersucht, ob eine der Reihenfolgen B_1 – B_2, B_2 – B_1 oder B_3 – B_3 effektiver ist als die anderen. Zu dieser Forschungsfrage besteht keine Hypothese.

Neben den Fragen zur Entwicklung diagnostischer Kompetenz durch die Intervention soll die zweite Studie der vorliegenden Arbeit auch die Auswirkungen von *Person Characteristics*, als einem weiteren relevanten Bestandteil der Konzeptualisierung diagnostischer Kompetenz (siehe Kapitel 4 und 5), auf die

Entwicklung diagnostischer Kompetenz untersuchen. Wie bereits in Abschnitt 4.2 herausgestellt, gehen bisherige Theorie und Empirie davon aus, dass das Wissen als ein *Trait* und damit als Teil der *Person Characteristics* einen Einfluss auf das diagnostische Denken und damit die diagnostische Kompetenz hat. Hierzu halten Loibl et al. (2020) fest, dass das für die Situation relevante Wissen explorativ gemessen werden kann. Für die vorliegende Situation stellt sich daher

Forschungsfrage 4:

> „Inwieweit beeinflusst Fachwissen zur Arithmetik oder fachdidaktisches Wissen zur Arithmetik die Entwicklung des diagnostischen Denkens von Studierenden in Bezug auf die adaptierten epistemischen Aktivitäten in einer Situation, in der Schüler*innenlösungen zu offenen Lernangeboten analysiert werden sollen?“

Auch wenn bisherige Forschung zum Einfluss von Fachwissen und fachdidaktischem Wissen auf die Entwicklung diagnostischer Kompetenz zu heterogenen empirischen Ergebnissen kommt, besteht insgesamt die Hypothese in der Forschung, dass beide Wissensbereiche einen Einfluss auf die Entwicklung diagnostischer Kompetenz haben (siehe Abschnitt 5.2). Daher wird auch in der vorliegenden Arbeit von der Hypothese ausgegangen:

H_2:   Sowohl das fachdidaktische als auch das Fachwissen zur Arithmetik haben einen positiven Einfluss auf die Entwicklung diagnostischen Denkens, operationalisiert durch die Analyse von Schüler*innendokumenten zu offenen Lernangeboten der Arithmetik.

8.2   Methode

Um die aufgeführten Forschungsfragen zu beantworten, wurden im Wintersemester 2020/2021 und im Sommersemester 2021 jeweils drei Seminare mit 40, 37 und 35 Studierenden durchgeführt. Entsprechend haben 112 Studierende die Experimentalbedingungen der zweiten Studie durchlaufen. Im Sommersemester 2021 wurde zusätzlich eine Kontrollgruppe mit 25 Studierenden erhoben. Die Studierenden in dieser Gruppe besuchten ein Seminar, das sich mit einem Thema befasste, das weder den offenen Lernangeboten noch der Diagnostik zuzuordnen ist, sodass dies als Wartebedingung angesehen werden kann. Für die Stichprobe gelten dieselben Rahmenbedingungen wie für die Stichprobe der ersten Studie (siehe Abschnitt 7.2.1).

8.2.1 Teil A

Teil A der zweiten Studie war als experimentelle Studie im Pre-Post-Design mit drei Experimentalbedingungen angelegt. Die Interventionen dauerten jeweils sieben Wochen. Jede Woche umfasste eine Seminarsitzung à 90 Minuten. Die Sitzungen fanden im Wechsel synchron in einem digitalen Meetingraum[1] und asynchron in Kleingruppen der Studierenden statt. Um einen unterschiedlichen Einfluss der eingesetzten Lehrpersonen auszuschließen, waren die drei Lehrpersonen in einem rotierenden System tätig. Dazu wurden jeweils zwei Wochen lang alle Interventionsgruppen von einer Lehrperson unterrichtet, bevor die nächste Lehrperson die Interventionsgruppen für zwei Wochen übernahm. Die Konzeption der Seminare (Interventionen) orientierte sich genau wie die Intervention der ersten Studie an den strukturellen Merkmalen, für die Chernikova et al. (2020) wirksame Effekte nachweisen konnten. Das bedeutet, dass in der zweiten Studie die gleichen Interventionsbestandteile genutzt wurden, die schon in der ersten Studie ein Teil der Intervention waren (siehe Abschnitt 7.2.2.1 bis 7.2.2.6). Die Interventionen der zweiten Studie unterschieden sich hinsichtlich des Teilprozesses des diagnostischen Denkens, den sie betonen. Der Hauptansatz dieser Studie bestand darin, den Fokus auf die beiden Phasen des diagnostischen Denkens zu variieren. Im oben beschriebenen Design wurden vier Bedingungen verglichen:

Die erste Bedingung (Aufgabe; B_1) bezieht sich auf eine Intervention, die auf die erste Phase des nach Nickerson (1999) adaptierten diagnostischen Denkprozesses der Studierenden abzielt. Somit wurde die eigene Erkundung der offenen Lernangebote fokussiert.

Die zweite Bedingung (Schüler*in; B_2) bezieht sich auf eine Intervention, die auf die zweite Phase des nach Nickerson (1999) adaptierten diagnostischen Denkprozesses der Studierenden abzielt. Somit stand auf die Analyse schriftlicher Lösungen von Schüler*innen zu offenen Lernangeboten im Vordergrund.

Die dritte Bedingung (integriert; B_3) bezieht sich auf eine Intervention hinsichtlich beider Phasen des nach Nickerson (1999) adaptierten diagnostischen Denkprozesses. Damit wurden sowohl die Erkundung der offenen Lernangebote als auch die Analyse von Schüler*innendokumenten adressiert.

Die vierte Bedingung (Kontrolle; B_0) ist eine Kontrollbedingung ohne Bezug zum diagnostischen Denken.

---

[1] Die Studien wurden zur Zeit der Covid−19 Pandemie durchgeführt, sodass ein digitaler Meetingraum gewählt werden musste.

Durch die unterschiedliche Betonung der zwei Phasen des diagnostischen Denkprozesses in den drei Experimentalbedingungen differierten diese hinsichtlich der wirksamen Aspekte der Förderung diagnostischer Kompetenz nach Chernikova et al. (2020, siehe Tabelle 8.2). Bei Betonung der ersten Phase in B_1 wurde den Studierenden in dieser Bedingung die Rolle als Schüler*in zugeordnet. Den Studierenden in B_2 wurde die Rolle als Lehrer*in zugeordnet und den Studierenden in B_3 wurden beide Rollen zugeordnet. Die anderen Aspekte nach Chernikova et al. (2020) (*Problem Orientation*, *Providing Prompts*, *Including Reflection Phases* und *Providing Examples*) wurden ebenfalls, wie in Abschnitt 7.2.2 beschrieben, an die jeweilige Bedingung angepasst. Beispielsweise richteten sich die Prompts einmal nach dem Analysieren von Schüler*innendokumenten und einmal nach dem Erkunden von offenen Lernangeboten.

Tab. 8.2 Design und Stichprobe der zweiten Studie Teil A

Bedingung 1, n = 37	Bedingung 2, n = 40	Bedingung 3, n = 35	Bedingung 0, n = 25
Pretest			
Intervention A: Erkundung der offenen Lernangebote mit Betrachtung verschiedener Lösungen von Studierenden	Intervention B: Analyse von Lösungen von Grundschüler*innen zu den offenen Lernangeboten	Intervention AB: Studierende lösen offene Lernangebote und analysieren Lösungen von Grundschüler*innen zu diesen Lernangeboten	Weder Analyse der Lösungen der Grundschüler*innen noch Lösung der offenen Lernangebote
Posttest			

8.2.2 Teil B

Wie in Abschnitt 8.1 erwähnt, richtet sich eine weitere Forschungsfrage an die Reihenfolge der Teilprozesse diagnostischen Denkens. Hier stellte sich bezogen auf die Bedingungen oben die Frage, ob eine der Reihenfolgen B_1-B_2, B_2-B_1 oder B_3-B_3 effektiver ist als die anderen (siehe Tabelle 8.3). Um dies zu untersuchen, wurde die integrierte Intervention der Bedingung 3 für sieben weitere Wochen fortgesetzt, sodass insgesamt 14 Wochen Intervention durchlaufen wurden. Bedingung 1 bekam zuerst Intervention A und nach sieben Wochen für sieben weitere Wochen Intervention B. Für Bedingung 2 galt der umgekehrte Fall. Bezogen auf den Prozess des diagnostischen Denkens bedeutet das, dass

Bedingung 1 die beiden Phasen getrennt voneinander, aber chronologisch durchlief. Bedingung 2 durchlief die beiden Phasen getrennt voneinander, begann aber
mit Phase 2 und Bedingung 3 durchlief den Prozess chronologisch und verbunden
einzeln für die offenen Lernangebote.

Ein weiterer Grund für die Durchführung dieses Teils der Studie liegt in
der Forschungsethik. Es bestand eine Hypothese, dass Intervention B durch den
Fokus auf der Analyse von Schüler*innen effektiver ist als Intervention A. Daher
sollten alle Studierenden diesen Teil der Intervention in einer gewissen Form
erhalten.

Tab. 8.3 Design und Stichprobe der zweiten Studie Teil B

Bedingung 1, n = 37	Bedingung 2, n = 40	Bedingung 3, n = 35
Intervention A	Intervention B	Intervention AB
Intervention B	Intervention A	Intervention AB

8.2.3 Konkreter Ablauf der Interventionen

Die eingesetzten Interventionen orientieren sich am nach Nickerson (1999)
adaptierten diagnostischen Denkprozess. Mit dem Ziel, die Wirksamkeit der
Fokussierung der Phasen auf die Entwicklung diagnostischer Kompetenz zu prü-
fen, wurden drei Interventionen designt. Der Ablauf der drei Interventionen (A,
B und AB) wird im Folgenden dargestellt. Die angesprochenen Bestandteile der
Interventionen, z. B. die eingesetzten Prompts, sind die gleichen wie in der ersten
Studie und finden sich in Abschnitt 7.2.2.

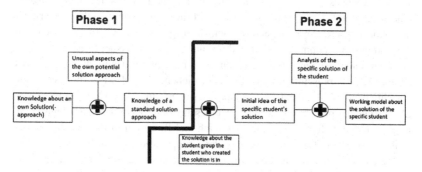

Phase 1 des nach Nickerson (1999) adaptierten Prozesses fokussiert die eigene Auseinandersetzung mit dem offenen Lernangebot. Orientiert an Phase 1 wurde die folgende Intervention A (siehe Tabelle 8.4) designt:

Die Intervention startet mit den Prompts a und b zu Kriterien, Möglichkeiten und Grenzen von offenen Lernangeboten. Anschließend wird im Sinne des gemeinsamen Beginns (Rathgeb-Schnierer, 2006; Rathgeb-Schnierer & Rechtsteiner, 2018) mit dem offenen Lernangebot ‚Zielzahl' begonnen. Dabei findet in einer kurzen Arbeitsphase eine erste individuelle Erkundung des Lernangebots statt. Erste Befunde werden anschließend in der Seminargruppe diskutiert. Diese insgesamt ca. zehnminütige Arbeitsphase soll gewährleisten, dass jeder Studierende das Lernangebot verstanden hat. Abschließend für diese Seminarsitzung wird der Arbeitsauftrag für die kommende Arbeitsphase präsentiert. Die Studierenden sollen in Einzelarbeit das Lernangebot erkunden. Dabei sollen die Sammlung von Beispielen, das Finden von Mustern und Gesetzmäßigkeiten, das Formulieren von Aussagen und die Variation des Lernangebots beachtet werden. Im Anschluss soll im Sinne der Reflexionsphasen ein Austausch in Partnerarbeit stattfinden. Dieser Austausch wird ebenfalls im Sinne der Reflexionsphasen in einem bereitgestellten Protokollbogen festgehalten und soll die Aspekte ‚Vorgehensweisen', ‚Entdeckungen' und ‚Variationen' beinhalten. Die Studierenden sind angehalten, unter diesen drei Punkten Ihre Erkundungen zu vergleichen. Um sowohl der Einzelarbeitsphase als auch der Tandem-/Partnerarbeitsphase ausreichend Raum zu geben, wird dafür eine Woche Zeit gegeben. Die Ergebnisse der Erkundungen werden dann in der zweiten Seminarsitzung in einer Präsentations- und Reflexionsphase (Chernikova et al., 2020, Rathgeb-Schnierer & Rechtsteiner, 2018) zusammengetragen. Dazu werden die Studierenden zuerst in drei Kleingruppen eingeteilt, in der sie ihre Ergebnisse sammeln. Die Kleingruppen werden so zusammengestellt, dass sich eine Gruppe auf die gemachten ‚Entdeckungen', eine weitere auf die ‚Vorgehensweisen' und die letzte Gruppe auf die ‚Variationen' konzentriert. Abschließend werden die Ergebnisse des Gruppenaustauschs vorgestellt, im Plenum diskutiert und um nicht genannte Aspekte erweitert.

Nach einer kurzen Erinnerung an Prompt b wird dann das Lernangebot ‚Reihenzahlen' präsentiert. Der oben beschriebene Ablauf wiederholt sich nun. Anschließend wird erneut an Prompt b erinnert und das offene Lernangebot ‚Abbauzahlen' präsentiert, wonach der beschriebene Zyklus aus gemeinsamem Beginn, individueller Erkundung, Vergleich und Reflexion in Partnerarbeit sowie Reflexions- und Präsentationsphase in der Gruppe erneut wiederholt wird.

Durch die Teilnahme an dieser Intervention nehmen die Studierenden im Sinne *des Assigning Roles* die Schüler*innenrolle ein.

Tab. 8.4 Ablauf Intervention A

Woche 1	– Prompt a und b – Gemeinsamer Beginn Erkundung des Lernangebots ‚Zielzahl'
Woche 2	– Einzelarbeit Erkundung des Lernangebots und Partnerarbeit Vergleich der Erkundungen
Woche 3	– Reflexions- und Präsentationsphase – Erinnerung Prompt b und gemeinsamer Beginn Erkundung des Lernangebots ‚Reihenzahlen'
Woche 4	– Einzelarbeit Erkundung des Lernangebots und Partnerarbeit Vergleich der Erkundungen
Woche 5	– Reflexions- und Präsentationsphase – Erinnerung Prompt b und gemeinsamer Beginn Erkundung des Lernangebots ‚Abbauzahlen'
Woche 6	– Einzelarbeit Erkundung des Lernangebots und Partnerarbeit Vergleich der Erkundungen
Woche 7	– Reflexions- und Präsentationsphase

Phase 2 des nach Nickerson (1999) adaptierten Prozesses fokussiert die Analyse von Schüler*innendokumenten. Orientiert an Phase 2 wurde die folgende Intervention B (siehe Tabelle 8.5) designt:

Die Intervention startet mit Prompt d zur Analyse des Kompetenzbegriffs und zur Analyse von Schüler*innendokumenten. Anschließend wird ein Schüler*innendokument zum offenen Lernangebot ‚Zielzahl' präsentiert. Im Sinne eines gemeinsamen Beginns (Rathgeb-Schnierer & Rechtsteiner, 2018) analysieren die Studierenden in einer kurzen (5 Minuten) individuellen Arbeitsphase das Dokument. Dabei wird an Prompt b erinnert. Die von den Studierenden gefundenen Analysepunkte werden anschließend in der Seminargruppe diskutiert. Dies soll sicherstellen, dass alle Studierenden den Analyseauftrag verstanden haben. Im Sinne der *Problem Orientation* sollen die Studierenden anschließend aus einer Vielzahl von Schüler*innendokumenten zum Lernangebot ‚Zielzahl' eines aussuchen und dieses in Einzelarbeit analysieren. Die individuellen Analysen sollen dann im Sinne einer Reflexionsphase (Chernikova et al., 2020) in einer Partner-/Tandemarbeit verglichen werden (Alfieri et al., 2013). Die Tandemarbeit soll dann im Sinne einer (weiteren) Reflexionsphase in einem Protokoll festgehalten werden. Um sowohl der Einzelarbeitsphase als auch der Tandem-/Partnerarbeitsphase ausreichend Raum zu geben, wird dafür eine Woche Zeit eingeräumt. Die Ergebnisse der Analysen werden dann in der zweiten

Seminarsitzung in einer Präsentations- und Reflexionsphase (Chernikova et al., 2020, Rathgeb-Schnierer & Rechtsteiner, 2018) zusammengetragen. Dazu werden die Studierenden zuerst in Kleingruppen eingeteilt, in denen sie ihre Ergebnisse sammeln. Die Kleingruppen werden so zusammengestellt, dass möglichst gemeinsame Dokumente existieren. Abschließend wird an einzelnen Dokumenten die Analyse der Schüler*innendokumente vorgestellt und im Plenum diskutiert.

Nach einer Erinnerung zu Prompt b ‚Analyse von Schülerinnen*dokumenten‘ wird dann im Sinne des *Providing Examples* ein Schüler*innendokument zum offenen Lernangebot ‚Reihenzahl‘ präsentiert. Der oben beschriebene Ablauf wiederholt sich nun. Anschließend wird erneut an Prompt b erinnert und ein Schüler*innendokument zum offenen Lernangebot ‚Abbauzahlen‘ präsentiert, wonach der beschriebene Zyklus erneut wiederholt wird.

Durch die Teilnahme an dieser Intervention nehmen die Studierenden im Sinne des *Assigning Roles* die Rolle der Lehrkraft ein.

Tab. 8.5 Ablauf Intervention B

Woche 1	– Prompt c gemeinsamer Beginn Analyse von Schüler*innendokumenten zum Lernangebot ‚Zielzahl‘
Woche 2	– Einzelarbeit Analyse eines spezifischen Schüler*innendokuments und Partnerarbeit Vergleich der Analysen
Woche 3	– Reflexions- und Präsentationsphase – Erinnerung Prompt und gemeinsamer Beginn Analyse von Schüler*innendokumenten zum Lernangebot ‚Reihenzahl‘
Woche 4	– Einzelarbeit Analyse eines spezifischen Schüler*innendokuments und Partnerarbeit Vergleich der Analysen
Woche 5	– Reflexions- und Präsentationsphase – Erinnerung Prompt und gemeinsamer Beginn Analyse von Schüler*innendokumenten zum Lernangebot ‚Abbauzahlen‘
Woche 6	– Einzelarbeit Analyse eines spezifischen Schüler*innendokuments und Partnerarbeit Vergleich der Analysen
Woche 7	– Reflexions- und Präsentationsphase

Der nach Nickerson (1999) adaptierte diagnostische Denkprozess fokussiert die Erkundung von offenen Lernangeboten und die Analyse von zugehörigen Schüler*innendokumenten. Orientiert am Gesamtprozess wurde die folgende Intervention AB (siehe Tabelle 8.6) designt:

Die Intervention startet mit Prompt a und der leicht verkürzten Version von Prompt c. Anschließend wird die Intervention analog zur Intervention zu

Phase 1 (Intervention A) durchgeführt. Das bedeutet, dass die Studierenden sich zu Beginn mit dem Lernangebot ‚Zielzahl' beschäftigen. Das Vorgehen wechselt nach der Reflexions- und Präsentationsphase dann in der zweiten Seminarsitzung (Woche 3) allerdings auf das der Intervention zu Phase 2 (Intervention B). Entsprechend wird dort gemeinsam mit der Analyse von Schüler*innendokumenten zum Lernangebot ‚Zielzahl' begonnen. In der dritten Seminarsitzung (Woche 5) wird nach der Reflexions- und Präsentationsphase gemeinsam sowohl mit dem offenen Lernangebot ‚Reihenzahlen' als auch mit der Analyse zugehöriger Schüler*innendokumente begonnen. Die Aufträge für die sich anschließende Einzel- und Partnerarbeit sind leicht verkürzt, damit der Arbeitsaufwand ungefähr vergleichbar mit den vorherigen Wochen ist. Auch diese Intervention schließt mit einer gemeinsamen Reflexions- und Präsentationsphase.

Tab. 8.6 Ablauf Intervention AB

Woche 1	– Prompt a und verkürzter Prompt c – Gemeinsamer Beginn Erkundung des Lernangebots ‚Zielzahl'
Woche 2	– Einzelarbeit Erkundung des Lernangebots und Partnerarbeit Vergleich der Erkundungen
Woche 3	– Reflexions- und Präsentationsphase – Erinnerung Prompt und gemeinsamer Beginn Analyse von Schüler*innendokumenten zum Lernangebot ‚Zielzahl'
Woche 4	– Einzelarbeit Analyse eines spezifischen Schüler*innendokuments und Partnerarbeit Vergleich der Analysen
Woche 5	– Reflexions- und Präsentationsphase – Erinnerung Prompt und gemeinsamer Beginn Erkundung des Lernangebots ‚Reihenzahlen' und Analyse von Schüler*innendokumenten zum Lernangebot ‚Reihenzahlen'
Woche 6	– Einzelarbeit Erkundung des Lernangebots ‚Reihenzahlen' – Analyse eines spezifischen Schüler*innendokuments und Partnerarbeit Vergleich der Analysen
Woche 7	– Reflexions- und Präsentationsphase

Durch die Teilnahme an dieser Intervention nehmen die Studierenden im Sinne des *Assigning Roles* sowohl die Rolle als Schüler*in als auch als Lehrer*in ein.

Für alle Interventionen gilt, dass die Interventionssitzungen von drei Dozierenden im Wechsel gehalten werden. Zwei Dozierende waren am Forschungsprojekt beteiligt, die dritte Person nicht. Eine vierte am Forschungsprojekt beteiligte Person war in jeder Interventionssitzung anwesend. Auf diese Weise sollten die

Interventionsbedingungen vergleichbar, aber unabhängig von einer spezifischen Lehrperson gestaltet werden.

8.2.4 Diagnostiktest

In dieser Studie wurde der Diagnostiktest zu Beginn des Semesters in der Mitte des Semesters und am Ende des Semesters eingesetzt. Dies ist durch das Design der Interventionen begründet, die ein halbes Semester umfassen.

Da das Austauschen aller Items der eingesetzten Diagnostiktests zwischen den unterschiedlichen Testzeitpunkten Ergebnisvergleiche zwischen den beiden Testzeitpunkten innerhalb der Gruppen in der ersten Studie erschwert hat, wurde der Test in seiner Struktur für die zweite Studie verändert. Die Diagnostiktests der zweiten Studie umfassten zwei Aufgaben mit zugehörigem Schüler*innendokument und der jeweiligen Aufgabenstellung für die Studierenden, diese zu analysieren. Weiterhin bot ein Schüler*innendokument reichhaltige Möglichkeiten der Analyse und ein Dokument war bewusst verkürzt. Eines der Items wurde zu den drei Testzeitpunkten jeweils ausgetauscht. Das andere Item blieb gleich und wurde nur leicht optisch verfremdet. Das bedeutet, dass die Farben etwas anders dargestellt wurden (siehe für ein Beispiel die untenstehende Tab. 8.7). Mit diesem Vorgehen war die Absicht verknüpft, Lerneffekte gering zu halten, aber den Vergleich innerhalb der Gruppen über die Bearbeitungszeitpunkte zu erleichtern.

Tab. 8.7 Optische Abwandlung der Items

Verkürztes Item Pretest	Verkürztes Item Posttest

Die Diagnostiktests wurden in der zweiten Studie für die Studierenden nicht mehr als PDF-Datei zur Verfügung gestellt, sondern im Onlinetool ‚UniPark'. Der Bearbeitungszeitraum umfasste wieder ca. zehn Tage und die Bearbeitungszeit der

Items war weiterhin offen. Vereinzelt wurde der Test außerhalb der angedachten zehn Tage erneut geöffnet, da Studierende sich zum Teil verspätet zu den Seminaren angemeldet haben oder aus anderen Gründen die Bearbeitung innerhalb der zehn Tage nicht möglich war. Diese Fälle wurden aus der Analyse der Daten exkludiert und gehören damit nicht zur oben angegebenen Stichprobe[2].

Die Auswertung der Diagnostiktests erfolgt wie bereits in der ersten Studie im Hinblick auf die Anzahl und die Breite der adaptierten epistemischen Aktivitäten (siehe Abschnitt 7.2.4).

8.2.5 Wissenstests

Wie in Abschnitt 4.2 dargestellt, hat Wissen als Teil der *Person Characteristics* einen Einfluss auf das *Diagnostic Thinking* und damit auch auf das *Diagnostic Behavior* (Loibl et al., 2020 und Abschnitt 4.3). Welches Wissen für den diagnostischen Prozess relevant ist, hängt von der diagnostischen Situation ab. Da sich die diagnostische Situation der vorliegenden Studie auf offene Lernangebote der Arithmetik bezieht, wurde bei der Planung der Studien entschieden, einen einfachen Test sowohl für das Fachwissen als auch das fachdidaktische Wissen bezüglich der Arithmetik einzusetzen[3]. Bei einer ausführlichen Recherche konnte kein zufriedenstellender Test identifiziert werden, der sich auf das Wissen von Lehrkräften der Primarstufe bezüglich der Arithmetik bezieht und, da die beiden Variablen als Kovariablen erhoben werden sollten, nur eine kurze Bearbeitungsdauer erfordert. Daher wurden bestehende Tests mit dem beschriebenen Ziel adaptiert.

Die Grundlage der Adaption des Tests zum Fachwissen bildete ein in Kolter et al. (2018) beschriebener Test. Dieser umfasst Items zu den Teilthemengebieten Primzahl, Teilbarkeit und Dezimalsystem für (angehende) Primarstufenlehrkräfte. Das Antwortformat der Items divergiert. Es existieren Items, die im Single-Choice-Format zu beantworten sind (siehe Beispiel-Item zu Primzahlen in Tab. 8.8), und Items, die eine Freitextbegründung oder einen Rechenweg erfordern (siehe Beispiel-Item zur Teilbarkeit in Tab. 8.8). Der Test nach Kolter et al. (2018) umfasst eine Vielzahl an Items, sodass als Adaption für die vorliegende Arbeit eine Reduktion der Items vorgenommen wurde.

---

[2] Die Diagnostiktests der zweiten Studie befinden sich in Anhang f im elektronischen Zusatzmaterial.

[3] Die vollständigen Tests samt Lösungen finden sich in Anhang g im elektronischen Zusatzmaterial.

Tab. 8.8 Beispiel-Items Fachwissenstest

Beispiel-Items Fachwissen

Thema: Primzahlen Antwortformat: Single-Choice	Entscheiden Sie jeweils, ob die gegebene Aussage in der Menge der natürlichen Zahlen „richtig" oder „falsch" ist. Kreuzen Sie jeweils „richtig" oder „falsch" an.

	richtig	falsch
a) 13 ist eine Primzahl, weil sie nur 1 und sich selbst als Teiler hat.	☐	☐
b) Die Menge der Primzahlen ist unendlich.	☐	☐
c) Die Zahl 77 ist eine Primzahl, weil sie durch 1 und 77 teilbar ist.	☐	☐
d) Eine Zahl ist genau dann eine Primzahl, wenn sie genau zwei echt verschiedene Teiler hat.	☐	☐

Thema: Teilbarkeit Antwortformat: offen	Geben Sie stichpunktartig an: Wie kann man – ohne die Division auszuführen – ganz rasch prüfen, ob eine Zahl „glatt" durch 8 teilbar ist? (Ein Beweis ist nicht gefordert!)

Der fachdidaktische Test ist eine primarstufenspezifische Adaption bzw. Neugenerierung auf der Grundlage des Tests von Baumert et al. (2009). Die Testversion von Baumert et al. (2009) hat als Zielgruppe Sekundarstufenlehrkräfte, sodass eine primarstufenspezifische Adaption der Inhalte nötig war. Für die Einteilung der Items zum fachdidaktischen Wissen verwenden Baumert et al. (2009) drei Kategorien: Items zum „Zugänglichmachen: Erklären und Repräsentieren", zur „Schülerkognition: Typische Fehler und Schwierigkeiten" und „Inhalte: Multiples Lösungspotential von Aufgaben". An diesen drei Kategorien orientiert sich auch die Adaption. Da jedoch keine Items für die Primarstufe existierten, mussten die Items neu entwickelt werden (siehe Tab. 8.9).

Tab. 8.9 Beispiel-Items fachdidaktischer Wissenstest

Beispiel-Items fachdidaktisches Wissen

Kategorie: Zugänglichmachen: Erklären und Repräsentieren	Sie sehen im Klassenzimmer eines Kollegen folgendes Tafelbild: 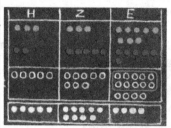 Was war vermutlich der Zweck dieses Tafelbilds?
Kategorie: Schülerkognition – Typische Fehler und Schwierigkeiten	Erläutern Sie anhand der Aufgabe 24 · 87 möglichst viele verschiedene Rechenstrategien.
Kategorie: Inhalte – Multiples Lösungspotential von Aufgaben	1) Ein Grundschüler rechnet: 542 676 - 252 - 835 310 241 Welches Ergebnis bekommt er vermutlich bei der folgenden Aufgabe heraus? 814 - 333 =

Ein Ziel der Adaption bzw. der Genese der Items war es, für beide Tests jeweils ein Raschmodell entwickeln zu können. Durch die Raschskalierung der Tests können die Antworten in Summenscores zusammengefasst und für weitere Analysen verwendet werden (Wu et al., 2016). Die Wissenstests wurden in der zweiten Studie mit dem Ziel eingesetzt, den Zusammenhang des Fachwissens bzw. des fachdidaktischen Wissens bezüglich der Arithmetik und der Entwicklung des diagnostischen Denkens zu untersuchen.

8.2.6 Auswertung der Wissenstests

In den beiden kurzen Wissenstests existieren sowohl Single-Choice als auch
Freitext-Items. Alle Items wurden dichotom codiert. Für die Freitext-Items wurde
dazu ein kurzes Codiermanual entwickelt.

Sie sehen im Klassenzimmer eines Kollegen folgendes Tafelbild:

Was war vermutlich der Zweck dieses Tafelbilds?

Abb. 8.1 Beispielitem fachdidaktisches Wissen

Beispielsweise wurden für das obenstehende Item (Abb. 8.1) fünf nennbare
Aspekte in einer Expert*innenrunde (Mathematikdidaktiker*innen) erarbeitet.
Diese wurden einzeln dichotom mit ‚genannt' und ‚nicht genannt' codiert. Die
Summe der daraus entstandenen fünf Items wurde in den Prozess der Fin-
dung des Raschmodells einbezogen[4]. Die Raschmodelle wurden mithilfe eines
explorativen Tools (Exhaustive Rasch-Package) geprüft. Das Tool berechnet
für eingegebene Items unter vorgegebenen Regeln alle möglichen Raschmodelle samt Gütekriterien und Person-Item-Map. Das Hauptkriterium sind dabei
die Mean-Square-Fits (MSQ-Fits), die zwischen 0,5 und 1,5 oder noch besser zwischen 0,7 und 1,3 liegen sollten (Linacre, 2002). Die Person-Item-Map
gibt dann deskriptiv Aufschluss über die Verteilung der Item-Schwierigkeiten in
Abhängigkeit von den erreichten persönlichen Skill-Scores. Wünschenswert ist
hierbei eine Normalverteilung der Person-Skill-Score, also eine Normalverteilung
der ‚Fähigkeit' der Teilnehmenden. Diese ist in den untenstehenden Beispielen jeweils in der oberen Leiste zu erkennen (siehe Tabelle 8.10 und 8.11).
Zusätzlich sollten die Aufgabenschwierigkeiten zwischen den Person-Skill-Scores

---

[4] Wenn eine solche Summe in das Raschmodell aufgenommen wurde, ist dies am ‚S' erkennbar. Beispielsweise wird in Tabelle 8.10 SFW2 > 3 angegeben. Das bedeutet, dass das Item
als gelöst angesehen wird, wenn die Summe der richtigen Angaben innerhalb dieses Items
größer als 3 ist.

differenzieren. Das bedeutet, dass zwischen jedem Skill-Score ein entsprechend schwieriges Item liegt. Dies lässt sich im unteren Bereich der Abbildung erkennen. Hier ist die Schwierigkeit der Aufgaben durch Punkte im Verhältnis zu den Person-Skill-Scores eingetragen.

Für das fachdidaktische Wissen hat sich das folgende Raschmodell als das bestmögliche Modell erwiesen.

Tab. 8.10 Raschstatistik des Tests zum fachdidaktischen Wissen

MSQ-Fits			Person-Item-Map
Item	Outfit	Infit	
FD1 > 1	1	1	
FD2a	0,76	0,08	
FD2b	0,97	1	
FD3 > 1	1,1	1,1	
FD4 > 1	0,78	0,90	
FD5b	0,88	0,95	
FD5c	0,97	0,94	

Es lässt sich leicht erkennen, dass alle MSQ-Fit-Werte innerhalb der besseren Grenzen zwischen 0,7 und 1,3 liegen. Die Person-Item-Map zeigt zum einen, dass die Person-Skill-Score annähernd normalverteilt sind. Das bedeutet, dass die meisten Studierenden der Gruppe mittelhohe Fähigkeiten in dem Test aufweisen. Zu den Rändern hin, also bei den sehr hohen oder sehr niedrigen Person-Skill-Scores, wird die Zahl der Studierenden, die diese Level erreichen, sukzessive kleiner. Weiter wird deutlich, dass zwischen jedem der Person-Skill-Scores mindestens ein Item liegt, das zwischen diesen beiden Items differenziert. So können Studierende im dritten Skill-Score von links die Aufgaben FD4, FD3 und FD5c lösen und werden die Items FD1 und FD2b eher nicht lösen. FD1 ist das oben

Tab. 8.11 Raschstatistik des Fachwissenstests

MSQ-Fits			Person-Item-Map
Item	Outfit	Infit	
SFW2 > 3	1,00	1,10	
FW3	0,71	0,85	
SFW5 > 2	0,89	0,84	
FW6a	0,93	0,95	
FW6b	0,80	0,92	

dargestellte Item (Abb. 8.1). Das Item wird im Beispiel als gelöst angesehen, wenn zwei oder mehr der fünf Merkmale genannt sind.

Für das Fachwissen hat sich das folgende Raschmodell als das bestmögliche Modell erwiesen.

Auch hier liegen die MSQ-Fit-Werte aller Items innerhalb der besseren Grenzen zwischen 0,7 und 1,3. Die Person-Item-Map zeigt, dass zwischen vier Skill-Scores der Studierenden differenziert wird. Die Verteilung der Skill-Scores deutet auf eine Normalverteilung hin. Die Schwierigkeiten der Items sind gut zwischen den jeweiligen Skill-Scores gestreut. Hier können beispielsweise Studierende mit den dritthöchsten Skill-Scores die Items FW2, FW5 und FW6a wahrscheinlich lösen, während sie die Items FW6 und FW3 eher nicht lösen können.

Es ist hier also gelungen, je einen kurzen raschskalierten Test zum Fachwissen bzw. fachdidaktischen Wissen zur Arithmetik zu generieren. Die Summen-Scores der im ausgewählten Raschmodell enthaltenen Items wurden auf Korrelation bzw. partielle Korrelationen (Döring & Bortz, 2016) mit den Ergebnissen der Diagnosetests hin untersucht.

8.3   Ergebnisse

Die zu vergleichenden Interventionen betonen unterschiedliche Aspekte des Prozesses des diagnostischen Denkens und werden folgend jeweils als ‚Bedingung' bezeichnet. Die erste Bedingung thematisiert die erste Phase des nach Nickerson (1999) adaptierten diagnostischen Denkprozesses und somit die eigenen Lösungsansätze der Studierenden, um ein Standardmodell einer schriftlichen Lösung zu erstellen (B_1, Aufgabe). Die zweite Bedingung thematisiert die zweite Phase des nach Nickerson (1999) adaptierten Prozesses des diagnostischen Denkens und somit die Analyse der Studierenden von Schüler*innendokumenten zu offenen Lernangeboten der Arithmetik (B_2, Schüler*in). Die dritte Bedingung thematisiert beide Phasen des nach Nickerson (1999) adaptierten diagnostischen Denkprozesses. Somit werden hier sowohl die Erstellung von Standardmodellen zu Lösungen als auch die Analyse von Schüler*innendokumenten einbezogen (B_3, Integriert). Die vierte Bedingung ist eine Kontrollbedingung ohne Bezug zum diagnostischen Denken (B_0, Kontrolle). Folgend wird die Entwicklung der vier Bedingungen zuerst bezüglich der Anzahl der adaptierten epistemischen Aktivitäten und dann hinsichtlich der Breite der adaptierten epistemischen Aktivitäten betrachtet. Dazu werden zwei Diagnostiktest-Items analysiert.

8.3.1   Teil A – Anzahl der adaptierten epistemischen Aktivitäten

Bezüglich der zwei Items des Diagnostiktests wird in der folgenden Tabelle die Anzahl der Studierenden für eine bestimmte Anzahl an adaptierten epistemischen Aktivitäten dargestellt. Dabei findet sich auf der linken Seite der Tabelle (8.12) jeweils die Verteilung im Pretest und auf der rechten Seite die Verteilung im Posttest. Die Bedingungen sind in den folgenden Farben dargestellt: Blau – B_1 (Aufgabe); Orange – B_2 (Schüler*in); Grau – B_3 (Integriert); Gelb – B_0 (Kontrolle). Auf der vertikalen Achse ist in jeder Grafik die Anzahl der Studierenden dargestellt und auf der horizontalen Achse die Anzahl der spezifischen adaptierten epistemischen Aktivitäten. Hier wurden zur besseren Übersicht verschiedene Einteilungen gewählt. Beispielsweise ist die Anzahl der manifesten Merkmale in Viererschritten angegeben, sodass Gruppe 2 auf der horizontalen Achse für die manifesten Merkmale bedeutet, dass die Studierenden in dieser Gruppe zwischen 5 und 8 manifesten Merkmalen identifizieren.

Hier zeigt sich für alle drei adaptierten epistemischen Aktivitäten, dass die Gruppen vor der Intervention auf einem ähnlichen Level waren. So identifizierten die meisten Studierenden unabhängig von ihrer Intervention im Pretest 5 bis 8 manifeste Merkmale. Weiter generierten die meisten Studierenden unabhängig von ihrer Intervention 1 bis 3 Hypothesen und keine gestützten Hypothesen.

Durch die Intervention änderte sich diese Einteilung im Posttest deutlich. Beispielsweise identifizierten die Studierenden der Gruppe B_1 (Aufgabe) weiterhin hauptsächlich zwischen 5 und 8 manifeste Merkmale, während die Studierenden der Gruppe B_2 (Schüler*in) und Gruppe B_3 (Integriert) zu großen Teilen zwischen 9 und 12 oder sogar 13 bis 16 manifeste Merkmale identifizierten. Dieser Eindruck bestätigt sich auch für das Generieren von Hypothesen. Die Struktur der Verteilung der Gruppe B_1 (Aufgabe) scheint sich nicht verändert zu haben, sodass weiterhin die meisten Studierenden dieser Gruppe 1 bis 3 Hypothesen generierten. Die höchste Anzahl an Studierenden in den Gruppen B_2 (Schüler*in) und B_3 (Integriert) generierte im Posttest allerdings 7 bis 9 Hypothesen und generell gab es in beiden Gruppen eine höhere Anzahl an Studierenden, die mehr Hypothesen im Posttest generierten. In den jeweiligen Grafiken stellt sich dies durch eine Verschiebung auf der horizontalen Achse dar.

Bei den gestützten Hypothesen ist besonders auffällig, dass im Pretest kaum Studierende in die Gruppen 2 bis 6 kamen, also mehr als 2 gestützte Hypothesen generierten. Im Posttest hingegen gab es einige Studierende aus Gruppe B_1 (Aufgabe) und B_0 (Kontrolle), die 3 bis 4 gestützte Hypothesen aufstellten.

Tab. 8.12 Verteilung der adaptierten epistemischen Aktivitäten in Pre- und Posttest

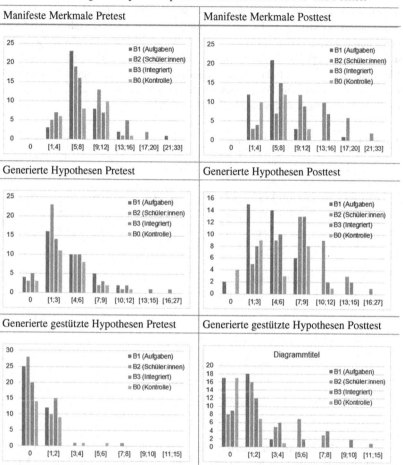

In den Gruppen B₂ (Schüler*in) und B₃ (Integriert) waren allerdings Studierende zu finden, die bis zu 10 bzw. mehr als 10 gestützte Hypothesen im Posttest aufstellten.

Insgesamt entsteht also der Eindruck, dass sich die Gruppen durch die Intervention im Posttest stark unterschieden, obwohl sie unabhängig von ihrer Interventionsbedingung im Pretest sehr ähnlich waren. Dieser Eindruck wird folgend mithilfe von Varianzanalysen weiter untersucht. Dazu werden für jede der untersuchten adaptierten epistemischen Aktivitäten die Teststatistiken summiert für beide Testitems (Mittelwerte und Standardabweichungen) und eine Entwicklung der Mittelwerte in Form einer Grafik in jeweils einer Tabelle angegeben (siehe z. B. für die manifesten Merkmale Tab. 8.13).

Tab. 8.13 Anzahl manifester Merkmale

Pre	Grp.	M	SD	N	Post	Grp.	M	SD	N
B_1	8,32	4,99	37		B_1	6,00	3,10	37
B_2	8,20	3,88	40		B_2	12,03	4,98	40
B_3	7,71	3,58	35		B_3	8,77	3,77	35
B_0	7,32	3,28	25		B_0	5,64	2,52	25

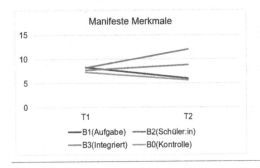

Für das Identifizieren manifester Merkmale zeigt eine mixed ANOVA einen signifikanten Interaktionseffekt zwischen Zeit und Gruppe (F(3,133) = 13,145; p < 0,01; η2 = 0,229) mit einer großen Effektstärke. Hierbei ergeben sich im Pretest keine signifikanten Unterschiede zwischen den Gruppen (p = 1 nach Bonferroni-Korrektur)[5]. Das bedeutet, dass die Gruppen auf einem ähnlichen Level beginnen. Im Posttest sind allerdings deutliche und zum Teil signifikante Unterschiede zwischen den Gruppen zu erkennen (siehe Tab. 8.21). Insbesondere ist der Unterschied zwischen B_2 (Schüler*in) und allen anderen Bedingungen

---

[5] Für die gesammelten paarweisen t-Tests zum Pretest siehe Anhang i im elektronischen Zusatzmaterial.

signifikant (nach Bonferroni-Korrektur) mit großen Effekten. Darüber hinaus unterscheidet sich B_3 (Integriert) gegenüber den Gruppen B_1 (Aufgabe) und B_0 (Kontrolle) signifikant mit großen Effekten, während die Gruppen B_1 (Aufgabe) und B_0 (Kontrolle) sich nicht signifikant unterscheiden ($p = 1$ nach Bonferroni-Korrektur).

Außerdem zeigt sich, dass die Gruppe der Studierenden in B_2 (Schüler*in) die stärkste Entwicklung von Pre- zu Posttest durchlaufen haben. Die Studierenden dieser Gruppe identifizierten im Pretest im Mittel 8,20 manifeste Merkmale. Im Posttest identifizierten sie 12,03 manifeste Merkmale im Mittel. Ein t-Test zwischen Pre- und Post zeigt für die Gruppe B_2 (Schüler*in) einen signifikanten Unterschied ($t(73,6) = 3,83$; $p < 0,01$ nach Bonferroni-Korrektur) mit einem großen Effekt (Cohens $|d| = 0,86$). Die Studierenden in Gruppe B_3 (Integriert), die den Fokus auf das Erkunden von Lernangeboten, aber auch auf das Analysieren von Schüler*innendokumenten legt, stiegen zwar etwas, jedoch nicht signifikant an. Die Studierenden in Gruppe B_1 (Aufgabe) identifizierten im Posttest signifikant (mit einem mittleren Effekt) weniger manifeste Merkmale als im Pretest ($t(60,2) = 2,41$; $p < 0,05$ nach Bonferroni-Korrektur, Cohens $|d| = 0,56$). Da die Studierenden in der Kontrollgruppe (B_0 (Kontrolle)) ebenfalls geringere Werte im Post- als im Pretest erzielten ($t(45,0) = 2,03$; $p < 0,05$ nach Bonferroni Korrektur, Cohens $|d| = 0,58$) kann davon ausgegangen werden, dass der Posttest in gewisser Weise schwieriger war als der Pretest. Dieses Gefälle in der Schwierigkeit ist insbesondere möglich, weil ein Item vom Pre- zum Posttest ausgetauscht wurde. So könnte das Posttest-Item schwieriger bezüglich des Identifizierens manifester Merkmale sein als das Pretest-Item.

Tab. 8.14 Anzahl Hypothesen

Pre	Grp.	M	SD	N	Post	Grp.	M	SD	N
	B_1	3,86	3,06	37		B_1	3,97	2,41	37
	B_2	3,58	4,40	40		B_2	7,95	3,93	40
	B_3	3,91	3,42	35		B_3	6,40	3,42	35
	B_0	3,32	2,95	25		B_0	3,96	3,23	25

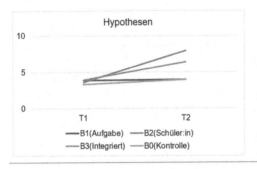

In Tabelle 8.14 ist die Entwicklung bezüglich des Generierens von Hypothesen dargestellt. Eine mixed ANOVA zeigt einen signifikanten Interaktionseffekt zwischen Gruppe und Zeit ($F(3,133) = 9,46$; $p < 0,001$) mit einer großen Effektstärke ($\eta^2 = 0,176$). Wie schon für die identifizierten manifesten Merkmale ist auch für die generierten Hypothesen kein Unterschied zwischen den Bedingungen im Pretest zu erkennen. Entsprechend kann davon ausgegangen werden, dass die beiden Gruppen auf einem ähnlichen Level begonnen haben. Im Posttest wiederum waren die Studierenden in den Gruppen B_1 (Aufgabe) und B_0 (Kontrolle) und die Studierenden in den Gruppen B_2 (Schüler*in) und B_3 (Integriert) jeweils nicht signifikant unterschiedlich bezüglich des Generierens von Hypothesen. Allerdings generierten die Studierenden in den Gruppen B_2 (Schüler*in) und B_3 (Integriert) signifikant mehr Hypothesen im Posttest als die Studierenden in den Gruppen B_1 (Aufgabe) und B_0 (Kontrolle).

Ebenfalls analog zum Identifizieren von manifesten Merkmalen zeigte die Gruppe der Studierenden in B_2 (Schüler*in) die stärkste Entwicklung. Während die Studierenden in dieser Gruppe im Durchschnitt im Pretest 3,6 Hypothesen generierten, waren es im Posttest im Durchschnitt 7,9 Hypothesen. Damit ergibt sich ein signifikanter Unterschied ($t(77,0) = 4,69$; $p < 0,01$ nach Bonferroni-Korrektur) mit einem großen Effekt (Cohens $|d| = 1,05$). Auch die Studierenden in Gruppe B_3 (Integriert) zeigten eine positive Entwicklung. Während im Pretest im Durchschnitt 3,91 Hypothesen generiert wurden, waren es im Posttest 6,40. Auch dieser Unterschied ist signifikant ($t(37,7) = 4,41$; $p < 0,01$ nach Bonferroni-Korrektur) mit einem moderaten Effekt (Cohens $|d| = 0,73$). Die Entwicklungen der Studierenden in Gruppe B_1 (Aufgabe) und B_0 (Kontrolle) waren nicht signifikant unterschiedlich zwischen Pre- und Posttest.

Tab. 8.15 Anzahl gest. Hypothesen

Pre	Grp.	M	SD	N	Post	Grp.	M	SD	N
	B_1	0,46	0,73	37		B_1	0,76	0,83	37
	B_2	0,60	1,34	40		B_2	2,98	3,08	40
	B_3	0,51	0,66	35		B_3	2,69	2,84	35
	B_0	0,76	1,20	25		B_0	0,56	0,92	25

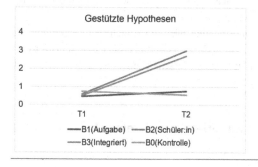

Für die Anzahl der gestützten Hypothesen ergibt sich ein ähnliches Bild wie bei den generierten Hypothesen (siehe Tabelle 8.15). Eine mixed ANOVA zeigt erneut einen signifikanten Interaktionseffekt zwischen Zeit und Gruppe ($F(3,133) = 13,4$; $p < 0,001$) mit einer großen Effektstärke ($\eta^2 = 0,232$). Erneut unterscheiden sich die vier Bedingungen zum Pretest nicht signifikant voneinander. Im Posttest unterscheiden sich sowohl die Gruppen B_2 (Schüler*in) und B_3 (Integriert) als auch die Gruppen B_1 (Aufgabe) und B_0 (Kontrolle) nicht. Allerdings sind die Gruppen B_2 (Schüler*in) und B_3 (Integriert) signifikant unterschiedlich von den Gruppen B_1 (Aufgabe) und B_0 (Kontrolle). Wird beispielsweise der Unterschied zwischen B_1 (Aufgabe) und B_3 (Integriert) betrachtet, zeigt ein t-Test einen signifikanten Unterschied ($t(63,6) = 3,86$; $p < 0,01$ nach Bonferroni-Korrektur) mit einem großen Effekt (Cohens $|d| = 0,82$).

Ein Blick auf die Entwicklung der einzelnen Gruppen verdeutlicht, dass Studie-rende in den Gruppen B_1 (Aufgabe) und B_0 (Kontrolle) sich nicht signifikant verändert haben. Demgegenüber stehen die Studierenden in den Gruppen B_2 (Schüler*in) und B_3 (Integriert). Diese verbesserten sich signifikant mit großen Effekten (B_3 (Integriert): $t(37,7) = 4,41$; $p < 0,01$ nach Bonferroni-Korrektur; Cohens $|d| = 1,05$).

Insgesamt zeigt sich über alle drei gemessenen Variablen (Identifikation von manifesten Merkmalen, Generierung von Hypothesen, Generierung von gestütz-ten Hypothesen), dass das Analysieren von Schüler*innendokumenten (B_2) auch in Kombination mit dem Lösen offener Lernangebote (B_3) zu Verbesserungen geführt hat. Keine Verbesserungen konnten durch das Lösen offener Lernange-bote (B_1) erzielt werden. Die in Abschnitt 8.1 aufgestellte Hypothese, dass die integrierte Intervention stärker wirkt als die Intervention mit Fokus auf Schü-ler*innen und beide besser wirken als die Intervention mit Fokus auf Aufgaben, kann damit nur zum Teil bestätigt werden. Um einen tieferen Einblick in die Entwicklung des diagnostischen Denkens zu erlangen, wird folgend zuerst die Entwicklung der Verteilung der adaptierten epistemischen Aktivitäten auf die Kompetenzbereiche betrachtet. Anschließend wird die Anzahl der verschiedenen Kompetenzfacetten, die in den Analysen der Studierenden angesprochen werden, bezogen auf die identifizierten manifesten Merkmale und die generierten (und gestützten) Hypothesen analysiert.

8.3.2   Teil A – Breite der adaptierten epistemischen Aktivitäten

Auch in der zweiten Studie wurde die Breite der adaptierten epistemischen Aktivitäten als weiteres Qualitätsmerkmal des diagnostischen Denkprozesses untersucht. In den folgenden Tabellen (8.16 und 8.17) wird mit Orange die ‚ma-thematische Handlungskompetenz' (MHK), mit Blau das ‚fachliche Grundwissen' (FG) und mit Grau die ‚kommunikative Kompetenz' (KomK) dargestellt.

Tab. 8.16 Verteilung der manifesten Merkmale in die Kompetenzbereiche

Pretest: Verteilung der manifesten Merkmale in die Kompetenzbereiche

B₁ (Aufgabe)			B₂ (Schüler*in)			B₃ (Integriert)			B₀ (Kontrolle)		
Ber.	%	M	Ber.	%	M	Ber.	%	M	Ber.	%	M
FG	29	2,38	FG	26	2,1	FG	22	1,69	FG	39	2,84
MHK	67	5,57	MHK	68	5,6	MHK	75	5,77	MHK	57	4,2
KomK	8	0,38	KomK	6	0,5	KomK	3	0,26	KomK	4	0,28

Posttest: Verteilung der manifesten Merkmale in die Kompetenzbereiche

B₁ (Aufgabe)			B₂ (Schüler*in)			B₃ (Integriert)			B₀ (Kontrolle)		
Ber.	%	M	Ber.	%	M	Ber.	%	M	Ber.	%	M
FG	20	1,22	FG	26	3,1	FG	23	2,06	FG	27	1,52
MHK	60	3,59	MHK	38	4,58	MHK	39	3,43	MHK	56	3,16
KomK	20	1,19	KomK	36	4,35	KomK	37	3,29	KomK	17	0,96

Die Betrachtung der Verteilung über die drei Kompetenzbereiche zeigt, dass im Pretest bei den identifizierten manifesten Merkmalen bei allen Gruppen B_1 (Aufgabe) bis B_0 (Kontrolle) ein starker Fokus auf den ‚mathematischen Handlungskompetenzen‘ lag. Während sich die Gewichtung von manifesten Merkmalen, die sich auf die ‚mathematische Handlungskompetenz‘ beziehen, und von manifesten Merkmalen, die sich auf das ‚fachliche Grundwissen‘ beziehen, von Gruppe zu Gruppe etwas unterschied, blieb in allen vier Gruppen die ‚kommunikative Kompetenz‘ kaum beachtet. Im Posttest zeigte sich die bereits entdeckte Entwicklung der Gruppen B_2 (Schüler*in) und B_3 (Integriert). Der Anteil der identifizierten manifesten Merkmale, die sich auf die ‚mathematische Handlungskompetenz‘ beziehen, nahm ab, während der Anteil der identifizierten manifesten Merkmale, die sich auf die ‚kommunikativen Kompetenzen‘ beziehen, wuchs. Dabei nahm in diesen beiden Gruppen die Anzahl der identifizierten Merkmale vom Pre- zum Posttest insgesamt zu und verteilten sich gleichmäßiger auf die drei Kompetenzbereiche. Für die Gruppen B_1 (Aufgabe) und B_0 (Kontrolle) erhöhte sich zwar der Anteil der manifesten Merkmale, die sich auf die ‚kommunikativen Kompetenzen‘ beziehen. Allerdings bezogen sich in beiden Gruppen weiterhin über 55 % der identifizierten manifesten Merkmale auf die ‚mathematische Handlungskompetenz‘.

Die Verteilung der generierten Hypothesen auf die Kompetenzbereiche zeigt, dass die Studierenden in allen vier Gruppen die wenigsten Hypothesen auf die ‚kommunikativen Kompetenzen‘ bezogen (13 bis 18 %). Bezüglich der Verteilung der generierten Hypothesen hinsichtlich des ‚fachlichen Grundwissens‘ und der ‚mathematischen Handlungskompetenz‘ ist das Ergebnis weniger einheitlich. In den Gruppen B_2 (Schüler*in) und B (Kontrolle) überwogen jeweils die Hypothesen bezogen auf das ‚fachliche Grundwissen‘ (B_2 (Schüler*in): 46 %; B_0 (Kontrolle): 46 %) gegenüber den Hypothesen bezogen auf die ‚mathematische Handlungskompetenz‘ (B_2 (Schüler*in): 39 %; B_0 (Kontrolle): 36 %). In den Gruppen B_1 (Aufgabe) und B_3 (Integriert) bezogen sich die Hypothesen eher auf die ‚mathematische Handlungskompetenz‘ (B_1 (Aufgabe): 55 %; B_3 (Integriert): 55 %) als auf das ‚fachliche Grundwissen‘ (B_1 (Aufgabe): 33 %; B_3 (Integriert): 32 %). Im Posttest waren die Verteilungen der Gruppen B_1 (Aufgabe) und B_0 (Kontrolle) stark bezogen auf Hypothesen zur ‚mathematischen Handlungskompetenz‘, während Hypothesen, die sich auf das ‚fachliche Grundwissen‘ und auf die ‚kommunikativen Kompetenzen‘ beziehen, fast gleich stark gewichtet waren (B_1 (Aufgabe): FG: 21 % und KomK: 16 %; B_0 (Kontrolle): FG: 22 % und KomK: 17 %). In den Gruppen, die sich ganz oder teilweise auf Schüler*innendokumente konzentrierten (B_2 (Schüler*in) und B_3 (Integriert)),

Tab. 8.17 Verteilung der Hypothesen in die Kompetenzbereiche

Pretest: Verteilung der Hypothesen in die Kompetenzbereiche

B1 (Aufgabe)			B2 (Schüler*in)			B3 (Integriert)			B0 (Kontrolle)		
Ber.	%	M	Ber.	%	M	Ber.	%	M	Ber.	%	M
FG	33	1,27	FG	46	1,65	FG	32	1,26	FG	46	1,52
MHK	55	2,11	MHK	39	1,4	MHK	55	2,14	MHK	36	1,2
KomK	13	0,49	KomK	15	0,53	KomK	13	0,51	KomK	18	0,6

Posttest: Verteilung der Hypothesen in die Kompetenzbereiche

B1 (Aufgabe)			B2 (Schüler*in)			B3 (Integriert)			B0 (Kontrolle)		
Ber.	%	M	Ber.	%	M	Ber.	%	M	Ber.	%	M
FG	21	0,84	FG	34	2,68	FG	36	2,29	FG	22	0,88
MHK	63	2,51	MHK	41	3,28	MHK	38	2,43	MHK	61	2,4
KomK	16	0,62	KomK	25	2	KomK	26	1,69	KomK	17	0,68

bezogen sich die Hypothesen jeweils deutlich gleichmäßiger auf die drei Kompetenzbereiche (B_1 (Aufgabe): FG: 34 %, MHK: 41 %, KomK: 25 %; B_3 (Integriert): FG: 36 %, MHK: 38 %, KomK: 26 %) und es wurden insgesamt mehr Hypothesen generiert.

Entsprechend deutet die Betrachtung der Verteilungen an, dass die Interventionen, die sich ganz oder zum Teil auf Schüler*innendokumente beziehen, zu einer gleichmäßigeren Verteilung der adaptierten epistemischen Aktivitäten über die Kompetenzbereiche führen. Die Kompetenzbereiche werden nochmals in Kompetenzfacetten unterteilt. Auf die Summe der unterschiedlichen angesprochenen Kompetenzfacetten beziehen sich die folgenden Ergebnisse.

Tab. 8.18 Breite der manifesten Merkmale

Pre	Grp.	M	SD	N	Post	Grp.	M	SD	N
	B_1	4,32	1,33	37		B_1	3,95	1,79	37
	B_2	4,28	1,60	40		B_2	6,98	2,49	40
	B_3	3,74	1,65	35		B_3	5,60	1,94	35
	B_0	4,28	1,82	25		B_0	3,72	1,77	25

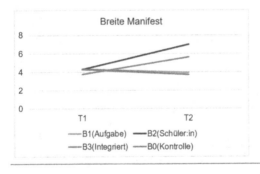

In Tabelle 8.18 ist die Entwicklung der vier Bedingungen bezogen auf die Breite der identifizierten manifesten Merkmale dargestellt. Eine mixed ANOVA zeigt einen signifikanten Interaktionseffekt zwischen Zeit und Gruppe mit einer großen Effektstärke ($F(3,133) = 18,85$; $p < 0,001$; $\eta2 = 0,298$). Paarweise gerechnete t-Tests ergeben, dass im Pretest kein signifikanter Unterschied zwischen den Gruppen besteht. Im Posttest zeigt sich, dass sich die Gruppen B_2 (Schüler*in) und B_3 (Integriert) genau wie die Gruppen B_1 (Aufgabe) und B_0

(Kontrolle) (jeweils p = 1 nach Bonferroni-Korrektur) nicht signifikant unterscheiden. Allerdings sind die Gruppen B_2 (Schüler*in) und B_3 (Integriert) signifikant unterschiedlich von den Gruppen B_1 (Aufgabe) und B_0 (Kontrolle). Der geringste Unterschied besteht hier zwischen B_3 (Integriert) und B_1 (Aufgabe), dieser ist signifikant (t(68,6) = 3,75; p < 0,01) mit einer großen Effektstärke (Cohens |d| = 0,88) (siehe Tab. 8.21 für die restlichen Teststatistiken zu den paarweisen t-Tests).

Wird die Entwicklung der Gruppen betrachtet, so zeigt sich, dass die Gruppen B_2 (Schüler*in) und B_3 (Integriert) sich signifikant mit großen Effektstärken steigern (B_2 (Schüler*in): t(66,6) = 5,78; p < 0,01 nach Bonferroni-Korrektur; Cohens |d| = 1,29; B_3 (Integriert): t(66,3) = 4,31; p < 0,01 nach Bonferroni-Korrektur; Cohens |d| = 1,03). Die Gruppen B_1 (Aufgabe) und B_0 (Kontrolle) verändern sich nicht signifikant (p = 1 nach Bonferroni-Korrektur).

Tab. 8.19 Breite der generierten Hypothesen

Pre	Grp.	M	SD	N	Post	Grp.	M	SD	N
	B_1	2,46	1,69	37		B_1	3,05	1,87	37
	B_2	2,38	1,90	40		B_2	6,15	2,48	40
	B_3	2,31	1,68	35		B_3	5,03	2,27	35
	B_0	2,64	2,04	25		B_0	3,08	2,41	25

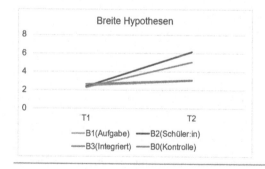

Das bereits bekannte Bild wiederholt sich für die Breite der generierten Hypothesen erneut (siehe Tabelle 8.19). Eine mixed ANOVA zeigt einen signifikanten Interaktionseffekt zwischen Zeit und Gruppe mit einer großen Effektstärke (F(3,133) = 17,11; p < 0,001; $\eta 2$ = 0,279). Wieder unterscheiden sich die

Gruppen nicht im Pretest (p = 1 nach Bonferroni-Korrektur für alle Gruppen-vergleiche durch paarweise t-Tests). Im Posttest unterscheiden sich die Gruppen erneut, abgesehen von den Gruppen B_2 (Schüler*in) und B_3 (Integriert) sowie B_1 (Aufgabe) und B_0 (Kontrolle) (siehe Tab. 8.21 für die Gruppenvergleiche mittels paarweiser t-Tests).

Bezogen auf die Entwicklung vom Pre- zum Posttest zeigt Gruppe B_2 (Schü-ler*in) eine signifikante Steigerung (t(73,2) = −7,64; p < 0,01) mit einer großen Effektstärke (Cohens |d| = 1,71). Auch Gruppe B_3 (Integriert) zeigt eine signifi-kante Steigerung (t(62,6) = −5,69; p < 0,01) mit einem großen Effekt (Cohens |d| = 1,06). Hingegen ist der Unterschied zwischen Pre- und Posttest für die Gruppen B_1 (Aufgabe) und B_0 (Kontrolle) nicht signifikant.

Tab. 8.20 Breite der gestützten Hypothesen

Pre	Grp.	M	SD	N	Post	Grp.	M	SD	N
Pre	B_1	0,46	0,73	37	Post	B_1	0,78	0,86	37
	B_2	0,53	1,01	40		B_2	2,55	2,50	40
	B_3	0,46	0,56	35		B_3	2,43	2,42	35
	B_0	0,68	0,95	25		B_0	0,68	0,95	25

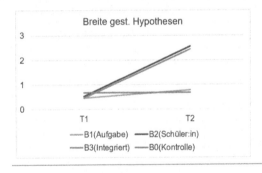

Abschließend ergibt sich für die Breite der generierten gestützten Hypothesen nochmals ein analoges Bild (siehe Tabelle 8.20). Eine mixed ANOVA zeigt einen signifikanten Interaktionseffekt zwischen Zeit und Gruppe (F(3,133) = 12,87; p < 0,001) mit einer großen Effektstärke (η^2 = 0,225). Die Gruppen unterschei-den sich im Pretest nicht. Im Posttest zeigt sich nochmals das bereits bekannte Bild. Die Gruppen B_2 (Schüler*in) und B_3 (Integriert) sind signifikanter besser als die Gruppen B_1 (Aufgabe) und B_0 (Kontrolle), während sich die beiden Paare untereinander kaum unterscheiden (für die Teststatistiken siehe Tab. 8.21).

Auch die bereits verdeutlichte Entwicklung bestätigt sich bezogen auf die Breite der generierten gestützten Hypothesen. Die Gruppen B_2 (Schüler*in) ($t(51,4) = 4,75$; $p < 0,01$; Cohens $|d| = 1,06$) und B_3 (Integriert) ($t(37,6) = 4,70$; $p < 0,01$; Cohens $|d| = 1,12$) steigen signifikant mit großen Effektstärken. Die Gruppen B_1 (Aufgabe) und B_0 (Kontrolle) unterscheiden sich nicht signifikant.

Tab. 8.21 Paarweise t-Tests zwischen den Gruppen im Posttest

Identifizierte manifeste Merkmale

	df	T	p	|d|		df	t	p	|d|
B_2–B_0	60,9	6,83	<0,01	1,62	B_3–B_0	57,8	3,60	<0,05	1,00
B_2–B_1	66,0	−6,42	<0,01	1,45	B_3–B_1	65,9	3,39	<0,05	0,81
B_2–B_3	71,6	3,21	<0,01	0,74	B_1–B_0	–	–	1	–

Generierte Hypothesen

	df	T	p	|d|		df	t	p	|d|
B_2–B_0	58,2	4,45	<0,01	1,11	B_3–B_0	53,6	2,81	<0,05	0,73
B_2–B_1	65,4	5,40	<0,01	1,22	B_3–B_1	60,7	3,46	<0,01	0,82
B_2–B_3	–	–	0,43	–	B_1–B_0	–	–	1	–

Generierte gestützte Hypothesen

	df	T	p	|d|		df	t	p	|d|
B_2–B_0	49,3	4,65	<0,01	1,06	B_3–B_0	43,4	4,14	<0,01	1,01
B_2–B_1	45,6	4,38	<0,01	0,98	B_3–B_1	0	3,86	<0,01	0,92
B_2–B_3	–	–	1	–	B_1–B_0	–	–	1	–

Breite der identifizierten manifesten Merkmale

	df	T	p	|d|		df	t	p	|d|
B_2–B_0	61,8	6,16	<0,01	1,51	B_3–B_0	54,6	3,90	<0,01	1,01
B_2–B_1	70,9	6,16	<0,01	1,40	B_3–B_1	68,7	3,75	<0,01	0,88
B_2–B_3	2,68	2,68	0,054	0,62	B_1–B_0	–	–	1	–

Breite der generierten Hypothesen

	df	T	p	|d|		df	t	p	|d|
B_2–B_0	52,1	4,94	<0,01	1,26	B_3–B_0	49,8	3,16	<0,01	0,83
B_2–B_1	72,2	6,22	<0,01	1,41	B_3–B_1	66,0	4,02	<0,01	0,95
B_2–B_3	–	–	1	–	B_1–B_0	–	–	1	–

Die Analyse der Breite der adaptierten epistemischen Aktivitäten konnte das Bild bestätigen, das für die reine Anzahl der Aktivitäten bereits dargestellt wurde. Die Reihenfolge bezogen auf die Effektivität der Bedingungen verdeutlicht, dass B_3 (Integriert) keine stärkere Verbesserung als B_2 (Schüler*in) zeigt. Darüber hinaus gibt es keinen Unterschied zwischen B_1 (Aufgabe) und B_0 (Kontrolle).

Allerdings ergibt die Analyse der Zusammenhänge zwischen Anzahl und Breite der jeweiligen adaptierten epistemischen Aktivität signifikante Korrelationen sowohl im Pretest als auch im Posttest. Die folgende Tabelle stellt diese Korrelationen dar.

Tab. 8.22 Korrelationen zwischen Anzahl und Breite der adaptierten epistemischen Aktivitäten

Pretest	Breite gest. Hypothesen	Breite Hypothesen	Breite Manifest	Gest. Hypothesen	Hypothesen
Manifest	0,30**	0,32**	**0,63***	0,34***	0,41***
Hypothesen	0,57***	**0,86***	0,32**	**0,67***	
Gest. Hypothesen	**0,96***	0,61***	0,28**		
Breite Manifest	0,26**	0,30**			
Breite Hypothesen	0,56***				

Posttest	Breite gest. Hypothesen	Breite Hypothesen	Breite Manifest	Gest. Hypothesen	Hypothesen
Manifest	0,57***	0,68***	**0,90***	0,58***	0,66***
Hypothesen	0,70***	**0,93***	0,64***	0,69	
Gest. Hypothesen	**0,99***	0,66***	0,57***		
Breite Manifest	0,57***	0,67***			
Breite Hypothesen	0,68***				

* = p < 0,05; ** = p < 0,01; *** = p < 0,001 jeweils nach Bonferroni Korrektur

Sowohl im Pretest als auch im Posttest zeigen sich die stärksten Korrelationen jeweils zwischen der Anzahl und der Breite einer adaptierten epistemischen Aktivität (siehe Tabelle 8.22). Beispielsweise liegt die Korrelation zwischen der Anzahl der identifizierten manifesten Merkmale und der Breite der identifizierten manifesten Merkmale bei r = 0,67. Im Posttest beträgt die Korrelation r = 0,90. Noch höhere Korrelation zeigen sich zwischen der Anzahl der generierten Hypothesen und der Breite der generierten Hypothesen (r = 0,86 im Pretest und r = 0,93 im Posttest) sowie zwischen der Anzahl der generierten gestützten Hypothesen und der Breite der generierten gestützten Hypothesen (r = 0,96 im Pretest und r = 0,99 im Posttest). Die geringsten, aber trotzdem hochsignifikanten Korrelationen zeigen sich jeweils zwischen den adaptierten epistemischen Aktivitäten, die dem Wahrnehmen zuzuordnen sind (Anzahl und Breite der manifesten Merkmale), und denen, die dem Interpretieren zuzuordnen sind (Anzahl und Breite der Hypothesen und der gestützten Hypothesen). Beispielsweise korreliert im Pretest die Anzahl der manifesten Merkmale mit der Anzahl der Hypothesen mit r = 0,41, mit der Anzahl der gestützten Hypothesen mit r = 0,34 und mit der Breite der gestützten Hypothesen mit r = 0,30. Im Posttest sind die Korrelationen zwar insgesamt höher, jedoch sind die geringsten Korrelationen zwischen den gleichen adaptierten epistemischen Aktivitäten wie im Posttest zu finden. Beispielsweise korreliert im Pretest die Anzahl der manifesten Merkmale mit der Anzahl der Hypothesen mit r = 0,66, mit der Anzahl der gestützten Hypothesen mit r = 0,58 und mit der Breite der gestützten Hypothesen mit r = 0,57.

8.3.3 Teil B

In der empirischen Bildungsforschung existieren Forschungsergebnisse, die implizieren, dass die spezifische Reihenfolge von Bedingungen in Interventionen einen Einfluss auf die Wirkung der Intervention hat (Dunlosky et al., 2013; Harr et al., 2015). Aus diesem Grund wurde in der zweiten Studie ein weiteres experimentelles Pre-Post-Design gewählt, um zu untersuchen, ob eine spezifische Reihenfolge der Bedingungen, die auf den zwei oben diskutierten Phasen des nach Nickerson (1999) adaptierten diagnostischen Denkprozesses beruhen, eine Auswirkung auf die Entwicklung des diagnostischen Denkens hat. Dazu wird die folgende Forschungsfrage beantwortet:

„Ist eine spezifische Reihenfolge, die die Phasen des diagnostischen Denkens in einer Intervention anspricht, effektiver, um das diagnostische Denken, operationalisiert durch die adaptierten epistemischen Aktivitäten, von angehenden Lehrer*innen zu verbessern, als andere Reihenfolgen?"

Explizit wird untersucht, ob eine der Reihenfolgen Schüler*innen – Aufgaben, Aufgaben – Schüler*innen und Integriert – Integriert effektiver ist als die anderen. Entsprechend handelt es sich um 14 Wochen Intervention mit Pre- und Posttest. Im Folgenden ist B_{12} (Aufgabe –> Schüler*in) die Gruppe, die damit beginnt, offene Lernangebote der Arithmetik zu erkunden, und die damit aufhört, Schüler*innendokumente zu den offenen Lernangeboten zu analysieren. B_{21} (Schüler*in –> Aufgabe) ist die Gruppe, die die Interventionen genau umgekehrt durchläuft. Das bedeutet also, dass die Studierenden in der Gruppe B_{21} (Schüler*in –> Aufgabe) mit dem Analysieren von Schüler*innendokumenten zu offenen Lernangeboten beginnen und mit dem Erkunden der offenen Lernangebote schließen. In Gruppe B_{33} (Integriert –> Integriert) werden beide Aspekte vermischt und im Wechsel durchgeführt. Gemessen wird die diagnostische Kompetenz auf die bereits bekannte Art über die adaptierten epistemischen Aktivitäten. Dabei wird in den folgenden Analysen der Pretest und der Posttest nach 14 Wochen bezogen auf zwei Testitems analysiert. Der Test nach sieben Wochen wird nicht in die Analyse aufgenommen, weil das ausgetauschte Item von Test zu Test zu sehr heterogenen Ergebnissen geführt hat. Die Analyse über alle drei Testzeitpunkte findet in den beiden folgenden Abschnitt 8.3.4 und 8.3.5 jeweils bezogen auf ein gleichbleibendes Item statt.

Weder für das Identifizieren von manifesten Merkmalen noch für das Generieren von Hypothesen bzw. gestützten Hypothesen ergeben die durchgeführten mixed ANOVEN einen signifikanten Interaktionseffekt zwischen Zeit und Gruppe. Sowohl für die Anzahl identifizierter manifester Merkmale (Tab. 8.23 – links) als auch für die Anzahl der generierten gestützten Hypothesen (Tab. 8.23 – rechts) zeigen sich weder zum Zeitpunkt des Pretests noch zum Zeitpunkt des Posttests Unterschiede zwischen den drei Bedingungen (die paarweisen t-Tests sind für alle Kombinationen p = 1; siehe Tab. 8.25). Aus dieser Reihe fällt die Gruppe heraus, die mit dem Erkunden von offenen Lernangeboten beginnt. Hier zeigt sich zumindest ein signifikanter Unterschied zu Gruppe B_{21} (Schüler*in –> Aufgabe), also der Gruppe, die mit dem Analysieren von Schüler*innendokumenten beginnt. Ein paarweiser t-Test ergibt einen signifikanten Unterschied (t(62,1) = $-2{,}47$; p < 0,05 nach Bonferroni-Korrektur; Cohens |d| = 0,59). Hierbei könnte es sich um ein statistisches Artefakt handeln.

Tab. 8.23   Anzahl adaptierter epistemischer Aktivitäten

	Manifest				Hypothesen				gest. Hypothesen		
Gruppe	M	SD	N	Gruppe	M	SD	N	Gruppe	M	SD	N
Pretest											
B_{12}	8,32	4,99	37	B_{12}	3,87	3,06	37	B_{12}	0,46	0,73	37
B_{21}	8,20	3,88	40	B_{21}	3,56	4,40	40	B_{21}	0,60	1,34	40
B_{33}	7,71	3,58	35	B_{33}	3,91	3,42	35	B_{33}	0,51	0,66	35
Posttest											
B_{12}	9,16	5,44	37	B_{12}	3,30	2,32	37	B_{12}	1,49	1,87	37
B_{21}	9,63	5,20	40	B_{21}	5,18	4,15	40	B_{21}	2,20	2,82	40
B_{33}	9,97	5,13	35	B_{33}	4,83	3,26	35	B_{33}	2,69	2,67	35

Legenden der Diagramme:
— B12 (Aufgabe -> Schüler*in)
— B21 (Schüler*in -> Aufgabe)
— B33 (Integriert -> Integriert)

In fast allen Bedingungen, bezogen auf die drei verschiedenen adaptierten epistemischen Aktivitäten, konnte eine signifikante Entwicklung vom Pre- zum Posttest identifiziert werden. Dies zeigt sich im Haupteffekt Zeit der durchgeführten mixed ANOVEN (siehe Tabelle 8.24). Hier sind die Effekte signifikant für die Anzahl der identifizierten manifesten Merkmale ($F(1,109) = 7,54$; $p < 0,01$; $\eta2 = 0,07$) und für die gestützten Hypothesen ($F(1,109) = 45,56$; $p < 0,01$; $\eta^2 = 0,29$).

Tab. 8.24 Ergebnisse der mixed ANOVEN

	DFn, DFd	F	p	pes
Anzahl der adaptierten epistemischen Aktivitäten				
Manifeste Merkmale	1,109	7,54	<0,01	0,07
Hypothesen	1,109	2,58	0,11	0,02
Gestützte Hypothesen	1,109	45,56	<0,01	0,29

Tab. 8.25 Paarweise t-Tests zwischen den Bedingungen zum Posttest

Manifeste Merkmale	df	t	p adj.	ldl	Generierte Hypothesen	df	t	p adj.	ldl
$B_{12}-B_{21}$	73,9	−0,38	1	–	$B_{12}-B_{21}$	62,1	−2,47	0,05	0,56
$B_{12}-B_{33}$	70,0	−0,65	1	–	$B_{12}-B_{33}$	61,1	−2,29	0,08	–
$B_{21}-B_{33}$	71,9	−0,29	1	–	$B_{21}-B_{33}$	72,2	0,404	1	–
Generierte gestützte Hypothesen	df	t	p adj.	ldl					
$B_{12}-B_{21}$	68,1	−1,32	0,58	–					
$B_{12}-B_{33}$	60,5	−2,20	0,10	–					
$B_{21}-B_{33}$	72,6	−0,77	1	–					
Breite der manifesten Merkmale	df	t	p adj.	ldl	Breite der generierten Hypothesen	df	t	p adj.	ldl
$B_{12}-B_{21}$	74,7	0,29	1	–	$B_{12}-B_{21}$	67,9	−1,98	0,15	–
$B_{12}-B_{33}$	69,8	−0,20	1	–	$B_{12}-B_{33}$	63,9	−2,34	0,09	–
$B_{21}-B_{33}$	72,1	0,48	1	–	$B_{21}-B_{33}$	73,0	−0,20	1	–

(Fortsetzung)

Tab. 8.25 (Fortsetzung)

Manifeste Merkmale				Generierte Hypothesen			
df	t	p adj.	|d|		df	t	p adj.	|d|
Breite der generierten gestützten Hypothesen							
	df	T	p adj.	|d|				
$B_{12}-B_{21}$	69,9	−1,18	0,73	−				
$B_{12}-B_{33}$	63,3	−2,14	0,11	−				
$B_{21}-B_{33}$	72,8	−0,83	1	−				

Auch für dieses Experiment wurde die Entwicklung der Breite der adaptierten epistemischen Aktivitäten betrachtet.

Die Ergebnisse bestätigen den bereits bei der Anzahl der adaptierten epistemischen Aktivitäten gewonnenen Eindruck. Keine der durchgeführten mixed ANOVEN führt zu einem signifikanten Interaktionseffekt zwischen Zeit und Gruppe. Darüber hinaus generieren durchgeführte paarweise t-Tests zu den Zeitpunkten zwischen den Gruppen ebenfalls keine signifikanten Ergebnisse. Allerdings zeigt sich ein Haupteffekt der Variable Zeit für die Breiten der drei adaptierten epistemischen Aktivitäten mit großen Effektstärken (Breite der manifesten Merkmale: $\eta^2 = 0,19$; Breite der Hypothesen $\eta^2 = 0,20$; Breite der gestützten Hypothesen $\eta^2 = 0,31$, vergleiche Tabelle 8.26), sodass auf eine Entwicklung der Gruppen zu schließen ist.

Tab. 8.26 Ergebnisse der mixed ANOVEN zur Breite der adaptierten epistemischen Aktivitäten

	DFn, DFd	F	p	pes
Breite der adaptierten epistemischen Aktivitäten				
Manifeste Merkmale	1,109	26,16	<0,01	0,19
Hypothesen	1,109	27,38	<0,01	0,20
Gestützte Hypothesen	1,109	48,04	<0,01	0,31

Die Ergebnisse bezüglich der Reihenfolge der Interventionen suggerieren, dass das Abwechseln des Erkundens von offenen Lernangeboten mit dem Analysieren von Schüler*innendokumenten zu offenen Lernangeboten über 14 Wochen leicht bessere Ergebnisse erzielt als die isolierte Behandlung der beiden Aspekte. Die Unterschiede werden zwischen den Experimentalbedingungen sind jedoch zum

Tab. 8.27 Breite der adaptierten epistemischen Aktivitäten

Gruppe	Breite Manifest			Gruppe	Breite Hypothesen			Gruppe	Breite gest. Hypothesen		
	M	SD	N		M	SD	N		M	SD	N
Pretest											
B_{12}	4,32	1,33	37	B_{12}	2,46	1,69	37	B_{12}	0,46	0,73	37
B_{21}	4,28	1,60	40	B_{21}	2,38	1,90	40	B_{21}	0,53	1,01	40
B_{33}	3,74	1,65	35	B_{33}	2,31	1,68	35	B_{33}	0,46	0,56	35
Posttest											
B_{12}	5,30	2,25	37	B_{12}	2,95	1,96	37	B_{12}	1,43	1,73	37
B_{21}	5,15	2,28	40	B_{21}	4,08	2,97	40	B_{21}	2,00	2,00	40
B_{33}	5,40	2,26	35	B_{33}	4,20	2,54	35	B_{33}	2,48	2,28	35

Breite Manifest
T1 — T3
B12 (Aufgabe -> Schüler*in)
B21 (Schüler*in -> Aufgabe)
B33 (Integriert -> Integriert)

Breite Hypothesen
T1 — T3
B12 (Aufgabe -> Schüler*in)
B21 (Schüler*in -> Aufgabe)
B33 (Integriert -> Integriert)

Breite gest. Hypothesen
T1 — T3
B12 (Aufgabe -> Schüler*in)
B21 (Schüler*in -> Aufgabe)
B33 (Integriert -> Integriert)

größten Teil nicht signifikant. Allerdings können für alle Gruppen Lerneffekte identifiziert werden. Dies gilt insbesondere – aber nicht ausschließlich – für die Breite der adaptierten epistemischen Aktivitäten (siehe Tabelle 8.27).

8.3.4 Teil A bezogen auf eine gleichbleibende Schüler*innenlösung

Die bisher geschilderten Ergebnisse der zweiten Studie beziehen sich jeweils auf die Summe von zwei Diagnoseitems. Eines der Items wird von Testzeitpunkt zu Testzeitpunkt ausgetauscht. Das zweite Item wiederum wird beibehalten und nur leicht optisch verändert. Im Folgenden soll betrachtet werden, ob die in der zweiten Studie gewonnenen Erkenntnisse sich auch dann zeigen, wenn lediglich das Item betrachtet wird, das nur optisch leicht verändert ist. Dies ist erstens von Bedeutung, um auszuschließen, dass sich die gezeigten Effekte auf das Item beschränken, das ausgetauscht wird. Zweitens kann die Entwicklung der einzelnen Gruppen vom Pre- zum Posttest über Gruppenvergleiche hinaus sinnvoll betrachtet werden.

Die untenstehende Tabelle 8.28 zeigt die Entwicklung bezogen auf die Anzahl der adaptierten epistemischen Aktivitäten bei der Analyse einer Schüler*innenlösung im Pre- und Posttest.

Die durchgeführten mixed ANOVEN resultieren in signifikanten Interaktionseffekten zwischen Zeit und Gruppe (Manifest: $F(3,133) = 5,47$; $p < 0,01$; Hypothesen: $F(3,133) = 8,36$; $p < 0,01$; gestützte Hypothesen: $F(3,133) = 9,44$; $p < 0,01$) mit mittleren bis großen Effekten (Manifest $\eta^2 = 0,11$; Hypothesen: $\eta^2 = 0,16$; gestützte Hypothesen: $\eta^2 = 0,18$). Hierbei zeigen Post-hoc-Analysen in Form von t-Tests, dass im Pretest keine signifikanten Unterschiede zwischen den Gruppen bestehen, unabhängig von der adaptierten epistemischen Aktivität. Im Posttest ergeben die t-Tests zwischen den Gruppen bezogen auf die Anzahl der manifesten Merkmale signifikante Unterschiede zwischen B_1 (Aufgabe) und B_2 (Schüler*in) sowie zwischen B_0 (Kontrolle) und B_2 (Schüler*in) ($p < 0,01$ nach Bonferroni-Korrektur). Bei der Anzahl der Hypothesen ist der Unterschied zwischen B_1 (Aufgabe) und B_2 (Schüler*in) ($p < 0,05$ nach Bonferroni-Korrektur), zwischen B_2 (Schüler*in) und B_0 (Kontrolle) ($p < 0,01$ nach Bonferroni-Korrektur) sowie zwischen B_3 (Integriert) und B_0 (Kontrolle) ($p < 0,01$ nach Bonferroni-Korrektur) signifikant. Bei der Anzahl der gestützten Hypothesen sind im Posttest alle Unterschiede signifikant ($p = 0,01$ nach Bonferroni-Korrektur), abgesehen vom Unterschied zwischen B_1 (Aufgabe) und

Tab. 8.28 Anzahl adaptierter epistemischer Aktivitäten

Grp.	M	SD	N	Grp.	M	SD	N	Grp.	M	SD	N
Pretest											
B_1	3,32	1,53	37	B_1	1,14	1,16	37	B_1	0,11	0,32	37
B_2	3,45	1,32	40	B_2	1,05	1,60	40	B_2	0,05	0,22	40
B_3	3,29	1,41	35	B_3	0,83	1,01	35	B_3	0,09	0,37	35
B_0	3,20	1,50	25	B_0	1,12	1,39	25	B_0	0,24	0,52	25
Posttest											
B_1	3,46	1,41	37	B_1	1,54	1,39	37	B_1	0,35	0,59	37
B_2	5,43	2,24	40	B_2	2,70	1,90	40	B_2	1,20	1,45	40
B_3	4,26	2,13	35	B_3	2,40	1,74	35	B_3	1,14	1,24	35
B_0	3,48	1,50	25	B_0	1,00	1,32	25	B_0	0,20	0,50	25

Manifest - Gleiche Aufgabe

Hypothesen - Gleiche Aufgabe

gest. Hypothesen - Gleiche Aufgabe

—B1 (Aufgabe)   —B2 (Schüler*in)   —B3 (Integriert)   —B4 (Kontrolle)

B_0 (Kontrolle) sowie zwischen B_2 (Schüler*in) und B_3 (Integriert) (jeweils p = 1 nach Bonferroni-Korrektur).

Bevor nachfolgend die Breite der adaptierten epistemischen Aktivitäten bezogen auf eine im Pre- und Posttest gleichbleibende Schüler*innenlösung betrachtet wird, wird zuerst analysiert, wie sich die beschriebene Steigerung der adaptierten epistemischen Aktivitäten bezüglich der adressierten Kompetenzbereiche verhält (‚fachliches Grundwissen‘ – FG, ‚mathematische Handlungskompetenz‘ – MHK, ‚kommunikative Kompetenz‘ – KomK). Dazu werden Balkendiagramme für die Anzahl identifizierter manifester Merkmale und die Anzahl der generierten Hypothesen pro Kompetenzbereich genutzt. Angegeben sind in Tabelle 8.29 jeweils die Mittelwerte der vier Gruppen.

Tab 8.29 Anzahl adaptierter epistemischer Aktivitäten pro Kompetenzbereich

Anzahl manifester Merkmale pro Kompetenzbereich

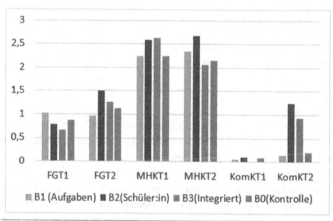

Gruppe	FGT1	FGT2	MHKT1	MHKT2	KomKT1	KomKT2
B_1	1,03	0,97	2,24	2,35	0,05	0,14
B_2	0,78	1,5	2,58	2,68	0,1	1,25
B_3	0,66	1,26	2,63	2,06	0	0,94
B_0	0,88	1,12	2,24	2,16	0,08	0,2

(Fortsetzung)

Tab 8.29   (Fortsetzung)

Anzahl der generierten Hypothesen

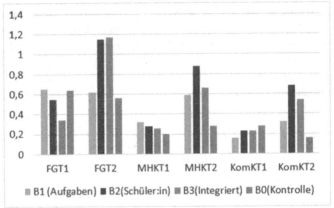

B_1	0,55	1,15	0,28	0,88	0,23	0,68
B_2	0,65	0,62	0,32	0,59	0,16	0,32
B_3	0,34	1,17	0,26	0,66	0,23	0,54
B_0	0,64	0,56	0,2	0,28	0,28	0,16

Insgesamt zeigt sich für die Anzahl der identifizierten manifesten Merkmale, dass sich diese vom Pre- zum Posttest vor allem im Kompetenzbereich der ‚kommunikativen Kompetenzen' erhöht. Zusätzlich lässt sich eine Steigerung für die Anzahl der identifizierten manifesten Merkmale bezogen auf das ‚fachliche Grundwissen' beschreiben. Beide Steigerungen gelten für die Studierenden in B_2 (Schüler*in) und B_3 (Integriert). Für die Anzahl der generierten Hypothesen ist eine Steigerung der Gruppen B_2 (Schüler*in) und B_3 (Integriert) in allen drei Kompetenzbereichen beschreibbar. Für die Gruppe B_1 (Aufgaben) zeigt sich eine Steigerung für die Anzahl der generierten Hypothesen bezogen auf die ‚mathematische Handlungskompetenz'.

Nachfolgend wird die Breite der adaptierten epistemischen Aktivitäten bezogen auf ein gleichbleibendes Schüler*innendokument analysiert.

Tab. 8.30 Breite adaptierter epistemischer Aktivitäten

Breite Manifest - Gleiche Aufgabe
—B1 (Aufgabe) —B2 (Schüler*in) —B3 (integriert) —B4 (Kontrolle)

Breite Hypothesen - Gleiche Aufgabe
—B1 (Aufgabe) —B2 (Schüler*in) —B3 (integriert) —B4 (Kontrolle)

Breite gest. Hypothesen - Gleiche Aufgabe
—B1 (Aufgabe) —B2 (Schüler*in) —B3 (integriert) —B4 (Kontrolle)

Grp.	M	SD	N	Grp.	M	SD	N	Grp.	M	SD	N
Pretest											
B_1	2,14	0,79	37	B_1	1,03	0,93	37	B_1	0,46	0,73	37
B_2	2,03	0,92	40	B_2	0,83	0,98	40	B_2	0,53	1,01	40
B_3	1,89	1,05	35	B_3	0,74	0,89	35	B_3	0,46	0,56	35
B_0	1,88	1,01	25	B_0	1,00	1,16	25	B_0	0,68	0,95	25
Posttest											
B_1	2,19	1,08	37	B_1	1,35	1,25	37	B_1	0,76	0,86	37
B_2	3,40	1,43	40	B_2	2,40	1,48	40	B_2	2,55	2,50	40
B_3	2,80	1,35	35	B_3	2,06	1,33	35	B_3	2,43	2,42	35
B_0	2,24	1,17	25	B_0	1,00	1,32	25	B_0	0,56	0,92	25

Die durchgeführten mixed ANOVEN (siehe Tabelle 8.30) resultieren in signifikanten Interaktionseffekten zwischen Zeit und Gruppe (Manifest : $F_{(3,133)} = 6{,}22$; $p < 0{,}001$; Hypothesen: $F_{(3,133)} = 9{,}13$; $p < 0{,}001$; gestützte Hypothesen: $F_{(3,133)} = 12{,}87$; $p < 0{,}001$) mit mittleren bis großen Effekten (Manifest $\eta^2 = 0{,}12$; Hypothesen: $\eta^2 = 0{,}17$; gestützte Hypothesen: $\eta^2 = 0{,}23$). Im Pretest gibt es keine signifikanten Unterschiede zwischen den Gruppen bezüglich der Breite der adaptierten epistemischen Aktivitäten. Bei der Breite der manifesten Merkmale bestehen im Posttest signifikante Unterschiede zwischen B_1 (Aufgabe) und B_2 (Schüler*in) sowie zwischen B_0 (Kontrolle) und B_2 (Schüler*in) ($p < 0{,}01$ nach Bonferroni-Korrektur). Bei der Breite der Hypothesen sind im Posttest Unterschiede zwischen B_1 (Aufgabe) und B_2 (Schüler*in) ($p < 0{,}05$ nach Bonferroni-Korrektur), zwischen B_2 (Schüler*in) und B_0 (Kontrolle) ($p < 0{,}01$ nach Bonferroni-Korrektur) sowie zwischen B_3 (Integriert) und B_0 (Kontrolle) ($p < 0{,}05$ nach Bonferroni-Korrektur) signifikant.

Die folgende Tabelle 8.31 zeigt die Ergebnisse der paarweisen t-Tests zwischen den Testzeitpunkten für die einzelnen Bedingungen. Dabei kann festgestellt werden, dass die Interventionen B_2 (Schüler*in) und B_3 (Integriert) zu signifikanten Steigerungen bei allen betrachteten adaptierten epistemischen Aktivitäten führen. Die Unterschiede zwischen Pre- und Posttest treten in zwei Fällen mit mittlerer Effektstärke auf (B_3 (Integriert) für das Identifizieren manifester Merkmale: $t_{(58,8)} = 2{,}25$; $p < 0{,}05$; $|d| = 0{,}54$ und B_3 (Integriert) für die Breite der manifesten Merkmale: $t_{(64,2)} = 3{,}17$; $p < 0{,}01$; $|d| = 0{,}76$). In allen anderen Fällen ergeben sich Unterschiede mit großer Effektstärke (z. B. B_3 (Integriert) für die generierten Hypothesen: $t_{(54,8)} = 4{,}63$; $p < 0{,}01$; $|d| = 0{,}94$ und B_2 (Schüler*in) für die Breite der manifesten Merkmale: $t_{(40,8)} = 4{,}95$; $p < 0{,}01$; $|d| = 1{,}11$). Demgegenüber ist in der Kontrollgruppe (B_0) kein Unterschied zwischen Pre- und Posttest signifikant. Für die Studierenden, die die Interventionsbedingung B_2 (Schüler*in) erhalten haben, zeigt sich für die generierten gestützten Hypothesen ein signifikanter Unterschied zwischen Pre- und Posttest mit einer mittleren Effektstärke ($t_{(55,1)} = 2{,}22$; $p < 0{,}05$; $|d| = 0{,}52$). Alle anderen Unterschiede zwischen Pre- und Posttest sind für die Gruppe nicht signifikant.

Tab. 8.31 t-Tests zwischen den Testzeitpunkten für die einzelnen Gruppen

Manifeste Merkmale					Generierte Hypothesen			
	df	t	p	|d|		df	t	p	|d|
B_1	71,5	0,40	0,69	–	B_1	69,8	1,36	0,18	–
B_2	63,1	4,80	< 0,01	1,07	B_2	75,8	4,20	< 0,01	0,94
B_3	58,8	2,25	< 0,05	0,54	B_3	54,8	4,63	< 0,01	1,11
B_0	48,0	0,66	0,51	–	B_0	47,9	−0,31	0,76	–

Generierte gestützte Hypothesen				
	df	t	p	|d|
B_1	55,1	2,22	< 0,05	0,52
B_2	40,8	4,95	< 0,01	1,11
B_3	40,1	4,83	< 0,01	1,15
B_0	47,9	−0,28	0,78	–

Breite der manifesten Merkmale					Breite der generierten Hypothesen			
	df	t	p	|d|		df	t	p	|d|
B_1	66,0	0,25	0,81	–	B_1	66,4	1,27	0,21	–
B_2	66,6	5,12	< 0,01	1,14	B_2	67,8	5,60	< 0,01	1,25
B_3	64,2	3,17	<0,01	0,76	B_3	59,3	4,87	< 0,01	1,16
B_0	47,1	1,17	0,25	–	B_0	47,1	0	1	–

Breite der generierten gestützten Hypothesen				
	df	T	p	|d|
B_1	70,1	1,60	0,11	–
B_2	51,4	4,75	< 0,01	1,06
B_3	37,6	4,70	< 0,01	1,12
B_0	48,0	−0,46	0,65	–

8.3.5 Teil B bezogen auf eine gleichbleibende Schüler*innenlösung

Im Folgenden wird die Reihenfolge der Interventionen in Bezug auf das gleichbleibende Item betrachtet. Die untenstehende Tabelle 8.32 zeigt die Entwicklung
bezogen auf die Anzahl und die Breite der adaptierten epistemischen Aktivitäten bei der Analyse einer Schüler*innenlösung im Pretest, im Posttest (sieben
Wochen Intervention) und im zweiten Posttest (14 Wochen Intervention).

Bezüglich der Anzahl und der Breite der adaptierten epistemischen Aktivitäten ergeben die meisten mixed ANOVEN zwischen Pretest und zweitem Posttest (T3) keinen signifikanten Interaktionseffekt zwischen Zeit * Gruppe (manifeste Merkmale: $F(2,109) = 0,31$; $p = 0,73$; gestützte Hypothesen: $F(2,109) = 1,71$; $p = 0,19$; Breite manifeste Merkmale: $F(2,109) = 0,12$; $p = 0,88$; Breite gestützte Hypothesen: $F(2,109) = 1,86$; $p = 0,16$; siehe Tabelle 8.32). Ausnahmen bilden die Anzahl und die Breite der generierten Hypothesen. Hier führen die mixed ANOVEN zu signifikanten Interaktionseffekten mit mittleren Effektstärken zwischen Zeit * Gruppe (generierte Hypothesen: $F(2,109) = 3,55$; $p = 0,03$; Pes $= 0,061$); breite Hypothesen: $F(2,109) = 3,94$; $p = 0,02$; Pes $= 0,07$). Post-hoc-Analysen mittels paarweisen t-Tests zwischen den Gruppen zu den Testzeitpunkten T1 und T3 zeigen allerdings, dass weder für die Anzahl noch für die Breite der adaptierten epistemischen Aktivitäten zwischen zwei der Gruppen ein signifikanter Unterschied besteht.

Die bisherigen Ergebnisse zur Reihenfolge der Interventionen können hiermit erneut bestätigt werden. Auch wenn nur ein Item betrachtet wird, unterscheiden sich die Gruppen zu den beiden Testzeitpunkten T1 und T3 in paarweisen t-Tests nach Bonferroni-Korrektur nicht signifikant (siehe Anhang k und l im elektronischen Zusatzmaterial). Gleichzeitig lassen sich auch bei der Betrachtung eines einzelnen Items bereits die positiven Effekte der Intervention erkennen. Dies zeigt die folgende Betrachtung der Post-hoc-Analysen mittels t-Tests zwischen den Zeitpunkten für die einzelnen Gruppen.

Die folgende Tabelle 8.33 zeigt die Ergebnisse der paarweisen t-Tests zwischen den Testzeitpunkten für die einzelnen Bedingungen. Die Ergebnisse weisen mit zwei Ausnahmen signifikante Unterschiede zwischen den Testzeitpunkten T1 und T3 für die einzelnen Gruppen mit mittleren (z. B. B_2 (Schüler*in) bei der Anzahl der manifesten Merkmale: $t(61,9) = 3,08$; $p < 0,01$; $|d| = 0,69$) bis großen Effektstärken auf (z. B. B_3 (Integriert) bei der Breite der generierten Hypothesen: $t(59,6) = 5,01$; $p < 0,01$; $|d| = 1,20$). Beide Ausnahmen beziehen sich auf die Studierenden, die mit der Intervention B_1 (Aufgabe) begonnen haben. Für die Anzahl der generierten Hypothesen ($t(71,9) = 1,48$; $p = 0,14$) und für die Breite der generierten Hypothesen ($t(69,6) = 1,92$; $p = 0,59$; $|d| = 0,44$) sind die Unterschiede zwischen Pre- und Posttest nicht signifikant. Allerdings ist der Unterschied für die Breite der generierten Hypothesen auf der Grenze zu einem signifikanten Unterschied ($p = 0,59$). Hierbei zeigt sich insgesamt eine leichte Tendenz, dass die Unterschiede zwischen Pre- und Posttest für die Gruppe B_3 (Integriert) größere Effektstärken aufweisen als die Unterschiede der Gruppe B_2 (Schüler*in), die wiederum mit größeren Effektstärken verbunden sind als die

Tab. 8.32 Anzahl und Breite adaptierter epistemischer Aktivitäten

Manifeste Merkmale

B12 (Aufgabe -> Schüler*in)
B21 (Schüler*in -> Aufgabe)
B33 (Integriert -> Integriert)

Posttest zum Zeitpunkt T3

Gruppe	M	SD	N
B_{12}	4,43	2,32	40
B_{21}	4,75	2,32	40
B_{33}	4,83	2,11	35

Hypothesen

B12 (Aufgabe -> Schüler*in)
B21 (Schüler*in -> Aufgabe)
B33 (Integriert -> Integriert)

Gruppe	M	SD	N
B_{12}	1,54	1,19	37
B_{21}	2,35	2,11	40
B_{33}	2,23	1,44	35

gest. Hypothesen

B12 (Aufgabe -> Schüler*in)
B21 (Schüler*in -> Aufgabe)
B33 (Integriert -> Integriert)

Gruppe	M	SD	N
B_{12}	0,60	0,99	37
B_{21}	0,85	1,29	40
B_{33}	1,11	1,37	35

Breite manifeste Merkmale

B12 (Aufgabe -> Schüler*in)
B21 (Schüler*in -> Aufgabe)
B33 (Integriert -> Integriert)

Posttest zum Zeitpunkt T3

Gruppe	M	SD	N
B_{12}	3,08	1,26	37
B_{21}	3,03	1,46	40
B_{33}	3,00	1,16	35

Breite Hypothesen

B12 (Aufgabe -> Schüler*in)
B21 (Schüler*in -> Aufgabe)
B33 (Integriert -> Integriert)

Gruppe	M	SD	N
B_{12}	1,49	1,12	37
B_{21}	2,15	1,81	40
B_{33}	2,09	1,31	35

Breite gest. Hypothesen

B12 (Aufgabe -> Schüler*in)
B21 (Schüler*in -> Aufgabe)
B33 (Integriert -> Integriert)

Gruppe	M	SD	N
B_{12}	1,43	1,73	37
B_{21}	2,00	2,47	40
B_{33}	2,46	2,28	35

Unterschiede der Gruppe B_3 (Integriert). Auch für diese Tendenz gibt es allerdings Ausnahmen, z. B. für die Breite der manifesten Merkmale (B_1 (Aufgabe): $t(60,5) = 3,88$; $p < 0,01$; $|d| = 0,90$ und B_2 (Schüler*in): $t(65,8) = 3,67$; $p < 0,01$; $|d| = 0,82$).

Tab. 8.33 Paarweise t-Tests zwischen den Zeitpunkten

Manifeste Merkmale					Generierte Hypothesen			
	Df	t	p	|d|		df	t	p	|d|
B_1	68,7	2,76	< 0,01	0,64	B_1	71,9	1,48	0,14	–
B_2	61,9	3,08	< 0,01	0,69	B_2	72,8	3,11	< 0,01	0,70
B_3	59,2	3,60	< 0,01	0,86	B_3	61,1	4,71	< 0,01	1,13

Generierte gestützte Hypothesen				
	Df	t	p	|d|
B_1	43,3	2,86	< 0,01	0,67
B_2	41,3	3,86	< 0,01	0,86
B_3	39,0	4,29	< 0,01	1,03

Breite der manifesten Merkmale					Breite der generierten Hypothesen			
	Df	t	p	|d|		df	t	p	|d|
B_1	60,5	3,88	< 0,01	0,90	B_1	69,6	1,92	0,059	0,44
B_2	65,8	3,67	< 0,01	0,82	B_2	60,3	4,08	< 0,01	0,91
B_3	67,3	4,21	< 0,01	1,01	B_3	59,6	5,01	< 0,01	1,20

Breite der generierten gestützten Hypothesen				
	Df	T	p	|d|
B_1	48,5	3,16	< 0,01	0,74
B_2	51,7	3,49	< 0,01	0,78
B_3	38,1	5,04	< 0,01	1,20

Schließlich kann noch die Entwicklung von T2 zu T3 der einzelnen Gruppen bzw. die Entwicklung von T1 über T2 zu T3 für das einzelne und gleichbleibende Item betrachtet werden. Die untenstehende Tabelle 8.34 zeigt dazu paarweise t-Test zwischen den Testzeitpunkten T2 und T3 für die drei Interventionsgruppen. Für die Gruppe B_2 (Schüler*in), also die Gruppe, die mit dem Fokus auf Schüler*innen begonnen und dann die Intervention mit Fokus auf Aufgaben erhalten hat, zeigt sich tendenziell eine leicht geringere Anzahl und Breite adaptierter

epistemischer Aktivitäten zum Zeitpunkt T3 als zum Zeitpunkt T2. Beispielsweise identifizierten die Studierenden in dieser Gruppe im Testzeitpunkt T2 im
Durchschnitt 5,43 manifeste Merkmale in der Schüler*innenlösung, im Testzeitpunkt T3 dagegen 4,75. Die paarweisen t-Tests (Tab. 8.34) zeigen allerdings,
dass diese Unterschiede nicht signifikant sind. Die Studierenden in Gruppe B_1
(Aufgabe), also der Gruppe, die zwischen T1 und T2 die Intervention mit Fokus
auf Aufgaben und zwischen T2 und T3 die Intervention mit Fokus auf Schüler*innen erhalten hat, zeigten eine Steigerung oder keine Veränderung zwischen
den Messzeitpunkten T2 und T3. Beispielsweise lag die Breite der identifizierten Merkmale zum Zeitpunkt T2 im Durchschnitt bei 2,19 und zum Zeitpunkt
T3 bei 3,08 und die Anzahl der generierten Hypothesen zum Zeitpunkt T2 bei
1,54 und in T3 ebenfalls bei 1,54. Die durchgeführten paarweisen t-Tests weisen darauf hin, dass die Unterschiede zwischen T2 und T3 für die Studierenden
der Gruppe B_1 (Aufgabe) zum Teil signifikant sind. Signifikante Unterschiede mit
jeweils mittlerer Effektstärke zeigen sich für die Anzahl der manifesten Merkmale
($t(66,2) = 2,50$; $p < 0,05$; $|d| = 0,58$), für die Breite der manifesten Merkmale
($t(70,3) = 3,28$; $p < 0,01$; $|d| = 0,76$) und die Breite der generierten gestützten
Hypothesen ($t(53,0) = 2,13$; $p < 0,05$; $|d| = 0,50$). Die Unterschiede zwischen
den Testzeitpunkten T2 und T3 für die Anzahl der generierten Hypothesen, für
die Anzahl der gestützten Hypothesen und für die Breite der generierten Hypothesen sind jeweils nicht signifikant. Die Studierenden der Gruppe B_3 (Integriert),
also jene, die durchgängig die integrierte Intervention erhalten haben, zeigen
kaum Veränderung. Beispielsweise generierten die Studierenden dieser Gruppe
zum Zeitpunkt T2 im Durchschnitt 2,40 Hypothesen, zum Zeitpunkt T3 dagegen 2,23 Hypothesen bzw. sie identifizierten zum Zeitpunkt T2 im Durchschnitt
4,26 manifeste Merkmale und zum Zeitpunkt T3 4,83 manifeste Merkmale in
der Schüler*innenlösung. Weder die positiven noch die negativen Veränderungen
zwischen Testzeitpunkt T2 und Testzeitpunkt T3 sind jedoch bei der Überprüfung
durch paarweise t-Tests signifikant.

Tab. 8.34 Paarweise t-Tests zwischen den Zeitpunkten

Manifeste Merkmale				Generierter Hypothesen				
	Df	t	p	|d|		df	t	p	|d|
B_1	66,2	2,50	< 0,05	0,58	B_1	70,4	0	1	–
B_2	77,9	−1,32	0,19	–	B_2	77,2	−0,78	0,44	–
B_3	68,0	1,13	0,26	–	B_3	65,7	−0,45	0,65	–

Generierte gestützte Hypothesen									
	Df	t	p	|d|					
B_1	58,8	1,29	0,20	–					
B_2	76,9	−1,14	0,26	–					
B_3	67,4	0,9	0,93	–					

Breite der manifesten Merkmale					Breite der generierten Hypothesen				
	Df	t	p	|d|		df	t	p	|d|
B_1	70,3	3,28	< 0,01	0,76	B_1	71,1	0,49	0,63	–
B_2	78,0	−1,16	0,25	–	B_2	75,1	−0,68	0,5	–
B_3	66,6	0,67	0,51	–	B_3	68,0	0,09	0,93	–

Breite der generierten gestützten Hypothesen									
	Df	T	p	|d|					
B_1	53,0	2,13	< 0,05	0,50					
B_2	78,0	−0,99	0,33	–					
B_3	67,8	0,05	0,96	–					

8.3.6 Fachwissen und fachdidaktisches Wissen der Arithmetik

Wie in der Theorie und der Operationalisierung der diagnostischen Kompetenz bereits herausgestellt, wird angenommen, dass *Person Characteristics* des Diagnostizierenden einen Einfluss auf die Entwicklung diagnostischer Kompetenz haben. Eine der in der empirischen Bildungsforschung prominentesten *Person Characteristics* ist das professionelle Wissen der (angehenden) Lehrkräfte. Daher sollte die zweite Studie auch der Frage nachgehen:

„Inwieweit beeinflusst Fachwissen zur Arithmetik oder fachdidaktisches Wissen zur Arithmetik die Entwicklung des diagnostischen Denkens von Studierenden in Bezug auf die adaptierten epistemischen Aktivitäten in einer Situation, in der Schüler*innenlösungen zu offenen Lernangeboten analysiert werden sollen?"

In die Untersuchung dieser Frage werden die Studierenden aller Interventionen der zweiten Studie einbezogen und die Entwicklung wird über 14 Semesterwochen betrachtet. Eine Betrachtung der Entwicklung nach sieben Semesterwochen unter Einbezug des Fachwissens und des fachdidaktischen Wissens hätte ein für die Berechnung von Korrelationen geringes N zur Folge, da die Interventionen einzeln betrachtet werden müssten. Nach 14 Semesterwochen sind die Studierenden in den drei Interventionen bis auf die Reihenfolge der Behandlung gleich geschult. Mit der Erkenntnis der zweiten Studie, dass eine Veränderung der Reihenfolge zu kaum signifikanten Unterschieden führt, werden hier also die Studierenden zusammengefasst und als eine Gruppe untersucht.

Im Test zum Fachwissen zur Arithmetik konnten die Studierenden maximal 5 Punkte erreichen. Die Auswertung zeigt (siehe Tabelle 8.35), dass sich durch die Raschskalierung der Items alle möglichen Punktzahlen ergaben. Die meisten der Studierenden (27) erreichten 3 Punkte im Wissenstest. Die wenigsten Studierenden erzielten 4 (acht Studierende), 5 (sechs Studierende) oder 0 Punkte (zehn Studierende).

Tab. 8.35 Verteilung der Punktzahl im Fachwissenstest

Erreichte Punkte	Anzahl der Studierenden	
0	10	
1	16	
2	23	
3	27	
4	8	
5	6	

Im Test zum fachdidaktischen Wissen zur Arithmetik konnten die Studierenden maximal 7 Punkte erreichen. Die Auswertung zeigt (siehe Tabelle 8.36), dass durch die Raschskalierung der Items alle möglichen Punktzahlen durch Studierende erzielt wurden. Die meisten der Studierenden (22) kamen auf 4 bzw. 5 (20 Studierende) Punkte im Wissenstest. Die wenigsten Studierenden erreichen 0 (zwei Studierende), 1 (fünf Studierende) oder 7 Punkte (zwei Studierende).

Tab. 8.36   Verteilung der Punktzahl im fachdidaktischen Wissenstest

Erreichte Punkte	Anzahl der Studierenden
0	2
1	5
2	13
3	16
4	22
5	20
6	11
7	2

Die untenstehende Tabelle (8.37) zeigt die Korrelationen der Scores der Wissenstests mit dem Wert der adaptierten epistemischen Aktivitäten im Pre- bzw. Posttest. Es lässt sich erkennen, dass im Pretest keine signifikanten Korrelationen bestehen. Die höchsten Korrelationen existieren zwischen dem fachdidaktischen Wissen (FD) und dem Identifizieren manifester Merkmale ($r = 0,14$) sowie zwischen dem Fachwissen (FW) und dem Identifizieren manifester Merkmale ($r = 0,09$). Im Posttest sind in der Tendenz alle Korrelationen etwas höher. Besonders auffällig ist dies für die Korrelationen zu den adaptierten epistemischen Aktivitäten, die sich auf die Anzahl der generierten (gestützten) Hypothesen beziehen. Hierbei sticht insbesondere der Zusammenhang zum Fachwissen heraus, denn die Anzahl der Hypothesen korreliert im Posttest signifikant mit $r = 0,29$. Die niedrigsten Korrelationen bestehen zwischen dem fachdidaktischen Wissen und dem Identifizieren von manifesten Merkmalen ($r = 0,11$).

Tab. 8.37   Korrelation zwischen Wissenstest und adaptierten epistemischen Aktivitäten

	Fachwissen	Fachdidaktisches Wissen
Pretest Manifest	0,09	0,14
Pretest Hypothesen	−0,03	−0,01
Pretest gest. Hypothesen	−0,02	0,03
Posttest Manifest	0,19	0,11
Posttest Hypothesen	0,29*	0,25
Posttest gest. Hypothesen	0,25	0,24

Holm (1979) Korrigiert; $p < 0,05 = *$; $p < 0,01 = **$

Um zu untersuchen, inwiefern das erhobene Wissen einen Einfluss auf die Entwicklung diagnostischer Kompetenz hat, werden partielle Korrelationen zwischen den adaptierten epistemischen Aktivitäten und dem jeweiligen Testscore des Fachwissens oder des fachdidaktischen Wissens berechnet (siehe Tabelle 8.38). Dazu wird jeweils die Korrelation des Wissenstests mit einer spezifischen adaptierten epistemischen Aktivität im Posttest, korrigiert um die Korrelation zwischen Wissenstest und der spezifischen adaptierten epistemischen Aktivität im Pretest, berechnet.

Tab. 8.38 Partielle Korrelation zwischen Wissen und diagnostischem Denken

	Identifikation manifester Merkmale	Generierung von Hypothesen	Generierung von gestützten Hypothesen
Fachwissen Arithmetik	0,17	0,31**	0,26**
Fachdidaktisches Wissen zur Arithmetik	0,08	0,26**	0,23*

$p < 0{,}05 = *; p < 0{,}01 = **$

Die partiellen Korrelationen zwischen Wissen und dem Generieren von Hypothesen sind signifikant auf dem Niveau $p < 0{,}01$, mit einem kleinen Effekt $r = 0{,}26$ für das Fachwissen und einem mittleren Effekt $r = 0{,}31$ für das fachdidaktische Wissen (Cohen, 2013). Bezüglich der gestützten Hypothesen wird die partielle Korrelation zum Fachwissen signifikant auf dem Niveau $p < 0{,}01$ mit einem kleinen Effekt $r = 0{,}26$. Zum fachdidaktischen Wissen ergibt sich eine signifikante Korrelation auf dem Niveau $p < 0{,}05$ mit einem kleinen Effekt $r = 0{,}23$. Partielle Korrelationen zwischen Wissen und der Identifikation manifester Merkmale sind nicht signifikant. Es zeigt sich einerseits, dass die Entwicklung des diagnostischen Denkens bei der Identifikation manifester Merkmale weder durch das Fachwissen noch durch das fachdidaktische Wissen der Studierenden beeinflusst wird. Andererseits wird deutlich, dass die Studierenden in der Stichprobe eine stärkere Entwicklung in Bezug auf ihre generierten (gestützten) Hypothesen durchlaufen, wenn sie auch ein höheres Fachwissen oder fachdidaktisches Wissen haben. Um einen genaueren Einblick in die Korrelationen zu geben, werden in den nachstehenden Diagrammen Gruppen in Abhängigkeit von der Punktzahl in den Wissenstests gebildet. Die Differenzen der ermittelten manifesten Merkmale in Pre- und Posttest bzw. der generierten (gestützten) Hypothesen werden dann für diese Gruppen gemittelt und in Bezug gesetzt.

Die Punkte der Studierenden im Fachwissenstest wurden zur Analyse standardisiert. Durch die Standardisierung entstanden fünf Gruppen. In der ersten Gruppe befinden sich Studierende, die mit ihrem Score im Fachwissenstest um mehr als eine Standardabweichung unter 0 liegen. Die Studierenden in dieser Gruppe generieren im Schnitt vom Pretest zum Posttest 0,66 Hypothesen weniger (siehe Tab. 8.39 in der Mitte). Die Studierenden in der zweiten Gruppe weichen um 1 bis 0,5 Standardabweichungen im Fachwissenstest ab und generieren im Posttest 0,19 Hypothesen weniger als im Pretest. Die größte Entwicklung zeigt sich in der vierten Gruppe. Die Studierenden in dieser Gruppe weichen um 0,5 bis 1 Standardabweichung ab und generieren im Mittel 2,19 mehr Hypothesen im Posttest als im Pretest. Ähnlich groß ist die Verbesserung in der letzten Gruppe. Hier weichen die Studierenden um mehr als eine Standardabweichung im Fachwissenstest ab und generieren im Mittel 2 Hypothesen mehr. Es zeigt sich also die Tendenz, dass die Studierenden mit höherem Fachwissen eine bessere Entwicklung bezüglich des Generierens von Hypothesen durchlaufen.

Eine ebenfalls hochsignifikante Korrelation zeigt sich zwischen dem Fachwissen und der Generierung von gestützten Hypothesen im Posttest, korrigiert um die Korrelation zwischen Fachwissen und der Generierung von gestützten Hypothesen im Pretest (siehe Tab. 8.39 auf der rechten Seite). Hierbei generieren die Studierenden die um mehr als eine Standardabweichung im Fachwissenstest unter 0 liegen, 0,22 gestützte Hypothesen im Posttest mehr als im Pretest. Die Studierenden, die -1 bis $-0,5$ bzw. $-0,5$ bis $0,5$ Standardabweichungen im Fachwissenstest erreichen, generieren 1,5 bzw. 1,13 gestützte Hypothesen im Posttest mehr als im Pretest. Schließlich generieren die Studierenden, die 0,5 bis 1 oder mehr als 1 Standardabweichung von 0 abweichen, 2,66 bzw. 2,43 mehr gestützte Hypothesen als im Pretest.

Auch für das Identifizieren manifester Merkmale zeigt sich ein Unterschied zwischen den nach ihrem Fachwissen sortierten Gruppen. Die Studierenden, die um mehr als eine Standardabweichung unter 0 liegen, identifizieren im Schnitt im Posttest 0,66 manifest Merkmale weniger als im Pretest. Diese Differenz beträgt 1,63 bzw. 1,65 für die Studierenden, die um -1 bis $-0,5$ bzw. $-0,5$ bis $0,5$ Standardabweichungen von 0 verschieden sind, und 2,07 für die Studierenden mit 0,5 bis 1 bzw. mit mehr als einer Standardabweichung.

Tab. 8.39 Darstellung der Entwicklung der adaptierten epistemischen Aktivitäten in Abhängigkeit vom Fachwissenstest

Standardabweichungen FW-Score	Manifest	Hypothesen	Gest. Hypothesen
	Mittlere Differenz zwischen Pre und Post	Mittlere Differenz zwischen Pre und Post	Mittlere Differenz zwischen Pre und Post
< −1	−0,66	−0,66	0,22
[−1;−0,5]	1,63	−0,19	1,50
]−0,5;0,5]	1,65	0,65	1,13
[0,5;1]	2,07	2,19	2,66
> 1	2,07	2,00	2,43

Insgesamt scheint ein höherer Score im Fachwissenstest in der untersuchten Stichprobe zu einer besseren Entwicklung bezüglich der Anzahl der adaptierten epistemischen Aktivitäten zu führen. Dabei zeigen sich jedoch Unterschiede für die einzelnen adaptierten epistemischen Aktivitäten. Für alle adaptierten epistemischen Aktivitäten gilt, dass sich ab einer Standardabweichung von 0,5 die höchsten Differenzen zwischen Pre- und Posttest ergeben.

Im Folgenden wird im Kontrast der fachdidaktische Wissenstest analysiert. Dazu wird jeweils die Korrelation des fachdidaktischen Wissenstests mit einer spezifischen adaptierten epistemischen Aktivität im Posttest, korrigiert um die Korrelation zwischen dem Wissenstest und der spezifischen adaptierten epistemischen Aktivität im Pretest, betrachtet (siehe Tabelle 8.40). Die Punkte der Studierenden im fachdidaktischen Wissenstest wurden zur Analyse ebenfalls standardisiert. Durch die Standardisierung entstehen fünf Gruppen: weniger als -1 Standardabweichungen, -1 bis $-0,5$ Standardabweichungen, $-0,5$ bis 0,5 Standardabweichungen, 0,5 bis 1 Standardabweichung und mehr als eine Standardabweichung.

Die Studierenden, die um mehr als eine Standardabweichung unter 0 im fachdidaktischen Wissenstest liegen, identifizieren im Durchschnitt 0,32 manifeste Merkmale im Pretest mehr als im Posttest. Die größte Steigerung erfolgt in der Gruppe der Studierenden, die -1 bis $-0,5$ Standardabweichungen im fachdidaktischen Wissenstest aufweisen (3,31), und die geringste Steigerung in der Gruppe, die um 0,5 bis 1 Standardabweichung im fachdidaktischen Wissenstest abweichen (0,05). Hier zeigt sich also, anders als beim Fachwissen, kein eindeutiges Bild des Zusammenhangs zwischen dem Score im fachdidaktischen Wissenstest und der Steigerung der diagnostischen Kompetenz bezüglich des Identifizierens manifester Merkmale.

Ein ähnlich uneindeutiges Bild ergibt sich bei der Betrachtung des Zusammenhangs zwischen dem fachdidaktischen Wissen und dem Generieren von Hypothesen. Zwar ist die Gruppe der Studierenden, die die höchsten Scores im fachdidaktischen Wissenstest erreichen, auch die Gruppe, die die stärkste Entwicklung bezüglich des Generierens von Hypothesen durchläuft (2,31). Eine ähnliche Entwicklung durchlaufen aber die Studierenden, die um -1 bis $-0,5$ Standardabweichungen im fachdidaktischen Wissenstest von 0 verschieden sind (2,00) bzw. um 0,5 bis 1 Standardabweichungen von 0 verschieden sind (1,95). Hingegen generieren die Studierenden mit $-0,5$ bis 0,5 Standardabweichungen im Wissenstest fast die gleiche Anzahl an Hypothesen im Pretest wie im Posttest (0,05).

Für die Anzahl der generierten gestützten Hypothesen gilt, dass die Studierenden, die die höchsten Scores im fachdidaktischen Wissenstest erreichen, auch

Tab. 8.40 Darstellung der Entwicklung der adaptierten epistemischen Aktivitäten in Abhängigkeit vom fachdidaktischen Wissenstest

Standardabweichungen FD-Score	Manifest		Hypothesen		Gest. Hypothesen	
	Mittlere Differenz zwischen Pre und Post		Mittlere Differenz zwischen Pre und Post		Mittlere Differenz zwischen Pre und Post	
< −1	0,32		−0,37		0,89	
[−1;−0,5]	3,31		2,00		1,94	
]−0,5;0,5]	2,86		0,05		1,20	
[0,5;1]	0,05		1,95		2,11	
> 1	1,54		2,31		3,15	

die stärkste Entwicklung (3,15) verzeichnen. Die geringsten Entwicklungen finden bei den Studierenden statt, die die geringsten Scores im Wissenstest erzielen (0,89), aber auch bei den Studierenden, die −0,5 bis 0,5 Standardabweichungen im Wissenstest erreichen (1,2). Dazwischen liegen die Studierenden mit −1 bis −0,5 bzw. 0,5 bis 1 Standardabweichungen im Wissenstest, die im Posttest 1,94 bzw. 2,11 Hypothesen mehr generieren als im Pretest.

Insgesamt zeigt sich bis hierhin der deutlich stärkere Einfluss des Fachwissens auf die Entwicklung diagnostischer Kompetenz. Darüber hinaus scheint sich der Einfluss beider Wissensarten auf die Entwicklung diagnostischer Kompetenz eher auf die adaptierten epistemischen Aktivitäten zu beziehen, die mit dem Generieren von Hypothesen und gestützten Hypothesen verbunden sind.

Im Folgenden wird noch der Einfluss des Wissens auf die (Entwicklung der) Breite der adaptierten epistemischen Aktivitäten untersucht. Dazu zeigt die folgende Tabelle 8.41 die Korrelationen zwischen dem Wissenstest und der Breite der adaptierten epistemischen Aktivitäten in Pre- und Posttest.

Tab. 8.41 Korrelation zwischen Wissenstest und Breite der adaptierten epistemischen Aktivitäten

	Fachwissen	Fachdidaktisches Wissen
Pretest Breite Manifest	0,06	0,04
Pretest Breite Hypothesen	0,01	0,06
Pretest Breite gest. Hypothesen	−0,03	0,04
Posttest Breite Manifest	0,26	0,16
Posttest Breite Hypothesen	0,28*	0,22
Posttest Breite gest. Hypothesen	0,23	0,21

Holm (1979) korrigiert; $p < 0,05 = *$; $p < 0,01 = **$

In der Tabelle ist zu erkennen, dass im Pretest keine Korrelationen bestehen. Im Posttest sind die Korrelationen insgesamt etwas höher. Die einzige signifikante Korrelation besteht zwischen dem Score im Fachwissenstest und der Breite der Hypothesen im Posttest ($r = 0,28$). Knapp nicht signifikant ist die Korrelation zwischen der Breite der manifesten Merkmale im Posttest und dem Score im Fachwissenstest. Insgesamt zeigt sich, dass der Fachwissenscore im Posttest stärker mit der Breite der einzelnen adaptierten epistemischen Aktivitäten korreliert als der jeweilige Score im Test zum fachdidaktischen Wissen.

Um vertiefend zu untersuchen, inwiefern das erhobene Wissen einen Einfluss auf die Entwicklung diagnostischer Kompetenz hat, werden im Folgenden partielle Korrelationen zwischen der Breite der adaptierten epistemischen Aktivitäten und dem jeweiligen Testscore des Fachwissens oder des fachdidaktischen Wissens berechnet (siehe Tabelle 8.42). Dazu wird jeweils die Korrelation des Wissenstests mit der Breite einer spezifischen adaptierten epistemischen Aktivität im Posttest, korrigiert um die Korrelation zwischen Wissenstest und der Breite der adaptierten epistemischen Aktivität im Pretest, berechnet.

Tab. 8.42 Partielle Korrelationen zwischen Wissenstest und adaptierten epistemischen Aktivitäten

	Breite der identifizierten manifesten Merkmale	Breite der generierten Hypothesen	Breite der generierten gestützten Hypothesen
Fachwissen Arithmetik	0,25**	0,28**	0,23*
Fachdidaktisches Wissen zur Arithmetik	0,15	0,22*	0,21*

Holm (1979) korrigiert;$p < 0,05 = *$; $p < 0,01 = **$

Die partiellen Korrelationen zeigen, dass das Fachwissen mit der Entwicklung der Breite aller adaptierten epistemischen Aktivitäten signifikant zusammenhängt. Das bedeutet, dass in der untersuchten Stichprobe die Studierenden mit hohem Score im Fachwissenstest tendenzielle eine stärkere Entwicklung vom Pre- zum Posttest bezüglich der Breite der adaptierten epistemischen Aktivitäten durchlaufen als Studierende mit einem niedrigen Score im eingesetzten Fachwissenstest. Dabei ist die Korrelation zum Fachwissen am höchsten mit der Entwicklung der Breite der generierten Hypothesen (r = 0,28) und am niedrigsten mit der Entwicklung der Breite der generierten gestützten Hypothesen (r = 0,23). Das fachdidaktische Wissen korreliert insgesamt etwas niedriger mit der Entwicklung der Breite der adaptierten epistemischen Aktivitäten. Signifikante Korrelationen zeigen sich hier mit der Breite der generierten Hypothesen (r = 0,22) und mit der Breite der generierten gestützten Hypothesen (r = 0,21). Die Korrelation zwischen dem fachdidaktischen Wissen und der Entwicklung der Breite der manifesten Merkmale ist die einzige, die nicht signifikant ist (r = 0,15).

Um einen genaueren Einblick in die Korrelationen zu geben, werden in den nachstehenden Diagrammen nochmals die Gruppen in Abhängigkeit von der standardisierten Punktzahl in den Wissenstests dargestellt. Die Differenzen

Tab. 8.43 Darstellung der Entwicklung der Breite der adaptierten epistemischen Aktivitäten in Abhängigkeit vom Fachwissenstest

Standardabweichungen FW-Score	Breite Manifest	Breite Hypothesen	Breite gest. Hypothesen
	Mittlere Differenz zwischen Pre und Post	Mittlere Differenz zwischen Pre und Post	Mittlere Differenz zwischen Pre und Post
< -1	0,33	0,33	0,22
$[-1;-0,5]$	0,75	1,06	1,69
$]-0,5;0,5]$	1,43	0,83	1,00
$[0,5;1]$	1,22	2,30	2,41
> 1	2,21	2,57	2,07

der ermittelten manifesten Merkmale in Pre- und Posttest bzw. der generierten (gestützten) Hypothesen werden dann für diese Gruppen gemittelt und in Bezug gesetzt.

Die obenstehende Tabelle 8.43 zeigt den Zusammenhang zwischen der Entwicklung der diagnostischen Kompetenz bezogen auf die Breite der adaptierten epistemischen Aktivitäten und dem Fachwissen. Hierbei wird deutlich, dass die Studierenden mit geringerem Score im Fachwissenstest tendenziell eine geringere Steigerung bezüglich der Breite der adaptierten epistemischen Aktivitäten vom Pre- zum Posttest aufweisen. Hinsichtlich der Breite der identifizierten manifesten Merkmale beispielsweise steigert sich die Gruppe der Studierenden, die eine Standardabweichung von -1 im Fachwissenstest erreichen, um 0,33 im Mittel und die Gruppe der Studierenden, die mehr als eine Standardabweichung erreichen, steigert sich um 2,21.

Für die Breite der generierten Hypothesen zeigt sich eine Trennung zwischen den Studierenden, die -1 bis 0,5 Standardabweichungen im Fachwissenstest erreichen, und den Studierenden, die mehr als 0,5 Standardabweichungen im Fachwissenstest erreichen. Erstere steigern die Breite ihrer generierten Hypothesen um 0,33, 1,06 bzw. 0,83 und Letztere steigern die Breite ihrer generierten Hypothesen um 2,30 bzw. 2,57.

Der Zusammenhang zwischen der erreichten Punktzahl im fachdidaktischen Wissenstest und der Breite der adaptierten epistemischen Aktivitäten ist weniger eindeutig (siehe Tabelle 8.44). Hier zeigt sich für die Breite der identifizierten manifesten Merkmale, dass die geringste Steigerung (0,26 bzw. 0,92) in den Gruppen mit den wenigsten oder meisten Punkten im fachdidaktischen Wissenstest auftritt, während die Studierenden mit -1 bis 1 Standardabweichung die Breite ihrer manifesten Merkmale um 1,69, 1,82 bzw. 1,47 steigern. Die Entwicklung bezüglich der Breite der Hypothesen zeigt ein ebenfalls ambivalentes Bild. Hier liegen die höchsten Steigerungen vom Pre- zum Posttest in der Gruppe der Studierenden, die im fachdidaktischen Wissenstest -1 bis $-0,5$ Standardabweichungen (2,25) bzw. 0,5 bis 1 Standardabweichungen erreichen (2,26). Die geringsten Steigerungen finden sich in der Gruppe mit den geringsten Punkten im fachdidaktischen Wissenstest (0,58) und in der Gruppe, die $-0,5$ bis 0,5 Standardabweichungen im fachdidaktischen Wissenstest erreichen (0,77). Für die Breite der gestützten Hypothesen ist die größte Steigerung auch in der Gruppe der Studierenden, die die höchste Punktzahl im fachdidaktischen Wissenstest erreicht (2,77), zu beobachten.

Tab.8.44 Darstellung der Entwicklung der Breite der adaptierten epistemischen Aktivitäten in Abhängigkeit vom fachdidaktischen Wissenstest

Standardabweichungen FD-Score	Breite Manifest	Breite Hypothesen	Breite gest. Hypothesen
	Mittlere Differenz zwischen Pre und Post	Mittlere Differenz zwischen Pre und Post	Mittlere Differenz zwischen Pre und Post
< -1	0,26	0,58	1,05
$[-1;-0,5]$	1,69	2,25	1,81
$]-0,5;0,5]$	1,82	0,77	1,13
$[0,5;1]$	1,47	2,26	1,89
> 1	0,92	2,15	2,77

Der Einfluss des Fachwissens und des fachdidaktischen Wissens auf die Breite der adaptierten epistemischen Aktivitäten wird weiterhin durch Korrelationen zwischen den in den Wissenstests erreichten Punkten und der Anzahl der einzelnen adaptierten epistemischen Aktivitäten bezogen auf die Kompetenzbereiche (‚fachliches Grundwissen‘, ‚mathematische Handlungskompetenz‘ und ‚kommunikative Kompetenz‘) analysiert. In Tabelle 8.45 sind die Korrelationen zwischen dem Fachwissen bzw. dem fachdidaktischen Wissen und den Kompetenzbereichen im Pretest (auf der linken Seite der Tabelle) und im Posttest (auf der rechten Seite der Tabelle) abgebildet. Insgesamt entsteht der Eindruck, dass die Korrelationen im Pretest gering sind. Das bedeutet, dass höheres Fachwissen bzw. fachdidaktisches Wissen nicht automatisch zu höheren adaptierten epistemischen Aktivitäten in den Kompetenzbereichen führt. Im Posttest sind die Korrelationen etwas höher und für das Generieren von Hypothesen zum ‚fachlichen Grundwissen‘ signifikant zum Fachwissen der Studierenden ($r = 0,34*$) und zum fachdidaktischen Wissen der Studierenden ($r = 0,29*$). Hier zeigt sich weiter, dass das Wissen im Posttest den größten Einfluss auf die Anzahl der generierten Hypothesen hat, weil hier die höchsten Korrelationen zu beobachten sind. Weiterhin zeigt sich, dass in der Regel die Korrelationen zwischen dem Fachwissen der Studierenden und den adaptierten epistemischen Aktivitäten bezogen auf die Kompetenzbereiche höher sind als die Korrelationen zwischen dem fachdidaktischen Wissen und den adaptierten epistemischen Aktivitäten bezogen auf die Kompetenzbereiche. Die deutlichste Ausnahme für diese Folgerung findet sich bei den gestützten Hypothesen. Hier sind Korrelationen zum fachdidaktischen Wissen gleich hoch (siehe z. B. Korrelation zum ‚fachlichen Grundwissen‘ im Posttest: FW: $r = 0,11$ und FD: $r = 0,10$) oder sogar deutlich höher (siehe Korrelation zur ‚mathematischen Handlungskompetenz‘: FW: $r = 0,14$ und FD: $r = 0,26$).

Tab. 8.45 Korrelation zwischen Wissenstest und den Kompetenzbereichen der adaptierten epistemischen Aktivitäten

Manifeste Merkmale Pre				Manifeste Merkmale Post		
	FG	MHK	KomK		FG	MHK	KomK
FW	0,06	0,10	−0,05	FW	0,11	0,15	0,16
FD	−0,01	0,17	−0,05	FD	0,03	0,10	0,10
Hypothesen Pre				Hypothesen Post		
	FG	MHK	KomK		FG	MHK	KomK
FW	−0,08	0,01	0,01	FW	0,34*	0,23	0,21
FD	−0,09	0,03	0,12	FD	0,29*	0,23	0,12
Gest. Hypothesen Pre				Gest. Hypothesen Post		
	FG	MHK	KomK		FG	MHK	KomK
FW	−0,07	−0,07	0,01	FW	0,11	0,14	0,21
FD	−0,06	−0,02	0,10	FD	0,10	0,26	0,22

Holm (1979) korrigiert; $p < 0,05 = $ *; $p < 0,01 = $ **

Abschließend werden partielle Korrelationen betrachtet, um den Zusammenhang zwischen dem Fachwissen bzw. dem fachdidaktischen Wissen und der Entwicklung bezüglich der Kompetenzbereiche zu analysieren. Dazu wird die Korrelation zwischen dem Fachwissen bzw. dem fachdidaktischen Wissen und der Anzahl der jeweiligen adaptierten epistemischen Aktivitäten für einen Kompetenzbereich berechnet und um die Korrelation im Pretest korrigiert.

Tab. 8.46 Partielle Korrelation zwischen Wissenstest und den Kompetenzbereichen der adaptierten epistemischen Aktivitäten

Manifeste Merkmale			
	FG	MHK	KomK
FW	0,10	0,14	0,16
FD	0,03	0,08	0,11
Hypothesen			
	FG	MHK	KomK
FW	0,37**	0,23*	0,21*
FD	0,32**	0,23*	0,10

(Fortsetzung)

Tab. 8.46 (Fortsetzung)

Gest. Hypothesen			
	FG	MHK	KomK
FW	0,11	0,14	0,21*
FD	0,10	0,26*	0,21*

Holm (1979) korrigiert; p < 0,05 = *; p < 0,01 = **

Tabelle 8.46 bestätigt noch einmal, dass das Fachwissen und das fachdidaktische Wissen nicht mit der Entwicklung bezüglich der identifizierten manifesten
Merkmale in den drei Kompetenzbereichen korrelieren. Demgegenüber korrelieren sowohl das fachdidaktische als auch das Fachwissen mit fast allen
Kompetenzbereichen der generierten Hypothesen zum Teil hochsignifikant (z. B.
partielle Korrelation FW – FG: r = 0,37**; partielle Korrelation FD – FG: r =
0,32**). Für die gestützten Hypothesen zeigt sich, dass die Entwicklung bezüglich der ‚kommunikativen Kompetenz' sowohl mit dem Fachwissen als auch
mit dem fachdidaktischen Wissen korreliert (r = 0,21). Weiter ergibt sich, dass
das fachdidaktische Wissen mit r = 0,26* mit der Entwicklung der gestützten
Hypothesen bezogen auf die ‚mathematische Handlungskompetenz' korreliert.

Damit lassen sich insgesamt zwei Erkenntnisse folgern. Erstens hat in der
vorliegenden Studie das Fachwissen tendenziell einen leicht größeren Einfluss
auf die Entwicklung des diagnostischen Denkens bezüglich aller untersuchten
adaptierten epistemischen Aktivitäten als das fachdidaktische Wissen. Zweitens
wirken sowohl das Fachwissen als auch das fachdidaktische Wissen stärker auf
die Entwicklung der adaptierten epistemischen Aktivitäten ein, die mit dem Generieren von Hypothesen zusammenhängen, als auf die Entwicklung adaptierter
epistemischer Aktivitäten, die mit dem Identifizieren von manifesten Merkmalen
verbunden sind.

8.4 Diskussion der Ergebnisse

Die zweite Studie bestand aus zwei Teilen (A und B), die jeweils als experimentelle Studie im Pre-Post-Design durchgeführt wurden. Im Folgenden werden die
Ergebnisse beider Teilstudien diskutiert.

8.4.1   Teil A

Teil A der zweiten Studie sollte den folgenden Fragen nachgehen:

Forschungsfrage 3.1:

> „Wie wirken sich Interventionen, die auf verschiedene Phasen des nach Nickerson
> (1999) adaptierten diagnostischen Denkprozesses abzielen, auf die Anzahl der adap-
> tierten epistemischen Aktivitäten der angehenden Lehrer*innen aus?"

Forschungsfrage 3.2:

> „Wie wirken sich Interventionen, die auf verschiedene Phasen des nach Nickerson
> (1999) adaptierten diagnostischen Denkprozesses abzielen, auf die Breite der adap-
> tierten epistemischen Aktivitäten der angehenden Lehrer*innen aus?"

Zur Beantwortung der Forschungsfragen wurden drei Interventionsbedingungen
und eine Kontrollbedingung designt. Die Interventionen entsprechen im Design
der ersten Studie, beziehen sich aber jeweils auf sieben Wochen mit je einer
Seminarsitzung à 90 Minuten. Entsprechend wurde die Länge der Intervention
halbiert, sodass es sich eher um eine mittellange Intervention handelt (vgl. Kapitel 6). Allerdings wurde in verschiedenen Studien bereits gezeigt, dass auch in
mittellangen Interventionen die diagnostische Kompetenz effektiv gefördert werden kann (z. B. Philipp & Gobeli-Egloff, 2022 und Larrain & Kaiser, 2022),
sodass auf diesen Effekten aufgebaut wird. Die Studierenden der Stichprobe
($N = 137$) staffeln sich wie folgt in vier Bedingungen:

Die erste Bedingung thematisiert die erste Phase des nach Nickerson (1999)
adaptierten diagnostischen Denkprozesses und somit die eigenen Lösungsansätze
der Studierenden, um ein Standardmodell einer schriftlichen Lösung zu erstellen
($B1$, Aufgabe; $N = 37$). Die zweite Bedingung thematisiert die zweite Phase des
nach Nickerson (1999) adaptierten Prozesses des diagnostischen Denkens und
somit die Analyse der Studierenden von Schüler*innendokumenten zu offenen
Lernangeboten der Arithmetik (B_2, Schüler*in; $N = 40$). Die dritte Bedingung
thematisiert beide Phasen des nach Nickerson (1999) adaptierten diagnostischen
Denkprozesses. Somit werden hier sowohl die Erstellung von Standardmodellen
zu Lösungen als auch die Analyse von Schüler*innendokumenten einbezogen
($B3$, Integriert; $N = 35$). Die vierte Bedingung ist eine Kontrollbedingung, die
ein Seminar ohne Bezug zum diagnostischen Denken umfasst (B_0, Kontrolle;
$N = 25$), und gilt damit als Wartebedingung.

Um die Auswirkungen der Interventionen vergleichend untersuchen zu können, sind diese ähnlich designt. Alle Interventionen basieren auf den wirksamen Effekten der Förderung diagnostischer Kompetenz (Chernikova et al., 2020) und unterscheiden sich hinsichtlich der adressierten Phase des nach Nickerson (1999) adaptierten diagnostischen Denkprozesses (Abschn. 8.2.1). Das bedeutet, dass eine Intervention die erste Phase des diagnostischen Denkprozesses adressiert und daher die Studierenden in der Erkundung offener Lernangebote schult. Eine weitere Intervention adressiert die zweite Phase des nach Nickerson (1999) adaptierten diagnostischen Denkprozesses und schult daher die Studierenden in der Analyse von Schüler*innendokumenten. Die letzte Intervention adressiert beide Phasen und schult daher beide Facetten (siehe dazu Abschnitt 8.2). Durch die Variation der adressierten Phase des nach Nickerson (1999) adaptierten diagnostischen Denkprozesses in den Interventionen folgt allerdings eine Änderung der konkreten Operationalisierung der wirksamen Aspekte der Förderung. So kann z. B. mit Bezug zum Aspekt *Assigning Roles* davon gesprochen werden, dass in der Interventionsbedingung B_2 (Schüler*in) den Studierenden die Rolle der Lehrkraft zugeordnet wird. Demgegenüber wird in der Interventionsbedingung B_1 (Aufgabe) den Studierenden die Schüler*innenrolle zugewiesen.

Die Entwicklung der diagnostischen Kompetenz der Studierenden in den vier Bedingungen wurde in Bezug zu den adaptierten epistemischen Aktivitäten beim Analysieren von Schüler*innendokumenten untersucht. Hierzu wurde am Anfang wieder die Anzahl der adaptierten epistemischen Aktivitäten, also das Identifizieren von manifesten Merkmalen, das Generieren von Hypothesen und das Generieren von gestützten Hypothesen, betrachtet. Die Studierenden unterscheiden sich hinsichtlich der adaptierten epistemischen Aktivitäten über die vier Gruppen im Pretest nicht.

Die Ergebnisse deuten auf unterschiedliche Effekte der einzelnen Interventionen hin. So findet für die Studierenden in Gruppe B_1 (Betonung auf der ersten Phase des adaptierten Denkprozesses) keine Entwicklung bezüglich der drei betrachteten adaptierten epistemischen Aktivitäten statt. Dies gilt ebenfalls für die Studierenden in der Kontrollgruppe. Im Gegensatz dazu konnten signifikant positive Effekte der integrierten Interventionsbedingung (B_3 (Integriert)) festgestellt werden. Die positiven Effekte sind zum Teil noch stärker sichtbar bei der Interventionsbedingung, die sich auf das Analysieren von Schüler*innendokumenten und damit auf die zweite Phase des adaptierten Denkprozesses fokussiert (B_2). Diese positiven Effekte sind in den Unterschieden zwischen den Gruppen im Posttest zu erkennen. So identifizieren die Studierenden der Gruppen B_2 (Schüler*in) signifikant mehr manifeste Merkmale als die Studierenden in Gruppe B_3

(Integriert), die wiederum signifikant mehr manifeste Merkmale identifizieren als die Studierenden der Gruppen B_1 (Aufgabe) und B_0 (Kontrolle) im Posttest.

Die positiven Effekte der Interventionsbedingungen B_2 (Schüler*in) und B_3 (Integriert) beziehen sich tatsächlich auf alle drei adaptierten epistemischen Aktivitäten, denn auch für die Anzahl der generierten Hypothesen und die Anzahl der generierten gestützten Hypothesen zeigen sich jeweils signifikante Unterschiede zwischen den Gruppen im Posttest. Beide Gruppen (B_2 (Schüler*in) und B_3 (Integriert)) generieren im Posttest signifikant mehr Hypothesen und gestützte Hypothesen als die Studierenden der dritten Interventionsbedingung (B_1(Aufgabe)) und der Kontrollgruppe (B_0). Insgesamt zeigt sich mit Blick auf die Ergebnisse im Posttest eine Hierarchie der Interventionsbedingungen B_2 (Schüler*in) $\geq$ B_3 (Integriert) > B_1 (Aufgabe) $\geq$ B_0 (Kontrolle) hinsichtlich der Entwicklung bezüglich der Anzahl und der Breite der adaptierten epistemischen Aktivitäten. Eine Hypothese für die Herkunft der Hierarchie basiert auf der zweiten Phase des nach Nickerson (1999) adaptierten diagnostischen Denkprozesses (siehe Abb. 7.8) bzw. auf der Integration der Analyse von Schüler*innendokumenten in die Intervention. Wenn die Analyse in eine Intervention integriert ist, führt dies zu Verbesserungen. Dies könnte die Überlegenheit der Bedingungen B_2 (Schüler*in) und B_3 (Integriert) gegenüber B_1 (Aufgabe) und B_0 (Kontrolle) erklären. Dabei scheint die Intensität, in der das Analysieren von Schüler*innendokumenten in B_3 (Integriert) in die Intervention integriert ist (drei Wochen), auszureichen, da die intensivere Beschäftigung in B_2 (Schüler*in) (sieben Wochen) zu ähnlichen Ergebnissen führt. Es ist allerdings ebenfalls möglich, dass tatsächlich die Kombination aus Phase 1 (Erkundung offener Lernangebote) und Phase 2 (Analyse von Schüler*innendokumenten) des nach Nickerson (1999) adaptierten diagnostischen Denkprozesses ähnlich wirksam ist wie der isolierte Fokus auf Phase 2. Dagegen spricht, dass der reine Fokus auf Phase 1 in B_1 (Aufgaben) zu keiner Steigerung führen konnte. Daraus lässt sich folgern, dass das Analysieren von Schüler*innendokumenten bzw. die Betonung von Phase 2 des nach Nickerson (1999) adaptierten diagnostischen Denkprozesses ein obligatorischer Bestandteil einer Intervention zur Förderung diagnostischer Kompetenz sein sollte. Dies deckt sich mit bisheriger Forschung zur Förderung diagnostischer Kompetenz. Das Analysieren von Schüler*innendokumenten kann auch als das Übernehmen der Rolle als Lehrer*in betrachtet werden. Dies wurde bereits in verschiedenen Studien in Interventionskonzepte integriert, die zu wirksamer Förderung diagnostischer Kompetenz geführt haben (siehe z. B. Heinrichs & Kaiser, 2018 oder Sunder et al., 2016). Inwiefern die eigene Erkundung eine Rolle spielt, kann in dieser Studie nicht abschließend geklärt werden. Ein Anschluss an bisherige Forschung ist hierbei nicht möglich, weil das Integrieren der Rolle als

Schüler*in (in der vorliegenden Arbeit operationalisiert durch das eigene Erkunden offener Lernangebote) in Interventionen bisher nicht durchgeführt wurde (Chernikova et al., 2022).

Wie in der ersten Studie, wurde auch in der zweiten Studie der vorliegenden Arbeit als zusätzliches Qualitätsmerkmal des diagnostischen Denkens die Breite der adaptierten epistemischen Aktivitäten untersucht. Die Ergebnisse der Analyse der Breite der adaptierten epistemischen Aktivitäten bestätigen die soeben skizzierte Hierarchie. Bezogen auf die adressierten Kompetenzbereiche (‚fachliches Grundwissen‘, ‚mathematische Handlungskompetenz‘ und ‚kommunikative Kompetenz‘) in Pre- und Posttest konnten deutliche Unterschiede zwischen den Interventionsbedingungen festgestellt werden. Während sich im Pretest noch kein systematisches Bild ergab, kann für den Posttest festgehalten werden, dass die Studierenden in den Gruppen B_2 (Schüler*in) und B_3 (Integriert) die drei Kompetenzbereiche deutlich gleichmäßiger verteilt adressieren als die Studierenden in den Gruppen B_1 (Aufgabe) und B_0 (Kontrolle). Das gilt für alle adaptierten epistemischen Aktivitäten. Die Analyse der Breite der jeweiligen adaptierten epistemischen Aktivität, bezogen auf die den Kompetenzbereichen zugeordneten Kompetenzfacetten, zeigt, dass sich die Gruppen im Pretest nicht signifikant unterschieden haben. Im Posttest hingegen ist die Breite der adaptierten epistemischen Aktivitäten der Gruppen B_2 (Schüler*in) und B_3 (Integriert) signifikant höher als die der Gruppen B_1 (Aufgabe) und B_0 (Kontrolle).

In der zweiten Studie haben sich signifikante Korrelationen zwischen den adaptierten epistemischen Aktivitäten gezeigt. Aus diesen Korrelationen lassen sich zwei Erkenntnisse folgern. Erstens hängen die Anzahl und die Breite der jeweiligen adaptierten epistemischen Aktivitäten in der zweiten Studie stark zusammen. Das bedeutet z. B., dass mit steigender Anzahl identifizierter manifester Merkmale auch die Breite der identifizierten manifesten Merkmale steigt. Dies führt dazu, dass die Anzahl und die Breite der adaptierten epistemischen Aktivitäten als Ansätze der Messung des diagnostischen Denkens eventuell äquivalent verwendet werden können. Dagegen sprechen die zusätzlichen Erkenntnisse, die in den vorliegenden Studien durch die Analyse der Breite der adaptierten epistemischen Aktivitäten gewonnen werden konnten. Dazu zählt z. B. die Erkenntnis, dass die Interventionen, die die Zuweisung der Rolle als Lehrer*in beinhalten und den Fokus (auch) auf die zweite Phase des nach Nickerson (1999) adaptierten diagnostischen Denkprozesses legen bzw. die Analyse von Schüler*innendokumenten einbeziehen (das betrifft die Interventionsbedingungen B_2 (Schüler*in) und B_3 (Integriert)), dazu führen, dass sich die adaptierten epistemischen Aktivitäten der Studierenden wesentlich gleichmäßiger auf die drei Kompetenzbereiche aufteilen.

Eine weitere Erkenntnis dieser Studie adressiert die von Stahnke et al. (2016) identifizierte Forschungslücke. Stahnke et al. (2016) haben in einer Literaturstudie festgestellt, dass es bisher wenige Studien gibt, die Wahrnehmen und Interpretieren in einem kombinierten Ansatz erheben. Die vorliegende Studie zeigt trotz eines gewissen Zusammenhangs zwischen den adaptierten epistemischen Aktivitäten des Wahrnehmens und des Interpretierens unterschiedliche Effekte der Interventionen auf das Interpretieren und Wahrnehmen. Im Gegensatz zur ersten Studie konnten in der zweiten Studie in einer Intervention sowohl das Wahrnehmen als auch das Interpretieren gefördert werden. Die gestützten Hypothesen als Verbindung des Wahrnehmens und Interpretierens wurden in der Konzeption des Messinstruments als elaboriertere Form der adaptierten epistemischen Aktivitäten angesehen. Dies zeigt sich in den Ergebnissen darin, dass die Anzahl der gestützten Hypothesen in den Pretests sehr gering ist und nach den entsprechend wirksamen Interventionen weiterhin deutlich kleiner ist als die Anzahl der identifizierten manifesten Merkmale und die Anzahl der generierten Hypothesen. Wie bereits in der Diskussion der ersten Studie beschrieben, ist der Anschluss an bisherige Forschung hierbei schwierig, da kaum Forschung existiert, die die epistemischen Aktivitäten der Diagnostik von (angehenden) Lehrer*innen einzeln untersucht. In der Regel werden die epistemischen Aktivitäten als ein gesamtes Konstrukt betrachtet (Kramer et al., 2021). Hier sollte zukünftige Forschung der Forderung (siehe auch Bastian et al., 2022) nachkommen, die epistemischen Aktivitäten einzeln und differenziert zu betrachten.

Im Hinblick auf die Aspekte der wirksamen Förderung diagnostischer Kompetenz wurde in der zweiten Studie dieser Arbeit der Aspekt der Rollenzuweisung (Chernikova et al. 2020) systematisch zwischen den Interventionsbedingungen variiert. Hierbei kann durch die Ergebnisse die Hypothese aufgestellt werden, dass die Zuweisung der Rolle als Lehrer*in einen positiven Effekt hat, während die alleinige Zuweisung der Rolle als Schüler*in in der zweiten Studie keinen Effekt auf die Entwicklung des diagnostischen Denkens zu haben scheint. Zu diesem Aspekt konnten Chernikova et al. (2020) bereits feststellen, dass in bisherigen Studien die Rolle der Schüler*in nicht zugewiesen wurde. Das Zuweisen der Lehrer*innenrolle hatte in bisherigen Studien einen positiven Einfluss auf die Entwicklung diagnostischer Kompetenz, sodass die Forschung in dieser Hinsicht erweitert bzw. bestätigt werden kann. Dass das Zuweisen der Rolle als Schüler*in keinen Effekt hat, war vor allem deshalb nicht zu erwarten, weil die offenen Aufgaben auch von den angehenden Lehrer*innen eine gewisse Anstrengung erforderten, um substanzielle Lösungen zu entwickeln. Ob die (nicht) vorhandene Entwicklung tatsächlich auf das Zuweisen der Schüler*innenrolle zurückzuführen ist, kann in der zweiten Studie jedoch nicht geklärt werden.

Eine weitere mögliche Ursache für die unterschiedlichen Effekte der Interventionen könnte in Phasen des nach Nickerson (1999) adaptierten diagnostischen Denkprozesses liegen, die die Interventionsbedingungen fokussieren. Den Fokus in einer Intervention auf die erste Phase des nach Nickerson (1999) adaptierten diagnostischen Denkprozesses zu legen, die sich stärker auf die Aufgabe bezieht, scheint wie bereits diskutiert keine Wirkung auf die Entwicklung diagnostischer Kompetenz zu haben. Ist die zweite Phase ein Teil der Intervention oder der Hauptfokus der Intervention, so scheint dies eine starke Wirkung zu haben. Es ist jedoch nicht auszuschließen, dass es sich um komplexe Wechselwirkungen zwischen den verschiedenen Bestandteilen der Interventionen handelt.

Bezüglich der eingangs gestellten Forschungsfragen lässt sich also mit Bezug zu den gerade diskutierten Ergebnissen festhalten, dass sowohl auf die Entwicklung der Anzahl als auch der Breite der adaptierten epistemischen Aktivitäten ein großer Effekt durch Interventionen erzielt wurde, die den Fokus auf Schüler*innen legen. Die Hypothese (H_1) lässt sich nur zum Teil bestätigen, da keine signifikanten Unterschiede zwischen B_2 (Schüler*in) und B_3 (Integriert) sowie zwischen B_1 (Aufgabe) und B_3 (Integriert) bestehen. Limitiert sind die Ergebnisse durch die spezifische diagnostische Situation, die betrachtet wird. Weitere Forschung müsste überprüfen, ob die unterschiedliche Wirksamkeit der Interventionen auch in anderen diagnostischen Situationen gilt. Allgemeiner könnte zukünftige Forschung ebenfalls das Wahrnehmen und Interpretieren als Subprozesse des diagnostischen Denkens erfassen, weil die vorliegende Studie unterschiedliche Effekte der Interventionen auf die Subprozesse offenbart hat.

8.4.2 Teil B

Die Operationalisierung des nach Nickerson (1999) adaptierten diagnostischen Denkprozesses suggeriert eine Chronologie dieses Prozesses. Das Modell beginnt mit der Phase, die sich auf Aufgaben bezieht, und schließt mit der Phase, die sich auf Schüler*innen bezieht. Es ist unklar, ob der diagnostische Denkprozess tatsächlich in dieser Reihenfolge stattfindet. Da aber beide Phasen Bestandteil des Denkprozesses sein können, stellt sich die Frage, ob die Effektivität des Betonens der einzelnen Phasen in Interventionen von der Reihenfolge abhängig ist. So ist es möglich, dass es effektiver ist, sich im ersten Teil der Intervention auf Aufgaben zu beziehen und im zweiten Teil der Intervention auf Schüler*innen, als umgekehrt. Alternativ könnte das abwechselnde Betonen der beiden Phasen am effektivsten sein. Um dies zu klären, wurde in Teil B der zweiten Studie der vorliegenden Arbeit der folgenden Forschungsfrage nachgegangen:

„Ist eine spezifische Reihenfolge, die die Phasen des diagnostischen Denkens in einer Intervention anspricht, effektiver, um das diagnostische Denken, operationalisiert durch die adaptierten epistemischen Aktivitäten, von angehenden Lehrer*innen zu verbessern, als andere Reihenfolgen?"

Hierzu haben die Studierenden, die für die ersten sieben Wochen des Semesters der Interventionsbedingung B_1 (Aufgabe) zugewiesen waren, in den zweiten sieben Wochen des Semesters die Interventionsbedingung B_2 (Schüler*in) erhalten. Umgekehrtes gilt für die Studierenden, die mit der Interventionsbedingung B_2 (Schüler*in) begonnen haben. Die Studierenden, die in den ersten sieben Wochen die Interventionsbedingung B_3 (Integriert) erhalten haben, setzten dies fort und verblieben für weitere sieben Wochen im integrierten Interventionsdesign, in dem sich der Fokus auf Schüler*innen und Aufgaben abwechselt. Aus forschungsmethodischer Perspektive war das Ziel dieses Vorgehens, dass die Studierenden aller Interventionsbedingungen am Ende eines Semesters alle Interventionsteile durchlaufen haben. Das ist zum einen aus forschungsethischer Perspektive von Bedeutung, da die Hypothese bestand, dass der Fokus auf Schüler*innen effektiv für die Entwicklung diagnostischer Kompetenz ist und es somit relevant ist, dass am Ende des Semesters alle Studierenden mit Schüler*innendokumenten arbeiten konnten. Darüber hinaus ist es aus theoretischer Sicht sinnvoll, sich zusätzlich mit den zugrunde liegenden Aufgabenstellungen, also den offen Lernangeboten, zu beschäftigen, da diese die fachliche Grundlage für die Analyse der Schüler*innendokumente bilden. Von der fachlichen Grundlage wird ein wesentlicher Einfluss auf die diagnostische Kompetenz angenommen (siehe z. B. Brunner et al., 2011). Insgesamt wurde eine zweite experimentelle Studie im Pre-Post-Design mit 112 Studierenden (B_1 (Aufgabe): N = 37; B_2 (Schüler*in): N = 40; B_3 (Integriert): N = 35) der gleichen Stichprobe durchgeführt wie schon in Teil A. Die Kontrollgruppe existierte hier aus forschungspraktischen Gründen nicht mehr.

Die Ergebnisse der Analysen zeigen, dass im Pretest keine signifikanten Unterschiede zwischen den Gruppen bestehen. Das gilt sowohl für die Anzahl als auch für die Breite der adaptierten epistemischen Aktivitäten (manifeste Merkmale identifizieren, Hypothesen generieren, gestützte Hypothesen generieren). Das bedeutet, dass sich die drei Interventionsgruppen beispielsweise weder hinsichtlich der Anzahl der identifizierten manifesten Merkmale noch hinsichtlich der Breite der gestützten Hypothesen signifikant unterscheiden. Anders als in den bisher betrachteten Untersuchungen zeigen sich im Posttest mit einer Ausnahme ebenfalls keine signifikanten Unterschiede zwischen den Gruppen. Entsprechend scheinen die unterschiedlichen Reihenfolgen der Interventionen hier zu keinen unterschiedlichen Effekten bezüglich des Posttests zu führen. Die Ausnahme betrifft die Anzahl der generierten Hypothesen. Hier generieren die Studierenden der Gruppe, die mit der Intervention begonnen hat, in der die erste Phase des nach Nickerson (1999) adaptierten diagnostischen Denkprozesses fokussiert wird (B_{12}: Aufgabe –> Schüler*in), signifikant weniger Hypothesen als die Studierenden, die in ihrer Intervention mit der zweiten Phase des nach Nickerson (1999) adaptierten diagnostischen Denkprozesses begonnen haben (B_{21}: Schüler*in –> Aufgabe). Die Gründe für diese Ausnahme konnten in der vorliegenden Studie nicht ermittelt werden. Es könnte sich um einen Zufall handeln, weil dieser Effekt ausschließlich bei der Anzahl der Hypothesen auftritt, es könnte aber auch tatsächlich ein Effekt der Reihenfolge der Intervention sein. Neben dieser Ausnahme zeigt sich eine leichte, aber nicht signifikante Tendenz bei der Anzahl und der Breite der generierten gestützten Hypothesen. Die Anzahl und die Breite der generierten Hypothesen der Gruppe, die über die gesamten 14 Wochen der integrierten Intervention folgte, ist höher als die der Gruppe, die mit Phase 1 begonnen hat, die besser ist als die Gruppe, die mit Phase 2 anfing. Dies kann als erster Hinweis dafür gewertet werden, dass es eine Hierarchie in der Reihenfolge gibt, in der die integrierte Variante der Bedingung (B_{33}: Integriert –> Integriert) zu den besten Ergebnissen führt. Diese Hierarchie ist in der vorliegenden Arbeit jedoch statistisch nicht nachweisbar. Möglicherweise zeigen sich diese Unterschiede mit einem sensitiveren Messinstrument oder in der Betrachtung der inhaltlichen Qualität der einzelnen adaptierten epistemischen Aktivitäten. Letzteres wurde in dieser Arbeit nicht betrachtet.

Limitiert sind diese Ergebnisse durch das Messinstrument. Wie bereits beschrieben, wurden zu jedem Testzeitpunkt (Pretest, Posttest nach sieben Wochen und Posttest nach 14 Wochen) jeweils zwei Testitems eingesetzt. Während ein Item gleichblieb und nur leicht optisch verfremdet wurde, wurde ein weiteres Item von Test zu Test ausgetauscht. Die Ergebnisse der ausgetauschten Testitems sind sehr heterogen, was eine unterschiedliche Schwierigkeit der Items vermuten lässt. Dass diese Aufgaben so heterogen bezüglich der Schwierigkeit sind, erschwert Einsichten in die Entwicklungen der einzelnen Gruppen. Das führt zu dem Forschungsdesiderat: Ist es möglich, bei Lösungen zu offenen Lernangeboten zwei Lösungen zu finden, die sich hinreichend ähnlich sind, um Entwicklungsvergleiche zu ermöglichen, oder können, wie in der vorliegenden Studie, nur exakt gleiche Items zum Entwicklungsvergleich herangezogen werden?

Insgesamt zeigen sich keine herausstechenden Unterschiede zwischen den Gruppen, sodass geschlussfolgert werden kann, dass die Reihenfolge der Interventionsbedingungen einer 14-wöchigen Intervention nur eine untergeordnete

Rolle spielt. Das bedeutet, dass es in der vorliegenden Studie unerheblich für die Entwicklung diagnostischer Kompetenz ist, ob die Schüler*innenebene, die Aufgabenebene oder beide im Wechsel in einer Intervention zuerst thematisiert werden. Da nach einer siebenwöchigen Intervention deutliche Unterschiede zwischen den Interventionsbedingungen nachweisbar waren (siehe Abschnitt 8.2), stellen sich Folgefragen: Ist der Fokus auf Schüler*innen der ausschlaggebende Punkt der Wirksamkeit der Intervention? Können die Studierenden, die mit dem Fokus auf Aufgaben beginnen und in den zweiten sieben Wochen auf Schüler fokussieren, aufholen, weil sie dann auch die Schüler*innen in den Fokus setzen? Müsste daraus resultierend die integrierte Intervention nicht signifikant besser zum Testzeitpunkt T2 sein, da sich die Studierenden in dieser Gruppe über das gesamte Semester hinweg mit Schüler*innendokumenten auseinandersetzen?

Darüber hinaus stellt sich die Frage, inwiefern die bisher vorgestellten Ergebnisse einen Einblick in die Wirksamkeit der Interventionen hinsichtlich der Entwicklung der diagnostischen Kompetenz bezogen auf die adaptierten epistemischen Aktivitäten liefern, da bisher nur Gruppenvergleiche herangezogen wurden. Deswegen werden im Folgenden nochmals gesondert die Pre-Post-Test-Vergleiche bezogen auf ein einzelnes Item diskutiert, um die Entwicklung der einzelnen Gruppen zwischen den Testzeitpunkten zu analysieren. Das könnte ebenfalls einen Einblick in die soeben formulierten Fragen geben.

8.4.3 Teil A und B bezogen auf ein gleichbleibendes Item

In Ergänzung zu den bereits diskutierten Analysen wurden die adaptierten epistemischen Aktivitäten der Studierenden bezogen auf ein im Pre- und Posttest gleiches Item betrachtet. Diese Analyse sollte zum einen ausschließen, dass das wechselnde Diagnostik-Item für die bisher beschriebenen Veränderungen der Gruppen der Teile A und B der zweiten Studie dieser Arbeit verantwortlich ist. Darüber hinaus kann durch die Betrachtung des in allen drei Testzeitpunkten gleichbleibenden Items die Entwicklung der Studierenden und damit die Wirkung der Intervention über Gruppenvergleiche hinaus betrachtet werden.

Vergleiche der Mittelwerte der Gruppen zeigen die gleichen Ergebnisse wie die bisher vorgestellten Analysen. Auch hier ergibt sich für die ersten sieben Wochen der Intervention die oben beschriebene Hierarchie der Interventionen (B_2 (Schüler*in) $\geq B_3$ (Integriert) $> B_1$ (Aufgabe) $\geq B_0$ (Kontrolle)). Die drei Interventionsbedingungen und die Kontrollbedingung unterscheiden sich im Pretest nicht. Im Posttest sind die Studierenden in B_2 (Schüler*in) je nach betrachteter adaptierter epistemischer Aktivität genauso gut oder leicht besser als die Studierenden in B_3 (Integriert). Während sich die Studierenden in B_1 (Aufgaben) und in B_0 (Kontrolle) bezüglich des Mittelwerts aller adaptierten epistemischen Aktivitäten sowohl hinsichtlich der Anzahl als auch der Breite nicht unterscheiden, sind die Studierenden aus B_2 (Schüler*in) und B_3 (Integriert) hier signifikant überlegen. Bezüglich der Gruppenunterschiede nach 14 Wochen Intervention, also nachdem alle Studierenden der drei Interventionsbedingungen alle Interventionsbausteine durchlaufen haben, werden die bisher gezeigten Ergebnisse ebenfalls bestätigt. Sowohl im Pre- als auch im Posttest zeigen sich keine signifikanten Unterschiede zwischen den drei Gruppen. Dass die Analysen bei einem gleichbleibenden Item zu den gleichen Ergebnissen kommen wie die Analysen von zwei Items (eines davon ausgetauscht), spricht dafür, dass die bisher beschriebenen Effekte nicht auf das wechselnde Item zurückgehen, sondern auf die Wirkung der Intervention.

Der Blick auf die Entwicklung der vier Gruppen zwischen dem Pretest und dem Posttest nach sieben Wochen Intervention hat deutliche Unterschiede offenbart. Hier kann nochmals der positive Effekt der Interventionsbedingungen B_2 (Schüler*in) und B_3 (Integriert) bestätigt werden, der schon durch die bisher diskutierten Gruppenvergleiche im Posttest dargestellt wurde. Sowohl für die Anzahl als auch für die Breite aller adaptierten epistemischen Aktivitäten haben sich hochsignifikante Steigerungen gezeigt. Dies gilt allerdings nicht für die Interventionsbedingungen B_1 (Aufgaben) und B_0 (Kontrolle). Das bedeutet, dass nur die Studierenden in B_2 (Schüler*in) und B_3 (Integriert) ihre diagnostischen Kompetenzen nach sieben Wochen signifikant weiterentwickeln, nicht aber die Studierenden in B_1 (Aufgabe) und B_0 (Kontrolle).

Die Betrachtungen der Entwicklungen über 14 Semesterwochen Interventionen zeigen für alle drei nun noch betrachteten Gruppen signifikant positive Effekte. Das gilt sowohl für die Anzahl als auch die Breite aller drei betrachteten adaptierten epistemischen Aktivitäten (Identifizieren manifester Merkmale, Generieren von Hypothesen und Generieren von gestützten Hypothesen). Das wiederum bedeutet, dass auch die Studierenden in Gruppe B_{12} (Aufgabe -> Schüler*in), die nach sieben Wochen noch keine signifikante Entwicklung gezeigt haben, ihre diagnostische Kompetenz nun signifikant weiterentwickeln konnten. Die einzige Ausnahme bildet hier die Anzahl der generierten Hypothesen, denn dabei zeigt sich kein signifikanter Unterschied zwischen den Zeitpunkten für die Studierenden der Gruppe B_{12} (Aufgabe -> Schüler*in). Das bedeutet also, dass hier der nachgeschaltete Fokus ein Aufholen, nicht aber ein Überholen ermöglicht. Dies bestätigen die Ergebnisse der Vergleiche der einzelnen Gruppen zwischen den zwei Posttests. Hier können einzig bei der Gruppe, die mit dem

Fokus auf Aufgaben begonnen hat und zwischen den Posttests auf Schüler*innen fokussiert, zum Teil signifikant positive Entwicklungen nachgewiesen werden. Wenn die Stärke der Entwicklung vom Pretest zum Posttest nach 14 Wochen betrachtet wird, deutet sich eine Hierarchie an. Die Studierenden in der integrierten Interventionsbedingung (B_{33} (Integriert –> Integriert)) scheinen sich etwas stärker zu entwickeln als die Studierenden, die mit dem Fokus auf Schüler*innen beginnen und mit dem Fokus auf Aufgaben abschließen (B_{21} (Schüler*in –> Aufgabe)), die sich wiederum etwas stärker zu entwickeln scheinen als die Studierenden, die mit dem Fokus auf Aufgaben beginnen und mit dem Fokus auf Schüler*innen abschließen (B_{12} (Aufgabe –> Schüler*in)).

Insgesamt hat die Analyse eines gleichbleibenden Items nochmals die hohe Relevanz der Analyse von Schüler*innendokumenten (zweite Phase des nach Nickerson (1999) adaptierten diagnostischen Denkprozesses) als integralem Bestandteil einer wirksamen Intervention gezeigt. Demgegenüber ist in der vorliegenden Studie der Fokus auf Aufgaben (erste Phase des nach Nickerson (1999) adaptierten diagnostischen Denkprozesses) nicht wirksam gewesen. Die integrierte Variante wirkt über 7 bzw. 14 Wochen Intervention ähnlich gut wie der reine Fokus auf Schüler*innendokumente. In der vorliegenden Arbeit bleibt unklar, inwiefern und weshalb der Fokus auf Aufgaben in einer Intervention keinen Einfluss auf die Entwicklung diagnostischer Kompetenz hat. Das ist insbesondere interessant, weil bisherige Forschung festgestellt hat, dass das Anfertigen eigener Lösungen ein Bestandteil diagnostischer Prozesse ist (z. B. Philipp, 2018). Darüber hinaus ist das Lösen von Aufgaben auch in der Hochschullehre ein wesentlicher Bestandteil und wird häufig dadurch legitimiert, dass dies die Grundlage für Diagnostikprozesse sei. Die Ergebnisse der vorliegenden Arbeit bedeuten nun nicht, dass Aufgaben aus allen Interventionen zur Förderung diagnostischer Kompetenz gestrichen werden sollten; vielmehr stellt sich für die weitere Forschung die Frage, ob die geschilderten Ergebnisse spezifisch für Situationen gelten, in denen Schüler*innendokumente analysiert werden sollen, die sich durch ihre Offenheit und die damit einhergehende Anzahl an *Cues* auszeichnen, oder ob es sich um eine noch stärker verallgemeinerbare Erkenntnis handelt. Es ist denkbar, dass die Studierenden eine initiale Lösung (auf der Ebene der Schüler*innen) antizipieren können und damit den ersten Schritt im nach Nickerson (1999) adaptierten Denkprozess durchlaufen, ohne die Aufgaben selbst intensiv erkundet zu haben. Die vorhandene Komplexität offener Lernangebote offenbart sich erst bei ausgiebiger Erkundung, sodass die Nichtwirksamkeit auf die Situation zurückzuführen sein könnte. Wenn also beispielsweise diagnostische Kompetenz in der diagnostischen Situation der Problemlösungsaufgaben der Algebra betrachtet wird, könnte die Beschäftigung mit den zugrunde liegenden

Aufgaben große Effekte auf die Entwicklung diagnostischer Kompetenz haben, da dort die initiale Lösung nicht intuitiv zu generieren ist.

Eine weitere Fragestellung lässt sich aus der Entwicklung der integrierten Gruppe zwischen dem ersten und dem zweiten Posttest ableiten, denn diese zeigt, wie oben beschrieben, keine signifikante Veränderung, obwohl die Wirksamkeit der Intervention zwischen Pre- und erstem Posttest deutlich geworden ist. Die Gründe hierfür sind in der vorliegenden Arbeit nicht weiter untersucht worden. Eine mögliche Hypothese könnte allerdings lauten, dass sich nach einer gewissen Zeit eine Sättigung bei den Studierenden einstellt. So könnten 14 Wochen Intervention und damit die Beschäftigung mit offenen Lernangeboten und zugehörigen Schüler*innendokumenten zu ausgedehnt sein. Dies könnte zur Folge haben, dass affektive Merkmale, beispielsweise das Interesse, von dem ein großer Einfluss auf die Entwicklung diagnostischer Kompetenz angenommen wird (z. B. Kron et al. 2022), sinken. Dies könnte ebenfalls eine Hypothese für die Ergebnisse der Untersuchung der Reihenfolge sein. Die Gruppe, die in den ersten sieben Wochen der Intervention auf Aufgaben fokussiert und in den zweiten sieben Wochen auf Schüler*innendokumente, könnte schon insofern gesättigt sein, als sie dem Thema der offenen Lernangebote Attribute zuschreibt, die ihre affektiven Merkmale so weit beeinflusst, dass die nachgewiesen wirksame Intervention hier nicht mehr so stark wirkt wie bei der Gruppe, die damit beginnt. Eine weitere Hypothese könnte sein, dass Studierende tendenziell zu Beginn eines Semesters aufnahmefähiger und lernbereiter sind als in der zweiten Hälfte des Semesters, sodass dies die Wirksamkeit der Interventionen zwischen dem ersten und zweiten Posttest eingeschränkt hat. Schließlich ist es auch möglich, dass es sich um eine Sättigung handelt, weil die Studierenden eine gewissen Expertise erreicht haben. Diese Hypothese führt zu einem weiteren Forschungsdesiderat. Wie äußert sich die diagnostische Kompetenz von Expert*innen bei der Analyse von offenen Lernangebote und welches Level diagnostischer Kompetenz ist bei Studierenden erreichbar bzw. erstrebenswert?

Insgesamt sollte folgende Forschung *Person Characteristics* wie affektive Merkmale als Kovariablen und Einflussfaktoren der Entwicklung diagnostischer Kompetenz in Interventionen untersuchen. Darüber hinaus sind die Platzierung im Semester und die optimale Länge einer Intervention bisher nicht bearbeitete Forschungsdesiderate. Zur optimalen Länge kann der folgend dargestellte Vergleich der ersten und zweiten Studie dieser Arbeit einen Einblick geben.

8.4.4   Einfluss des Wissens auf die (Entwicklung) diagnostische(r) Kompetenz

Allgemein geht die Bildungsforschung von einem großen Einfluss des Wissens von Lehrer*innen auf ihre Kompetenz aus (siehe z. B. Blömeke et al., 2015 bzw. Abschnitt 2.2). Das gilt entsprechend auch für die diagnostische Kompetenz, sodass unter diagnostischer Kompetenz zeitweise ein Zusammenspiel verschiedener Wissensfacetten verstanden wurde (z. B. Brunner et al., 2011) und heute das Wissen in allen Modellierungen diagnostischer Kompetenz ein elementarer Bestandteil ist (z. B. Heitzmann et al., 2017 & Herppich et al., 2018). Auch im DiaKom-Modell (Loibl et al. 2020), das der vorliegenden Arbeit zugrunde liegt, ist das Wissen als Teil der *Person Characteristics* ein zentraler Bestandteil der diagnostischen Kompetenz. Bisherige empirische Forschung zum Zusammenhang zwischen Wissen und der diagnostischen Kompetenz bzw. der Entwicklung diagnostischer Kompetenz zeigt ein heterogenes Bild. So existiert zwar Forschung, die von einem positiven Zusammenhang berichtet (z. B. Schreiter et al., 2022), aber auch Forschung, die keinen Zusammenhang nachweisen konnte (z. B. McElvany et al., 2009; siehe vergleichend Kapitel 6). Die heterogene Forschungslage könnte mit den unterschiedlichen Konzeptualisierungen und Operationalisierungen der diagnostischen Kompetenz in den verschiedenen Studien zusammenhängen. Ein weiterer Grund könnte im jeweils gemessenen Wissen liegen. Hier sind insbesondere das Fachwissen (oder auch CK) und das fachdidaktische Wissen (oder auch PCK) Teil der Forschung gewesen und haben sich jeweils als vielversprechend erwiesen (z. B. Ostermann et al., 2018 oder Kron et al., 2022).

Daher wurden auch in der vorliegenden Studie das Fachwissen und das fachdidaktische Wissen der angehenden Lehrer*innen im Zusammenhang mit ihrer diagnostischen Kompetenz bzw. der Entwicklung ihrer diagnostischen Kompetenz untersucht, um die bisherige Forschung zum Einfluss des Wissens auf die (Entwicklung der) diagnostische(n) Kompetenz um die hier betrachtete Situation der Analyse von Schüler*innendokumenten zu offenen Lernangeboten der Arithmetik zu erweitern. Auf die Situation angepasst, sollten sowohl das Fachwissen als auch das fachdidaktische Wissen der Studierenden in Bezug auf die Arithmetik der Grundschule betrachtet werden. Hierzu war die Neuentwicklung der entsprechenden Messinstrumente nötig. Dabei zeigen die Ergebnisse, dass es gelungen ist, sowohl für das Fachwissen (nach Kolter et al., 2018) als auch für das fachdidaktische Wissen (Kunter et al. 2013) einen kurzen und validen raschskalierten Test zu erstellen, der spezifisch für die Arithmetik der Grundschule eingesetzt werden kann, sodass auch die Entwicklung dieser beiden Skalen als ein relevantes Ergebnis der vorliegenden Arbeit betrachtet werden kann.

Der Einfluss des Wissens wurde im Rahmen von Teil B der zweiten Studie untersucht. Da sich hier gezeigt hat, dass die Studierenden der drei Interventionsgruppen sich weder im Pre- noch im Posttest noch in ihrer Entwicklung zwischen Pre- und Posttest stark unterscheiden, wurden die Gruppen für die Analyse des Einflusses der beiden Wissensarten zusammengefasst. Die Analyse der Korrelationen im Pretest hat ergeben, dass das gemessene Wissen keinen Einfluss auf die diagnostische Kompetenz der Studierenden in der untersuchten Stichprobe hat. Das gilt sowohl für die Anzahl der adaptierten epistemischen Aktivitäten als auch für deren Breite. Das bedeutet, dass ohne ein spezifisches Training weder das fachdidaktische Wissen noch das Fachwissen ein guter Prädiktor für hohe diagnostische Kompetenz sind, sodass angehende Lehrkräfte mit hohem Fachwissen bzw. fachdidaktischem Wissen nicht automatisch bessere Diagnostizierende sind.

Weiter wurden das Fachwissen und das fachdidaktische Wissen mit der Entwicklung diagnostischer Kompetenz in Beziehung gesetzt. Hierbei konnten die Ergebnisse zeigen, dass die Entwicklung diagnostischer Kompetenz bezogen auf die Anzahl der adaptierten epistemischen Aktivitäten signifikant mit dem Wissen der Studierenden zusammenhängt. Auch auf die Entwicklung der Breite der adaptierten epistemischen Aktivitäten vom Pre- zum Posttest wirkt sich das Fachwissen bzw. das fachdidaktische Wissen der Studierenden aus. Allerdings ist der Einfluss des Wissens auf die Entwicklung der Anzahl der adaptierten epistemischen Aktivitäten deskriptiv größer als auf die Entwicklung der Breite. Sowohl für die Entwicklung bezogen auf die Anzahl als auch bezogen auf die Breite scheint das Fachwissen einen stärkeren Einfluss zu haben als das fachdidaktische Wissen. Dieses Ergebnis steht in Einklang mit bisheriger Forschung. So hat höheres Fachwissen in der Studie von Kron et al. (2021) zu einer präziseren Aufgabenauswahl geführt und van den Kieboom et al. (2014) konnten einen hohen Einfluss des Fachwissens auf diagnostische Tätigkeiten festhalten. Dem steht z. B. eine Studie von Kramer et al. (2021) gegenüber, die bei angehenden Biologielehrkräften einen positiven Zusammenhang zwischen dem fachdidaktischen Wissen und der Genauigkeit diagnostischer Urteile, aber keinen Zusammenhang zwischen dem Fachwissen und der Genauigkeit diagnostischer Urteile feststellen konnte.

Darüber hinaus konnte in der vorliegenden Studie eine gewisse Hierarchie beobachtet werden. Sowohl das fachdidaktische Wissen als auch das Fachwissen wirken stärker auf die Entwicklung der Anzahl und der Breite der generierten Hypothesen als auf die Anzahl und Breite der generierten gestützten Hypothesen. Am geringsten ist jeweils der Einfluss auf die Entwicklung bezüglich der Anzahl und der Breite der identifizierten manifesten Merkmale. Zur Entwicklung hinsichtlich der manifesten Merkmale kann zusätzlich festgehalten werden, dass nur bezüglich der Breite das Fachwissen einen Einfluss zu haben scheint, da alle anderen Korrelationen nicht signifikant blieben. Insgesamt bedeuten diese Ergebnisse, dass Studierende mit höherem Fachwissen bzw. fachdidaktischem Wissen eine stärke Entwicklung bezüglich ihrer diagnostischen Kompetenz durchlaufen als jene mit niedrigerem Fachwissen. Dabei ist das Fachwissen der stärkere Prädiktor als das fachdidaktische Wissen. Die Korrelationen sind zwar signifikant und deutlich, allerdings nicht über alle Maßen hoch, sodass es weitere, in dieser Studie nicht untersuchte Faktoren geben muss, die einen signifikanten Einfluss auf die Entwicklung diagnostischer Kompetenz in einer Intervention haben. Diese Faktoren könnten eine Ursache für die unterschiedlich hohe Korrelation z. B. zwischen dem Fachwissen und dem Wahrnehmen und Interpretieren sein. Beispielsweise konnten Kron et al. (2022) herausfinden, dass das Interesse einen Einfluss darauf hat, welches Wissen (Fachwissen oder fachdidaktisches Wissen) in einer diagnostischen Situation aktiviert wird. Hier ist weitere Forschung nötig, um die genauen Zusammenhänge zu analysieren. Dies konstatieren auch Tröbst et al. (2018), indem sie festhalten, dass der Einfluss des Wissens auf diagnostische Prozesse unklar ist. Aus Sicht der vorliegenden Arbeit ist insbesondere der nachgewiesene Einfluss des Fachwissens auf die Entwicklung diagnostischer Kompetenz interessant, da das Lösen offener Lernangebote, was als eine gewisse Erweiterung des Fachwissen anzusehen ist, im Rahmen einer Intervention keinen Einfluss auf die Entwicklung diagnostischer Kompetenz hat. Allerdings wird durch die offenen Lernangebote in der Intervention spezifisches Fachwissen adressiert und im eingesetzten Fachwissenstest wird deutlich allgemeineres Fachwissen geprüft. Hier könnte folgende Forschung anschließen und der Frage nachgehen, wie ,nah' das Fachwissen an der diagnostischen Kompetenz operationalisiert und gemessen werden sollte.

Schließlich wurde noch der Einfluss des Wissens auf die Entwicklung hinsichtlich der Anzahl und die Breite der adaptierten epistemischen Aktivitäten bezüglich der einzelnen Kompetenzbereiche untersucht. Hierbei hat sich nur ein Einfluss auf die Anzahl und Breite der generierten Hypothesen zum ,fachlichen Grundwissen' von Fachwissen und fachdidaktischem Wissen gezeigt. Eine mögliche Ursache dafür könnte sein, dass der Kompetenzbereich des ,fachlichen Grundwissens' am nächsten am Fachwissen und am fachdidaktischen Wissen zu sehen ist, da hier z. B. die Kompetenzfacetten ,korrektes Rechnen' oder ,Übergänge' betrachtet werden, während die ,kommunikativen Kompetenzen' und die ,mathematischen Handlungskompetenzen' weiter entfernt sind vom in dieser Studie erhobenen Fachwissen bzw. fachdidaktischen Wissen.

Bezüglich der Forschungsfrage 4 kann festgehalten werden, dass sowohl das Fachwissen als auch das fachdidaktische Wissen zur Arithmetik einen Einfluss auf die Entwicklung der diagnostischen Kompetenz, operationalisiert durch die adaptierten epistemischen Aktivitäten, haben. Damit kann, obwohl der Einfluss des Fachwissens insgesamt größer erscheint als der des fachdidaktischen Wissens, die zugehörige Hypothese (H$_2$) bestätigt werden.

Diese geschilderten Zusammenhänge werden durch verschiedene Aspekte der Operationalisierung der Studie limitiert. Erstens wurde eher allgemeines Wissen zur Arithmetik getestet. Eine alternative und potenziell besser passende Alternative wäre, das Fachwissen und das fachdidaktische Wissen bezüglich offener Lernangebote der Arithmetik zu testen. Hierbei stellt sich jedoch die Frage, ab welchem Punkt die Kovariablen (Fachwissen und fachdidaktisches Wissen) mit den abhängigen Variablen (Anzahl und Breite der jeweiligen adaptierten epistemischen Aktivitäten) konfundieren. Eine weitere Limitation liegt in der Kürze der eingesetzten Skalen. Auch wenn diese durch die Raschskalierung valide sind, kann nur ein kleiner Teil des Fachwissens bzw. des fachdidaktischen Wissens bezüglich der Arithmetik erfasst werden. Entsprechend ist unklar, ob die Implikationen durch die spezielle Auswahl der Items begrenzt ist.

Dennoch sind Implikationen für die weiter Forschung zur diagnostischen Kompetenz in den vorgestellten und diskutierten Ergebnissen zu sehen. Erstens zeigen die Ergebnisse, dass von einem gewissen Einfluss eines hohen situationsnahen Fachwissens und Fachdidaktischen Wissens auf die Entwicklung diagnostischer Kompetenz auszugehen ist. Das bedeutet, dass auch zukünftige Forschung den Einfluss des Wissens untersuchen sollte, weil dieses Rückschlüsse auf individuelle Unterschiede zwischen den Teilnehmenden der Interventionen ermöglicht. Gleichzeitig waren die beobachteten Auswirkungen des Fachwissens und des fachdidaktischen Wissens nicht über alle Maßen hoch und auch nicht für alle adaptierten epistemischen Aktivitäten vorhanden. Das bedeutet, dass hohes Wissen nicht automatisch zu großer Entwicklung diagnostischer Kompetenz führt, sodass weiterführende Forschung weitere individuelle Einflussfaktoren auf die Entwicklung identifizieren sollte. Hier könnten weitere Aspekte des Wissens erfasst werden, z. B. spezifisches Wissen über offene Lernangebote oder spezifisches Wissen über Diagnostik. Hierbei stellt sich die Frage, ob es möglich ist, die für den diagnostischen Denkprozess nötigen *Person Characteristics* (Loibl et al. 2020) in einer Studie zu fassen und z. B. mittels einer Regressionsanalyse die Größe des Einflusses der einzelnen Faktoren zu untersuchen. Dabei könnte ein umfassendes Bild der Voraussetzungen der positiven Entwicklung diagnostischer Kompetenz erstellt werden.

Schließlich können die in der vorliegenden Arbeit generierten Tests zum Fachwissen und zum fachdidaktischen Wissen der Arithmetik für weitere Studien genutzt werden, in denen diese beiden Variablen als Kovariablen erhoben werden sollen. Sie eigenen sich für diesen Zweck insbesondere aufgrund der Raschskalierung und der Kürze der beiden Skalen.

Gesamtdiskussion

9

Im Folgenden werden zuerst die Ergebnisse der ersten und zweiten Studie der vorliegenden Arbeit im Vergleich diskutiert. Im Anschluss wird die vorgeschlagene Operationalisierung diagnostischer Kompetenz erörtert.

9.1 Vergleich der ersten und zweiten Studie

In beiden Studien konnten auf Grundlage der wirksamen Aspekte der Förderung der diagnostischen Kompetenz (Chernikova et al., 2020) und des nach Nickerson (1999) adaptierten diagnostischen Denkprozesses (Abb. 7.8) die diagnostische Kompetenz der Studierenden, operationalisiert durch die adaptierten epistemischen Aktivitäten, wirksam gefördert werden. Die Intervention der ersten Studie legt einen Fokus auf die Erkundung der offenen Lernangebote (Fokus auf Aufgaben) und damit auf die erste Phase des nach Nickerson (1999) adaptierten diagnostischen Denkprozesses. Ausschließlich die letzten beiden Seminarsitzungen der Intervention wurden für die Analyse von Schüler*innendokumenten genutzt, womit die zweite Phase des nach Nickerson (1999) adaptierten diagnostischen Denkprozesses betont wurde. Die Wirksamkeit der Gesamtintervention der ersten Studie ist unter den Erkenntnissen der zweiten Studie überraschend, da sich in der zweiten Studie deutlich gezeigt hat, dass der Fokus auf Schüler*innendokumenten essenzieller Bestandteil der wirksamen Interventionen ist. Bezogen auf die vorliegenden Ergebnisse stellt sich die Frage, ob der im Verhältnis kurze Anteil der Intervention der ersten Studie allein verantwortlich für die Wirksamkeit war oder ob der Zusammenhang zu der im Verhältnis langen Auseinandersetzung mit den Aufgaben ausschlaggebend war.

J. P. Volkmer, *Förderung diagnostischer Kompetenz angehender Grundschullehrkräfte*, Mathematikdidaktik im Fokus,
https://doi.org/10.1007/978-3-658-44327-6_9

Die Forschung zur Förderung diagnostischer Kompetenz konnte die Wirksamkeit von kurzen (z. B. Ostermann et al., 2018), mittellangen (z. B. Philipp & Gobeli-Egloff, 2022 & Heinrichs & Kaiser, 2018) und langen (z. B. Sunder et al., 2016 & Eichler et al., 2022) Interventionen nachweisen. Es existiert allerdings noch keine Forschung zum Zusammenhang zwischen der Länge einer spezifischen Intervention und dem Grad der Wirksamkeit. Beispielsweise ist in der Kognitionsforschung der Primacy-Recency-Effekt bekannt (Morrison et al., 2014). Dieser Effekt bedeutet, dass aus einer Reihe dargebotenen Lernmaterials die zu Beginn und gegen Ende thematisierten Aspekte besser behalten werden können. Inwiefern sich dieser Effekt auf die Kompetenzentwicklung übertragen lässt, ist unklar. Allerdings kann darin ein Indiz dafür gesehen werden, dass die 'kurze' Intervention zu Schüler*innendokumenten am Ende des Semesters (erste Studie) und die intensive Beschäftigung zu Beginn des Semesters (eine der Interventionen der zweiten Studie) wirksam sind.

Darüber hinaus könnte der 'kurze' Block zu den Schüler*innendokumenten kurzfristig die affektiven Merkmale, beispielsweise das Interesse oder die Motivation der Studierenden, angesprochen haben, was wiederum einen Einfluss auf die Entwicklung diagnostischer Kompetenz hat (siehe z. B. Kron et al., 2022). Hier könnte weitere Forschung anschließen und explizit den Einfluss von affektiven Merkmalen auf unterschiedliche Interventionen untersuch. Die affektiven Merkmale wurden in der vorliegenden Arbeit nicht untersucht. Als Teil der *Person Characteristics* wurde allerdings das Wissen der Studierenden in der zweiten Studie erhoben. Dessen Einfluss auf die Entwicklung diagnostischer Kompetenz wurde in Abschn. 8.4.5 diskutiert.

Die Unterschiede zwischen der Intervention der ersten Studie und den Interventionen der zweiten Studie lassen sich allerdings nicht final interpretieren, weil die Studien nur bedingt vergleichbar sind, denn in der ersten Studie wurde ein Seminar mit 60 Studierenden durchgeführt, die zweite Studie umfasste hingegen drei Seminare à 20 Studierenden.

9.2   Operationalisierung diagnostischer Kompetenz

Abschließend wird die Operationalisierung der diagnostischen Kompetenz diskutiert. Diese ist ein zentrales Ergebnis der vorliegenden Arbeit, denn die spezifische Operationalisierung diagnostischer Kompetenz bezüglich einer diagnostischen Situation ist insbesondere relevant, weil die Forschung die hohe Abhängigkeit der diagnostischen Kompetenz von der jeweiligen diagnostischen Situation herausgestellt hat (z. B. Loibl et al., 2020). Darüber hinaus ist es trotz der breiten

Forschung zur diagnostischen Kompetenz (siehe dazu Kapitel 3, 4 und 6) nötig, diagnostische Kompetenz in bisher nicht oder wenig betrachteten Situationen zu operationalisieren, da die Übertragbarkeit bisheriger Operationalisierungen nicht gegeben ist. In der vorliegenden Arbeit wird die diagnostische Situation betrachtet, in der Schüler*innendokumente zu offenen Lernangeboten der Arithmetik analysiert werden.

Die Operationalisierung stützt sich auf die in Kapitel 3 dargelegte lange Tradition der Forschung zur diagnostischen Kompetenz. Die Forschung resultierte in verschiedenen Modellen und Begrifflichkeiten, sodass empirische Ergebnisse bisheriger Studien nur schwer zu systematisieren waren. Das führte zu der Forderung, Begrifflichkeiten zu vereinheitlichen (Leuders et al., 2022), um die Forschung zu systematisieren. Das Modell der DiaKom-Forschungsgruppe (Loibl et al., 2020) ermöglicht dies insofern, als es die Operationalisierung der diagnostischen Kompetenz in unterschiedlichen Situationen und somit eine Systematisierung der Forschung zulässt. Aus diesem Grund wurde das Modell bereits für verschiedene Studien genutzt, die sich auf zum Teil deutliche differierende diagnostische Situationen beziehen (z. B. für diagnostische Situationen, in denen Merkmale von Aufgaben identifiziert und im Hinblick auf die Schwierigkeit evaluiert werden sollen: Schreiter et al., 2022 und Rieu et al., 2022). Auch für die vorliegende Arbeit hat sich das Modell als zentrale Literatur erwiesen, da das Modell nach Loibl et al. (2020) als Grundlage der Operationalisierung der diagnostischen Kompetenz in der betrachteten diagnostischen Situation dient. Das Modell ist in vier Bereiche unterteilt: die diagnostische Situation, die *Person Characteristics*, das diagnostische Denken und das *Diagnostic Behavior*.

Die diagnostische Situation zeichnet sich durch die Offenheit bezüglich der Diagnosemöglichkeiten aus. Betrachtet mit dem Modell der diagnostischen Kompetenz nach Loibl et al. (2020) bedeutet das, dass die Anzahl der *Cues* groß ist. *Cues* sind nach Loibl et al. (2020) all jene Aspekte der diagnostischen Situation, die zur Diagnostik herangezogen werden können. Die Untersuchung der diagnostischen Kompetenz bezüglich der Situation, Schüler*innendokumente zu offenen Lernangeboten zu analysieren, stellt eine Forschungslücke dar. Bislang hat sich Forschung eher auf Dokumente konzentriert, die geschlossen bezüglich der Diagnosemöglichkeiten sind bzw. eine limitierte Anzahl an *Cues* aufweisen (z. B. Heinrichs, 2015 oder Ostermann et al., 2018).

Insofern wird mit den vorgestellten Studien und der vorgeschlagenen Operationalisierung diagnostischer Kompetenz eine Situation adressiert, die bisher nicht in ausreichendem Umfang untersucht wurde, sodass die Arbeit der Forderung nachkommt, in weiteren diagnostischen Situationen diagnostische Kompetenz zu operationalisieren. Gleichzeitig wurde eine diagnostische Situation adressiert, die

im Alltag einer Grundschullehrkraft verankert ist. So ist es eine realistische Situation, dass Lehrer*innen nach einem Schultag die Dokumente ihrer Schüler*innen
sichten und analysieren, um darauf aufbauend Entscheidungen beispielsweise für
die Planung der folgenden Unterrichtsstunden zu treffen. Insgesamt wird also der
Blick auf eine bisher nicht ausreichend betrachtete diagnostische Situation gerich-
tet, die sich durch eine große Anzahl an *Cues* und das realitätsnahe *Framing*
auszeichnet. Dass die beschriebene diagnostische Situation tatsächlich durch die
große Anzahl an *Cues* geprägt ist, zeigt sich in den Analysen der Studierenden,
denn diese sind vielfältig bezüglich der adressierten *Cues*. Daraus kann gefolgert werden, dass die Operationalisierung der diagnostischen Situation passend
gewählt wurde.

In Abhängigkeit von der diagnostischen Situation muss das diagnostische Denken operationalisiert werden, das zentral für die diagnostische Kompetenz im
Modell der DiaKom-Forschungsgruppe steht (Loibl et al., 2020). Zur Operationalisierung des diagnostischen Denkens gibt es ebenfalls eine Vielfalt an Forschung.
In der vorliegenden Arbeit ist es gelungen, die Operationalisierung des diagnostischen Denkens als Teil der diagnostischen Kompetenz neu und auf der Grundlage
von bereits vorhandenen Ansätzen zu gestalten. Damit wird der Forderung nach
einer Vereinheitlichung der vorhandenen Modelle und Begrifflichkeiten (Leuders
et al. 2022) nachgekommen. Die Operationalisierung des diagnostischen Denkens in dieser Arbeit erfolgt durch eine Adaption des Modells nach Nickerson
(1999) sowie durch eine Adaption der epistemischen Aktivitäten nach Fischer
et al. (2014), in Beziehung gesetzt zum Modell nach Loibl et al. (2020).

Das Modell nach Nickerson (1999) wurde bereits an verschiedenen Stellen
erfolgreich für die Operationalisierung genutzt (Philipp, 2018; Ostermann et al.,
2018) und hat sich für die vorliegende Situation als passende Grundlage erwiesen,
weil die Struktur des Modells auf einem Prozess des beständigen Anpassens eines
mentalen Modells beruht. Auf der Grundlage von Nickerson (1999) wurde in der
Arbeit ein adaptiertes Modell des kognitiven Prozesses der Diagnose vorgeschlagen. Das Modell lässt sich in zwei Phasen unterteilen. In der ersten Phase liegt
der Fokus auf der zugrunde liegenden Aufgabe. Zu dieser kann eine Lösung antizipiert werden, die auf der Grundlage der vorliegenden Informationen über den
Diagnostizierenden selbst oder über die Schüler*innen, die die Lösung erstellt
haben, reduziert wird. Die zweite Phase fokussiert auf die Schüler*innenlösung
und schließt mit der Schritt-für-Schritt-Analyse des Dokuments. Die beschriebene
Struktur war der entscheidende Aspekt für die Auswahl des Modells nach Nickerson (1999), da die Aufgabenstellung des offenen Lernangebots und das jeweilige
zu analysierende Schüler*innendokument Anlässe des Anpassens liefern. So ist
es in der konkreten Situation möglich, dass der analysierende Studierende zu

Beginn die Aufgabenstellung liest und sich eine initiale Lösung überlegt. Aus dieser initialen Lösung entsteht eine Erwartungshaltung an das zu analysierende Schüler*innendokument. Die Erwartungshaltung wird auf der Grundlage der zur Verfügung stehenden Informationen über die Schüler*innenklassenstufe und abschließend in der Schritt-für-Schritt-Analyse des Schüler*innendokuments immer weiter angepasst. Die Adaption hat sich insbesondere als passende Grundlage für die Gestaltung der Interventionen erwiesen, da sich hier signifikante Unterschiede zwischen den Interventionsbedingungen und damit zwischen den Operationalisierungen der unterschiedlichen Phasen des nach Nickerson (1999) adaptierten Denkprozesses gezeigt haben.

In der vorliegenden Arbeit ist es gelungen, zwei Modelle in der Operationalisierung des diagnostischen Denkens zusammenzuführen (siehe Kapitel 5). Der zweite Ansatz ist von Bedeutung, um insbesondere den letzten Schritt des nach Nickerson (1999) adaptierten diagnostischen Denkprozesses, die Schritt-für-Schritt-Analyse des Schüler*innendokuments, näher zu beschreiben. Neben dem adaptierten Modell nach Nickerson (1999) wurden dazu die adaptierten epistemischen Aktivitäten genutzt, die im Modell der Cosima-Forschungsgruppe (z. B. Heitzmann et al., 2019 & Fischer et al., 2014) für die diagnostische Kompetenz etabliert wurden. Die adaptierten epistemischen Aktivitäten sind den bereits im Ursprungsmodell (Loibl et al., 2020) vorhandenen Subprozessen Wahrnehmen und Interpretieren des diagnostischen Denkens zuzuordnen. Daher wird das Wahrnehmen der Studierenden in der vorliegenden Arbeit durch die adaptierte epistemische Aktivität des Identifizierens manifester Merkmale in den Analysen der Studierenden sichtbar. Genauso wird das Interpretieren durch die adaptierten epistemischen Aktivitäten des Generierens von Hypothesen und gestützten Hypothesen sichtbar. Dabei sind die adaptierten epistemischen Aktivitäten des Generierens von (gestützten) Hypothesen im Vergleich zum Identifizieren manifester Merkmale elaborierterer (Rieu et al., 2022). Dies hat sich auch in der vorliegenden Arbeit bestätigt, da insbesondere gestützte Hypothesen deutlich seltener von den Studierenden produziert wurden. Durch die adaptierten epistemischen Aktivitäten ist es möglich gewesen, die sonst kognitiven Denkprozesse der Schritt-für-Schritt-Analyse des Schüler*innendokuments angemessen zu operationalisieren und zu erfassen. Insgesamt hat sich die Operationalisierung des diagnostischen Denkens als sehr passend erwiesen.

Der diagnostische Denkprozess wird allerdings nicht nur durch die diagnostische Situation beeinflusst, sondern auch durch die im DiaKom-Modell als *Person Characteristics* bezeichneten Aspekte, die wiederum von der diagnostischen Situation abhängen. Die Forschung konnte hier in verschiedenen diagnostischen Situationen unterschiedliche *Person Characteristics* identifizieren, die einen Einfluss auf die diagnostische Kompetenz haben. Hier hat die theoretische Erkundung ergeben, dass z. B. verschiedene Facetten des Wissens (z. B. Philipp & Gobeli-Egloff, 2022), die Motivation (z. B. Kron et al., 2022), die Berufserfahrung (Schreiter et al., 2021) oder die Selbsteffizienzüberzeugung (Ohle et al., 2015) als *Person Characteristics* untersucht wurden. Insgesamt hat sich für die unterschiedlichen *Person Characteristics* jeweils kein einheitliches Bild des Einflusses auf das diagnostische Denken und dessen Entwicklung gezeigt (siehe Kapitel 6). Hier bestätigt sich also erneut die starke Abhängigkeit der diagnostischen Kompetenz (hier konkret der *Person Characteristics* als Teil der diagnostischen Kompetenz) von der Situation und dass es nötig ist, die *Person Characteristics* in bisher nicht betrachteten Situationen ebenfalls individuell zu operationalisieren. Für die vorliegende Studie wurden das Fachwissen zur Arithmetik und das fachdidaktische Wissen zur Arithmetik als *Person Characteristics* aufgenommen. Dies begründet sich damit, dass die offenen Lernangebote, die die Situation definieren, ebenfalls aus Themenbereichen der Arithmetik stammen. Dabei sind das Fachwissen und das fachdidaktische Wissen nicht die einzigen für die Diagnostik potenzial relevanten Wissensfacetten. Vielmehr wurde hier eine erste explorative Auswahl getroffen, die sich mit der hohen Relevanz begründet, die dem Fachwissen und dem fachdidaktischen Wissen in der empirischen Bildungsforschung zugesprochen wird (Baumert et al., 2009). Die oben geschilderten Ergebnisse zum Zusammenhang zwischen dem getesteten Fachwissen bzw. dem fachdidaktischen Wissen und der Entwicklung der diagnostischen Kompetenz bestätigen, dass die gewählte Operationalisierung passend ist. Gleichzeitig hat sich die offene Frage ergeben, ob Wissen, das ‚näher' an der diagnostischen Situation liegt, beispielsweise spezifisches Wissen zu offenen Lernangeboten der Arithmetik, ein größerer Prädiktor für die Entwicklung diagnostischer Kompetenz ist oder ob ein solches Wissen mit der abhängigen Variable konfundiert.

Den Abschluss im Modell der DiaKom-Gruppe macht das *Diagnostic Behavior*. Dieses folgt auf den diagnostischen Denkprozess und ist extern beobachtbar. In der vorliegenden Studie äußert sich das Resultat des diagnostischen Denkprozesses in den schriftlichen Analysen der Studierenden. Diese schriftlichen Analysen sind damit die Operationalisierung des *Diagnostic Behavior*.

Eine der zentralen Ideen der Operationalisierung des diagnostischen Denkens und damit auch der Messung in allen Studien der Arbeit war die trennscharfe Unterscheidung zwischen den epistemischen Aktivitäten in den Analysen der Studierenden bezogen auf das Wahrnehmen und das Interpretieren als Teilprozesse des diagnostischen Denkens. In diesem Zusammenhang adressieren alle Studien der vorliegenden Arbeit das Resultat der Literaturstudie von Stahnke et al.

(2016). Diese konnten herausarbeiten, dass es einen Mangel an Studien gibt, die das diagnostische Denken von (angehenden) Lehrer*innen sowohl im Hinblick auf das Wahrnehmen als auch auf das Interpretieren betrachten. Eine Studie, die das Wahrnehmen und das Interpretieren als Prozesse des diagnostischen Denkens analysieren, findet sich bei Enenkiel et al. (2022 und Enenkiel, 2022). Im Gegensatz zu der Studie von Enenkiel et al. (2022), in der die Teilnehmenden schrittweise zum Wahrnehmen und Interpretieren aufgefordert werden, wurde in der vorliegenden Studie nicht explizit dazu aufgefordert. Da der Auftrag an die Studierenden ‚Analysieren Sie das Schüler*innendokument' lautete, kann in den vorliegenden Studien differenzierter untersucht werden, ob und inwieweit die Studierenden wahrnehmen und interpretieren. Ergänzend zu Enenkiel et al. (2022) wird in allen Studien der vorliegenden Arbeit zusätzlich zwischen den adaptierten epistemischen Aktivitäten ‚Hypothesen generieren' und ‚gestützte Hypothesen generieren' als zwei unterschiedlichen Aspekten des Interpretierens differenziert. Das Generieren gestützter Hypothesen wird dabei als elaboriertere adaptierte epistemische Aktivität als das Generieren von Hypothesen betrachtet (vgl. Chernikova et al., 2020; Fischer et al., 2014). Darüber hinaus wurde zwischen der Anzahl und der Vielfalt der adaptierten epistemischen Aktivitäten unterschieden. Hier wird davon ausgegangen, dass die Vielfalt der adaptierten epistemischen Aktivitäten im Vergleich zur Anzahl der adaptierten epistemischen Aktivitäten eine elaboriertere Messung des diagnostischen Denkens der angehenden Lehrkräfte ermöglicht.

Insgesamt ist es in der vorliegenden Arbeit gelungen, verschiedene Ansätze zur Operationalisierung diagnostischer Kompetenz für eine spezifische Situation zusammenzuführen. Die vorgeschlagene Operationalisierung diagnostischer Kompetenz hat sich wie beschrieben in der vorliegenden Arbeit als passend und sinnvoll erwiesen. Hier zeigt sich allerdings auch eine Limitation der vorliegenden Arbeit, denn es wurde nicht überprüft, ob beispielsweise der vorgeschlagene diagnostische Denkprozess den tatsächlichen kognitiven Prozess abbildet. Hier basiert die Arbeit auf Annahmen der Theorie, die in nachfolgender Forschung zu prüfen sind. Mit der vorgeschlagenen Operationalisierung wird zum einen die Forschungslücke bezüglich bisher wenig betrachteter diagnostischer Situationen adressiert und zum anderen die Forderung nach einer Vereinheitlichung der Sprache und der Modelle im Kontext diagnostischer Kompetenz erfüllt. Die Besonderheit der in dieser Arbeit betrachteten diagnostischen Situation besteht in der Offenheit der Aufgabe, auf die sich die zu analysierenden Schüler*innendokumente beziehen, und der damit einhergehenden großen Anzahl an *Cues*. Auch offene Aufgaben aus thematisch anderen Bereichen wurden bisher als diagnostische Situation in der Forschung zur diagnostischen Kompetenz eher wenig betrachtet, also beispielsweise die Analyse von Schüler*innendokumenten zu Aufgaben, die den Modellierungs- (Besser et al., 2015) oder Problemlösungs- aufgaben (z. B. Holzäpfel et al., 2018) zuzuordnen sind. Auch die Analyse von offenen Lernangeboten aus anderen Bereichen als den in der Arbeit betrachte- ten Lernangeboten zur Arithmetik in der Grundschule gehört zu diesen bisher wenig betrachteten diagnostischen Situationen. Hier könnte weitere Forschung anschließen und überprüfen, ob die vorgeschlagene Operationalisierung des diagnostischen Denkens auf diese Situationen übertragbar ist.

Schluss

10

Wie in der Herleitung des Begriffs ,Diagnostik' in dieser Arbeit beschrieben, stammt Diagnostik von dem altgriechischen Wort διαγιγνώσκω (*diagignosko*) und bedeutet ,genau erkennen'. In der vorliegenden Arbeit hat sich erneut gezeigt, dass diagnostische Kompetenz mehr bedeutet als genaues Erkennen. Diagnostische Kompetenz ist, wie schon Blömeke et al. (2015) in ihrer Vorstellung von der Kompetenz als Kontinuum festhalten, ein Prozess des Wahrnehmens und Interpretierens auf der Grundlage der Dispositionen, der in einem konkret wahrnehmbaren Verhalten mündet. Speziell für die diagnostische Kompetenz gilt, dass diese in einem großen Handlungsfeld benötigt wird und es somit eine Vielzahl an sogenannten diagnostischen Situationen gibt, die unterschiedliche Dispositionen und auch unterschiedliche Denkprozesse erfordern. Die vorliegende Arbeit hat die diagnostische Kompetenz in einer bisher wenig erforschten diagnostischen Situation untersucht. Die diagnostische Situation umfasst die Analyse von Schüler*innendokumenten zu offenen Lernangeboten der Arithmetik. Die Besonderheit dieser Situation ist, dass die Schüler*innendokumente die Möglichkeit zur vielschichtigen Analyse bieten. Solch vielschichtige Analysen wurden bisher in der Forschung zur diagnostischen Kompetenz wenig betrachtet, sodass die Operationalisierung der diagnostischen Kompetenz in der vorliegenden Arbeit eine Grundlage für weitere Forschung in dieser Richtung bieten kann.

Die vorgeschlagene Operationalisierung diagnostischer Kompetenz beruht auf dem Modell der DiaKom-Forschungsgruppe (Loibl et al., 2020) und zeichnet sich durch das diagnostische Denken als Zentrum des Modells aus. Die vorliegende Arbeit kommt der Forderung der Forschung nach (Leuders et al., 2022), vorhandene Forschung zur diagnostischen Kompetenz zu vereinheitlichen, indem erprobte Ansätze zur Operationalisierung diagnostischen Denkens kombiniert werden. Explizit wurde der Ansatz der DiaKom-Forschungsgruppe mit einer Konzeptualisierung des kognitiven Prozesses bei der Diagnose, der nach dem Ansatz des Psychologen Nickerson (1999) adaptiert wurde, und mit den adaptierten epistemischen Aktivitäten der Diagnostik (Fischer et al., 2014 und Heitzmann et al., 2019) verbunden.

Neben dem Vorschlag zur Operationalisierung diagnostischer Kompetenz in der diagnostischen Situation dieser Arbeit sind die Ergebnisse der beiden vorgestellten Interventionsstudien zentral. Insgesamt konnte festgestellt werden, dass die Messung diagnostischer Kompetenz durch die adaptierten epistemischen Aktivitäten ein passender Ansatz ist. Insbesondere konnte die von Stahnke et al. (2016) identifizierte Forschungslücke bezüglich Studien, die sowohl das Interpretieren als auch das Wahrnehmen messen, adressiert werden. Darüber hinaus haben sich die gestützten Hypothesen als elaboriertere adaptierte epistemische Aktivität und Verknüpfung des Wahrnehmens und Interpretierens als Subaktivitäten des diagnostischen Denkens erwiesen. Schließlich wurde die Breite der adaptierten epistemischen Aktivitäten, das heißt die Anzahl der verschiedenen Kompetenzfacetten, die durch die angehenden Lehrer*innen adressiert werden, als weiteres Qualitätsmerkmal diagnostischen Denkens erfasst. Hierbei haben sich weitere Einblicke in die Qualität gezeigt, sodass es in der Arbeit gelungen ist, die Qualität der Diagnose auf eine quantitative Weise sichtbar zu machen. Als ein weiteres Ergebnis bezüglich der Breite der adaptierten epistemischen Aktivitäten konnte festgehalten werden, dass diese stark mit der Anzahl der adaptierten epistemischen Aktivitäten zusammenhängt.

Die durchgeführten Interventionsstudien konnten zeigen, dass die Förderung diagnostischer Kompetenz bezüglich der Analyse von Schüler*innendokumenten in unterschiedlichen Interventionen bei angehenden Lehrkräften, also Studierenden des Lehramts, möglich ist. Dabei waren sowohl Interventionen über sieben Wochen als auch über 14 Wochen wirksam. Da, wie im theoretischen Teil herausgearbeitet, bisher wenig Forschung zu Interventionen bezüglich diagnostischer Kompetenz existiert, die mehr als einige Wochen dauert, wurde hier eine Forschungslücke geschlossen. Die angesprochenen Interventionen haben sich auf die wirksamen Aspekte der Förderung diagnostischer Kompetenz gestützt (Chernikova et a., 2020) und konnten die Wirksamkeit des Zusammenspiels der Interventionen in einer bisher wenig betrachteten diagnostischen Situation bestätigen. Die Interventionen waren neben den Aspekten der wirksamen Förderung auch am nach Nickerson (1999) adaptierten Prozess des diagnostischen Denkens orientiert. Durch Variationen wurde der Fokus der Intervention auf eine einzelne oder beide Phasen gelegt. Die erste Phase fokussiert das Lösen der offenen Lernangebote. Der Fokus innerhalb der Interventionen auf diese Phase sollte die fachliche Grundlage für die Analyse der Schüler*innendokumente und damit auch für die Entwicklung der diagnostischen Kompetenz bilden. Das hat sich entgegen der Hypothese in der vorliegenden Studie noch nicht gezeigt. In der zweiten Phase wird das Analysieren von Schüler*innendokumenten angesprochen. Interventionen, die in dieser Phase fokussiert wurden, haben sich als sehr wirksam erwiesen. Durch den variierten Fokus auf die beiden Phasen wurde auch zwischen den Rollen, die die Studierenden einnehmen, variiert. Entsprechend hat sich gezeigt, dass im Kontext der Interventionen das Einnehmen der Rolle als Schüler*in (Phase 1 des nach Nickerson (1999) adaptierten diagnostischen Denkprozesses mit Fokus auf dem Lösen offener Lernangebote) keinen Effekt hat und dass das Einnehmen der Rolle als Lehrer*in (Phase 2 des nach Nickerson (1999) adaptierten diagnostischen Denkprozesses mit Fokus auf dem Analysieren von Schüler*innendokumenten zu den offenen Lernangeboten) hingegen zu großen Effekten führt.

Neben den beschriebenen Effekten der Interventionen wurde in der vorliegenden Arbeit an die Forschung zum Einfluss von Fachwissen und fachdidaktischem Wissen auf die Entwicklung diagnostischer Kompetenz angeknüpft. Dazu wurden angepasst an die Situation erfolgreich zwei kurze raschskalierte Tests entwickelt, da aufgrund einer ausgiebigen Recherche angenommen werden konnte, dass solche Tests nicht existieren. Somit wurde durch die Erstellung der Tests ebenfalls eine Forschungslücke adressiert. Die Ergebnisse der Analysen zeigen, dass das Fachwissen in der Tendenz einen höheren Effekt hat als das fachdidaktische Wissen. Insgesamt sind die Effekte für die adaptierten epistemischen Aktivitäten, die dem Interpretieren zuzuordnen sind, größer als für jene, die dem Wahrnehmen zuzuordnen sind.

Die Ergebnisse der beiden Interventionsstudien werfen dabei insofern ein Forschungsdesiderat auf, als die Wirkung von komplexen Interventionen geprüft wurde, die sich aus verschiedenen Bestandteilen zusammensetzen. Unklar bleibt, wie auch schon von Chernikova et al. (2020) identifiziert, die Wirkung einzelner Bestandteile der Interventionen. Offene Fragen sind hier also beispielsweise: Welcher den angehenden Lehrkräften zugeteilte Prompt hat welchen Anteil am Gesamteffekt der Interventionen? Reicht ein einzelner Prompt, um wirksam zu fördern, oder ist ein Zusammenspiel der Aspekte wirksamer Förderung maßgeblich für dessen Erfolg? Hier sollte zukünftige Forschung ansetzen, um situationsspezifisch wirksame Interventionen gestalten zu können.

Darüber hinaus beruhen die Interventionen wie angesprochen auf zwei Phasen des vorgeschlagenen Modells des nach Nickerson (1999) adaptierten diagnostischen Denkprozesses und auf dem Zusammenspiel der wirksamen Aspekte der Förderung diagnostischer Kompetenz (Chernikova et al., 2020). Es wurde in der vorliegenden Arbeit nicht geprüft, inwieweit und in welcher Gewichtung beide Phasen des Prozesses für die Entwicklung diagnostischer Kompetenz relevant sind. Dieser Frage muss sich zukünftige Forschung widmen. Insbesondere stellt sich hierbei auch die Frage, welche Länge einer solchen Intervention zur Förderung diagnostischer Kompetenz optimal ist. Die vorliegende Arbeit gibt einen ersten Hinweis darauf, dass 14 Wochen Intervention weniger effektiv sind als die ersten sieben Wochen der Intervention. Dies begründet sich darin, dass die Effekte nach sieben Wochen Interventionen wesentlich stärker sind als die Effekte zwischen der 7. und der 14. Woche der Interventionen. Es könnte also ab einer gewissen Länge der Intervention ein Sättigungseffekt bei den Teilnehmenden eintreten. Ob und inwiefern dieser tatsächlich existiert und wie damit umzugehen ist, muss weitere Forschung klären.

Die oben angesprochene Breite adaptierter epistemischer Aktivitäten wirft insofern ein Forschungsdesiderat auf, als die Qualität der Analysen der Studierenden in der vorliegenden Arbeit nicht inhaltlich, sondern ausschließlich über die beschriebene Breite der Analysen betrachtet wurde. Hier sind allerdings noch Unterschiede zu beobachten. Die folgenden beiden Hypothesen werden in der vorliegenden Arbeit jeweils gleichwertig als eine Hypothese codiert:

1. „Aufgaben werden in Beziehung voneinander betrachtet."
2. „Der Schüler hat bis auf drei Aufgaben versucht, einen Zehnerübergang zu vermeiden."

Hier zeigt sich bereits ein Unterschied in den aufgestellten Hypothesen. Während die erste Hypothese unpräzise ist und Verschiedenes bedeuten könnte, ist die zweite Hypothese wesentlich präziser. Sie zeigt außerdem eine Verknüpfung der Hypothese mit fachdidaktischem Wissen, da der Zehnerübergang thematisiert wird, der für Schüler*innen der Grundschule eine Hürde darstellt. Ähnliche Beispiele lassen sich bei den manifesten Merkmalen entdecken. Darüber hinaus wurde die Stützung von Hypothesen ebenfalls nur daraufhin untersucht, ob eine solche vorhanden ist oder nicht. Auch dabei würde eine qualitative Analyse der Daten weitere Rückschlüsse auf die diagnostische Kompetenz der Studierenden ermöglichen. Folgende Forschung könnte bei den bestehenden Daten dieser Arbeit ansetzen. Hierbei ist dann erneut die Beziehung zum Fachwissen bzw. zum fachdidaktischen Wissen ein Untersuchungsgegenstand.

Insgesamt leistet die vorgelegte Arbeit einen Beitrag zur Forschung zur diagnostischen Kompetenz bei angehenden Lehrer*innen. Dabei wurden sowohl die Forschung zur Konzeptualisierung und Operationalisierung diagnostischer Kompetenz bei Schüler*innendokumenten zu offenen Lernangeboten als auch die Forschung zur Förderung diagnostischer Kompetenz erweitert. Gleichzeitig haben sich weitere Fragen offenbart, die die Forschung zur diagnostischen Kompetenz in Zukunft adressieren sollte. Denn gut ausgeprägte diagnostische Kompetenz ist eine der Grundlagen für erfolgreiche Lehrer*innen.

Literaturverzeichnis

Abs, H. J. (2007). Überlegungen zur Modellierung diagnostischer Kompetenz bei Lehrerinnen und Lehrer. In M. Lüders & J. Wissinger (Hrsg.), *Forschung zur Lehrerbildung. Kompetenzentwicklung und Programmevaluation* (S. 63–84). Waxmann.

Alfieri, L., Nokes-Malach, T. J., & Schunn, C. D. (2013). Learning Through Case Comparisons: A Meta-Analytic Review. *Educational Psychologist, 48*(2), 87–113. https://doi.org/10.1080/00461520.2013.775712

Anders, Y., Kunter, M., Brunner, M., Krauss, S., & Baumert, J. (2010). Diagnostische Fähigkeiten von Mathematiklehrkräften und ihre Auswirkungen auf die Leistungen ihrer Schülerinnen und Schüler. *Psychologie in Erziehung und Unterricht, 57*(3), 175–193. https://doi.org/10.2378/peu2010.art13d

Arnold, R. (Hrsg.). (2004). *Schulleitung und Schulentwicklung: Voraussetzungen, Bedingungen, Erfahrungen.* Schneider-Verl. Hohengehren.

Artelt, C., & Gräsel, C. (2009). Diagnostische Kompetenz von Lehrkräften. *Zeitschrift Für Pädagogische Psychologie, 23*(34), 157–160. https://doi.org/10.1024/1010-0652.23.34.157

Aufschnaiter, von C., Cappell, J., Dübbelde, G., Ennemoser, M., Mayer, J., Stiensmeier-Pelster, J., Sträßer, R., & Wolgast, A. (2015). Diagnostische Kompetenz – Theoretische Überlegungen zu einem zentralen Konstrukt der Lehrerbildung. *Zeitschrift Für Pädagogik, 5*, 738–758.

Ball, D. L., Thames, M. H., & Phelps, G. (2008). Content Knowledge for Teaching. *Journal of Teacher Education, 59*(5), 389–407. https://doi.org/10.1177/0022487108324554

Barth, C. B. (2010). *Kompetentes Diagnostizieren von Lernvoraussetzungen in Unterrichtssituationen: Eine theoretische Betrachtung zur Identifikation bedeutsamer Voraussetzungen.* [Dissertation] Weingarten, Pädag. Hochsch. http://d-nb.info/1009367641/34

Barzel, B., & Selter, C. (2015). Die DZLM-Gestaltungsprinzipien für Fortbildungen. *Journal Für Mathematik-Didaktik, 36*(2), 259–284. https://doi.org/10.1007/s13138-015-0076-y

Bastian, A., Kaiser, G., Meyer, D., Schwarz, B., & König, J. (2022). Teacher noticing and its growth toward expertise: an expert–novice comparison with pre-service and in-service secondary mathematics teachers. *Educational Studies in Mathematics, 110*(2), 205–232. https://doi.org/10.1007/s10649-021-10128-y

Baumert, J., Blum, W., Brunner, M., Dubberke, T., Jordan, A., Klusmann, U., Krauss, S., Kunter, M., Löwen, K., Neubrand, M., & Tsai, Y.-M. (2009). *Professionswissen von Lehrkräften, kognitiv aktivierender Mathematikunterricht und die Entwicklung von mathematischer Kompetenz (COACTIV): Dokumentation der Erhebungsinstrumente. Materialien aus der Bildungsforschung: Nr. 83.* Max-Planck-Inst. für Bildungsforschung. http://hdl.handle.net/hdl:11858/00-001M-0000-0023-998B-4https:// doi.org/10.48644/mpib_escidoc_33630

Baumert, J., & Kunter, M. (2006). Stichwort: Professionelle Kompetenz von Lehrkräften. *Zeitschrift Für Erziehungswissenschaft, 9*(4), 469–520. https://doi.org/10.1007/s11618-006-0165-2

Behrmann, L., & Kaiser, J. (2017). Das Modell pädagogischer Diagnostik nach Ingenkamp und Lissmann. In A. Südkamp & A.-K. Praetorius (Hrsg.), *Pädagogische Psychologie und Entwicklungspsychologie: Vol. 94. Diagnostische Kompetenz von Lehrkräften: Theoretische und methodische Weiterentwicklungen* (S. 59–62). Waxmann.

Belland, B. R., Walker, A. E., Kim, N. J., & Lefler, M. (2017). Synthesizing Results From Empirical Research on Computer-Based Scaffolding in STEM Education: A Meta-Analysis. *Review of Educational Research 87*(2), 309–344. https://doi.org/10.3102/003 4654316670999

Beretz, A.-K., Lengnink, K., & Aufschnaiter, C. von. (2017). Diagnostische Kompetenz gezielt fördern: Videoeinsatz im Lehramtsstudium Mathematik und Physik. In C. Selter, S. Hußmann, C. Hößle, C. Knipping, K. Lengnink & J. Michaelis (Hrsg.), *Diagnose und Förderung heterogener Lerngruppen: Theorien, Konzepte und Beispiele aus der MINT-Lehrerbildung* (S. 149–168). Waxmann.

Besser, M., Leiss, D., & Klieme, E. (2015). Wirkung von Lehrerfortbildungen auf Expertise von Lehrkräften zu formativem Assessment im kompetenzorientierten Mathematikunterricht. *Zeitschrift Für Entwicklungspsychologie und Pädagogische Psychologie, 47*(2), 110–122. https://doi.org/10.1026/0049-8637/a000128

Binder, K., Krauss, S., Hilbert, S., Brunner, M., Anders, Y., & Kunter, M. (2018). Diagnostic Skills of Mathematics Teachers in the COACTIV Study. In T. Leuders, K. Philipp, & J. Leuders (Hrsg.), *Diagnostic Competence of Mathematics Teachers* (S. 33–53). Springer International Publishing. https://doi.org/10.1007/978-3-319-66327-2_2

Birnstengel-Höft, U., & Feldhaus, A. (2006). Gute Aufgaben in der Lehrerausbildung und -weiterbildung. In S. Ruwisch & A. Peter-Koop (Hrsg.), *Gute Aufgaben im Mathematikunterricht der Grundschule* (S. 196–210). Mildenberger.

Bleidorn, W., Hopwood, C. J., Back, M. D., Denissen, J. J. A., Hennecke, M., Hill, P. L., Jokela, M., Kandler, C., Lucas, R. E., Luhmann, M., Orth, U., Roberts, B. W., Wagner, J., Wrzus, C., & Zimmermann, J. (2021). Personality trait stability and change. *Personality Science, 2.* https://doi.org/10.5964/ps.6009

Blömeke, S. (Hrsg.). (2010). *TEDS-M 2008: Professionelle Kompetenz und Lerngelegenheiten angehender Mathematiklehrkräfte für die Sekundarstufe I im internationalen Vergleich.* Waxmann.

Blömeke, S., Gustafsson, J.-E., & Shavelson, R. J. (2015). Beyond Dichotomies. *Zeitschrift Für Psychologie, 223*(1), 3–13. https://doi.org/10.1027/2151-2604/a000194

Böhmer, I., Gräsel, C., Krolak-Schwerdt, S., Hörstermann, T., & Glock, S. (2017). Teachers' School Tracking Decisions. In D. Leutner, J. Fleischer, J. Grünkorn, & E. Klieme (Hrsg.), *Methodology of Educational Measurement and Assessment. Competence Assessment in Education* (S. 131–147). Springer International Publishing. https://doi.org/10.1007/978-3-319-50030-0_9

Böhmer, I., Hörstermann, T., Gräsel, C., Krolak-Schwerdt, S., & Glock, S. (2015). Eine Analyse der Informationssuche bei der Erstellung der Übergangsempfehlung: Welcher Urteilsregel folgen Lehrkräfte? *Journal for Educational Research Online, 7, 59–81.* https://doi.org/10.25656/01:11490

Boyatzis, R. E. (1982). *The competent manager: A model for effective performance. A Wiley-Interscience publication.* Wiley.

Breitenbach, E. (2020). *Diagnostik: Eine Einführung. Springer eBooks Education and Social Work: Vol. 5.* Springer VS. https://doi.org/10.1007/978-3-658-25150-5

Bromme, R. (1997). Kompetenzen, Funktionen und unterrichtliches Handeln des Lehrers. In F. E. Weinert (Hrsg.), *Enzyklopädie der Psychologie / in Verbindung mit der Deutschen Gesellschaft für Psychologie hrsg. von Niels Birbaumer Themenbereich D, Praxisgebiete Ser. 1, Pädagogische Psychologie: Bd. 3. Psychologie des Unterrichts und der Schule* (S. 177–214). Hogrefe Verl. für Psychologie.

Brunner, M., Anders, Y., Hachfeld, A., & Krauss, S. (2011). Diagnostische Fähigkeiten von Mathematiklehrkräften. In M. Kunter, J. Baumert, W. Blum, U. Klusmann, S. Krauss, & M. Neubrand (Hrsg.), *Professionelle Kompetenz von Lehrkräften: Ergebnisse des Forschungsprogramms COACTIV* (S. 215–235). Waxmann.

Brunswik, E. (1955). Representative design and probabilistic theory in a functional psychology. *Psychological Review, 62*(3), 193–217. https://doi.org/10.1037/h0047470

Busch, J., Barzel, B., & Leuders, T. (2015a). Die Entwicklung eines Instruments zur kategorialen Beurteilung der Entwicklung diagnostischer Kompetenzen von Lehrkräften im Bereich Funktionen. *Journal Für Mathematik-Didaktik, 36*(2), 315–338. https://doi.org/10.1007/s13138-015-0079-8

Busch, J., Barzel, B., & Leuders, T. (2015b). Promoting secondary teachers' diagnostic competence with respect to functions: development of a scalable unit in Continuous Professional Development. *ZDM, 47*(1), 53–64. https://doi.org/10.1007/s11858-014-0647-2

Chen, S., & Chaiken, S. (1999). The Heuristic-Systematic Model in its Borader Context. In S. Chaiken (Hrsg.), *Dual-process theories in social psychology* (S. 73–96). Guilford Press.

Chernikova, O., Heitzmann, N., Fink, M. C., Timothy, V., Seidel, T., & Fischer, F. (2020). Facilitating Diagnostic Competences in Higher Education—a Meta-Analysis in Medical and Teacher Education. *Educational Psychology Review, 32*(1), 157–196. https://doi.org/10.1007/s10648-019-09492-2

Chomsky, N. (1968). *Language and mind.* Harcourt Brace & World.

Clarke, D. M., Roche, A., & Clark, B. (2018). Supporting Mathematics Teachers' Diagnostic Competence Through the use of one-to-one Task-based assessment Interviews. In T. Leuders, K. Philipp, & J. Leuders (Hrsg.), *Diagnostic Competence of Mathematics Teachers* (S. 173–192). Springer International Publishing.

Codreanu, E., Sommerhoff, D., Huber, S., Ufer, S., & Seidel, T. (2021). Exploring the Process of Preservice Teachers' Diagnostic Activities in a Video-Based Simulation. *Frontiers in Education, 6*, https://doi.org/10.3389/feduc.2021.626666

Cohen, J. (2013). *Statistical Power Analysis for the Behavioral Sciences.* Routledge. https:// doi.org/10.4324/9780203771587

Cronbach, L. J. (1955). Processes affecting scores on understanding of others and assumed similarity. *Psychological Bulletin, 52*(3), 177–193. https://doi.org/10.1037/h0044919

Depaepe, F., Verschaffel, L., & Kelchtermans, G. (2013). Pedagogical content knowledge: A systematic review of the way in which the concept has pervaded mathematics educational research. *Teaching and Teacher Education, 34*, 12–25. https://doi.org/10.1016/j.tate.2013.03.001

Dewey, J. (1933). *How we think: A restatement of the relation of reflective thinking to the educative process.* College S. D.C. Heath.

Döring, N., & Bortz, J. (2016). *Forschungsmethoden und Evaluation in den Sozial- und Humanwissenschaften.* Springer Berlin Heidelberg. https://doi.org/10.1007/978-3-642-41089-5

Drüke-Noe, C., Keller, K., & Blum, W. (2008). Bildungsstandards: – Motor für Unterrichtsentwicklung und Lehrerbildung? *Beiträge zur Lehrerbildung, 26.*(3), 372–382. https:// doi.org/10.25656/01:13687

Dübbelde, G. (2013). *Diagnostische Kompetenzen angehender Biologie-Lehrkräfte im Bereich der naturwissenschaftlichen Erkenntnisgewinnung.* https://kobra.uni-kassel.de/ handle/123456789/2013122044701

Dudenredaktion. (o. D.). Diagnostik. In Duden online. Abgerufen am 21. August 2023, von https://www.duden.de/node/32254/revision/1429884

Dunlosky, J., Rawson, K. A., Marsh, E. J., Nathan, M. J., & Willingham, D. T. (2013). Improving Students' Learning With Effective Learning Techniques: Promising Directions From Cognitive and Educational Psychology. *Psychological Science in the Public Interest : A Journal of the American Psychological Society, 14*(1), 4–58. https://doi.org/10.1177/152 9100612453266

Dünnebier, K., Gräsel, C., & Krolak-Schwerdt, S. (2009). Urteilsverzerrungen in der schulischen Leistungsbeurteilung. *Zeitschrift Für Pädagogische Psychologie, 23*(34), 187–195. https://doi.org/10.1024/1010-0652.23.34.187

Eichler, A., Rathgeb-Schnierer, E., & Volkmer, J. P. (2023). Das Beurteilen von Lernprodukten als Facette diagnostischer Kompetenz fördern. *Journal Für Mathematik-Didaktik, 44.* https://doi.org/10.1007/s13138-022-00216-8

Eichler, A., Rathgeb-Schnierer, E., & Weber, T. (2022). Mathematik erleben um zu lernen – das Erkundungskonzept für die Vorlesung Arithmetik und Geometrie im Lehramtsstudium für die Grundschule. In V. Isaev, A. Eichler, & F. Loose (Hrsg.), *Konzepte und Studien zur Hochschuldidaktik und Lehrerbildung Mathematik. Professionsorientierte Fachwissenschaft* (S. 73–91). Springer Berlin Heidelberg. https://doi.org/10.1007/978-3-662-63948-1_5

Enenkiel, P. (2022). *Diagnostische Fähigkeiten mit Videovignetten und Feedback fördern.* Springer Fachmedien Wiesbaden. https://doi.org/10.1007/978-3-658-36529-5

Enenkiel, P., Bartel, M.-E., Walz, M., & Roth, J. (2022). Diagnostische Fähigkeiten mit der videobasierten Lernumgebung ViviAn fördern. *Journal Für Mathematik-Didaktik, 43*(1), 67–99. https://doi.org/10.1007/s13138-022-00204-y

Fischer, F., Kollar, I., Ufer, S., Sodian, B., Hussmann, H., Pekrun, R., Neuhaus, B., Dorner, B., Pankofer, S., Fischer, M., Strijbos, J.-W., Heene, M., & Eberle, J. (2014). Scientific Reasoning and Argumentation: Advancing an Interdisciplinary Research Agenda in Education. *Frontline Learning Research, 2*(3), 28–45. https://doi.org/10.14786/flr.v2i 2.96

Frommelt, M., Hugener, I., & Krammer, K. (2019). Fostering teaching-related analytical skills through case-based learning with classroom videos in initial teacher education. *Journal for educational research online 11* (2), 7–60. https://doi.org/10.25656/01:18002

Gemoll, W., & Vretska, K. (2014). *Griechisch-deutsches Schul- und Handwörterbuch* (10. Aufl., 7. Druck). Oldenbourg.

Glogger-Frey, I., & Renkl, A. (2017). Diagnostische Kompetenz fördern – Vorwissen aufgreifende Methoden in Kombination mit beispielbasiertem Kurztraining. In A. Südkamp & A. -K. Praetorius (Hrsg.): *Pädagogische Psychologie und Entwicklungspsychologie Vol. 94. Diagnostische Kompetenz von Lehrkräften. Theoretische und methodische Weiterentwicklungen* (S. 217–222). Waxmann.

Gold, B., Förster, S., & Holodynski, M. (2013). Evaluation eines videobasierten Trainingsseminars zur Förderung der professionellen Wahrnehmung von Klassenführung im Grundschulunterricht. *Zeitschrift Für Pädagogische Psychologie, 27*(3), 141–155. https://doi. org/10.1024/1010-0652/a000100

Harr, N., Eichler, A., & Renkl, A. (2015). Integrated learning: Ways of fostering the applicability of teachers' pedagogical and psychological knowledge. *Frontiers in Psychology, 6*, 738. https://doi.org/10.3389/fpsyg.2015.00738

Hattie, J. (2008). *Visible Learning*. Routledge. https://doi.org/10.4324/9780203887332

Heinrichs, H. (2015). *Diagnostische Kompetenz von Mathematik-Lehramtsstudierenden.* Springer Fachmedien Wiesbaden. https://doi.org/10.1007/978-3-658-09890-2

Heinrichs, H., & Kaiser, G. (2018). Diagnostic competence for dealing with students' errors: fostering diagnostic competence in error situations. In T. Leuders, K. Philipp, & J. Leuders (Hrsg.), *Diagnostic Competence of Mathematics Teachers* (S. 79–4). Springer International Publishing.

Heitzmann, N., Fischer, F., & Fischer, M. R. (2018). Worked examples with errors: when self-explanation prompts hinder learning of teachers diagnostic competences on problem-based learning. *Instructional Science, 46*(2), 245–271. https://doi.org/10.1007/s11251-017-9432-2

Heitzmann, N., Seidel, T., Hetmanek, A., Wecker, C., Fischer, M. R., Ufer, S., Schmidmaier, R., Neuhaus, B., Siebeck, M., Stürmer, K., Obersteiner, A., Reiss, K., Girwidz, R., Fischer, F., & Opitz, A. (2019). Facilitating Diagnostic Competences in Simulations in Higher Education A Framework and a Research Agenda. *Frontline Learning Research, 7*(4), 1–24. https://doi.org/10.14786/flr.v7i4.384

Hellermann, C., Gold, B., & Holodynski, M. (2015). Förderung von Klassenführungsfähigkeiten im Lehramtsstudium. *Zeitschrift Für Entwicklungspsychologie Und Pädagogische Psychologie, 47*(2), 97–109. https://doi.org/10.1026/0049-8637/a000129

Helmke, A., Hosenfeld, I., & Schrader, F.-W. (2004). Vergleichsarbeiten als Instrument zur Verbesserung der Diagnosekompetenz von Lehrkräften. In R. Arnold (Hrsg.), *Schulleitung und Schulentwicklung: Voraussetzungen, Bedingungen, Erfahrungen* (S. 119–140). Schneider-Verl. Hohengehren.

Hengartner, E., Hirt, U., & Wälti, B. (2010). *Lernumgebungen für Rechenschwache bis Hochbegabte: Natürliche Differenzierung im Mathematikunterricht. Spektrum Schule – Beiträge zur Unterrichtspraxis.* Klett und Balmer Verlag.

Herppich, S., Praetorius, A.-K., Förster, N., Glogger-Frey, I., Karst, K., Leutner, D., Behrmann, L., Böhmer, M., Ufer, S., Klug, J., Hetmanek, A., Ohle, A., Böhmer, I., Karing, C., Kaiser, J., & Südkamp, A. (2018). Teachers' assessment competence: Integrating knowledge-, process-, and product-oriented approaches into a competence-oriented conceptual model. *Teaching and Teacher Education, 76,* 181–193. https://doi.org/10.1016/j.tate.2017.12.001

Hessisches Kultusministerium (Ed.). (2011). *Bildungsstandards und Inhaltsfelder: Das neue Kerncurriculum Für Hessen.* Primarstufe Mathematik. Wiesbaden. Hessisches Kultusministerium. https://kultusministerium.hessen.de/sites/kultusministerium.hessen.de/files/2021-06/kc_mathematik_prst_2011.pdf

Hiebert, J., Morris, A. K., & Spitzer, S. M. (2018). Diagnosing Learning Goals: An Often-Overlooked Teaching Competency. In T. Leuders, K. Philipp, & J. Leuders (Hrsg.), *Diagnostic Competence of Mathematics Teachers* (S. 193–206). Springer International Publishing.

Hock, N. (2021). *Förderung von diagnostischen Kompetenzen: Eine empirische Untersuchung mit Mathematik-Lehramtsstudierenden.* Springer Fachmedien Wiesbaden. https://doi.org/10.1007/978-3-658-32286-1

Hoge, R. D., & Coladarci, T. (1989). Teacher-Based Judgments of Academic Achievement: A Review of Literature. *Review of Educational Research, 59*(3), 297. https://doi.org/10.2307/1170184

Holm, S. (1979). A simple sequentially rejective multiple test procedure. *Scandinavian Journal of Statistics, 6*(2), 65–70.

Holzäpfel, L., Lacher, M., Leuders, T., & Rott, B. (2018). *Problemlösen lehren lernen: Wege zum mathematischen Denken.* Klett/Kallmeyer; Klett.

Hörstermann, T., Pit-Ten Cate, I., Krolak-Schwerdt, S., & Glock, S. (2017). Primacy effects in attention, recall and judgment patterns of simultaneously presented student information: Evidence from an eye-tracking study. In G. Hughes (Hrsg.), *Education in a Competitive and Globalizing World. Student Achievement: Perspectives, Assessment & Improvement Strategies* (S. 1–28). Nova Science Publishers Incorporated.

Hoth, J. (2016). *Situationsbezogene Diagnosekompetenz von Mathematiklehrkräften.* Springer Fachmedien Wiesbaden. https://doi.org/10.1007/978-3-658-13156-2

Ingenkamp, K. (1985). *Lehrbuch der pädagogischen Diagnostik.* Beltz.

Ingenkamp, K., & Lissmann, U. (2008). *Lehrbuch der Pädagogischen Diagnostik* (6., neu ausgestattete Aufl.). Beltz Pädagogik. Beltz.

Irmer, M., Traub, D., Kramer, M., Förtsch, C., & Neuhaus, B. J. (2022). Scaffolding pre-service biology teachers' diagnostic competences in a video-based Learning environment: measuring the effect of different types of scaffolds. *International Journal of Science Education, 44*(9), 1506–1526. https://doi.org/10.1080/09500693.2022.2083253

Jäger, R. S. (2007). *Beobachten, beurteilen und fördern! Lehrbuch für die Aus-, Fort- und Weiterbildung. Erziehungswissenschaft: Bd. 21.* Empirische Pädagogik e.V.

Jürgens, E., & Lissmann, U. (2015). *Pädagogische Diagnostik: Grundlagen und Methoden der Leistungsbeurteilung in der Schule.* Beltz Pädagogik / BildungsWissen Lehramt, Beltz. http://nbn-resolving.org/urn:nbn:de:bsz:31-epflicht-1138120

Kaiser, J., Helm, F., Retelsdorf, J., Südkamp, A., & Möller, J. (2012). Zum Zusammen-hang von Intelligenz und Urteilsgenauigkeit bei der Beurteilung von Schülerleistungen im Simulierten Klassenraum **Dieser Beitrag wurde von dem geschäftsführenden Herausgeber Oliver Dickhäuser angenommen. *Zeitschrift Für Pädagogische Psychologie, 26*(4), 251–261. https://doi.org/10.1024/1010-0652/a000076

Kaiser, J., & Möller, J. (2017). Diagnostische Kompetenz von Lehramtsstudierenden. In C. Gräsel & K. Trempler (Hrsg.), *Entwicklung von Professionalität pädagogischen Personals* (S. 55–74). Springer Fachmedien Wiesbaden. https://doi.org/10.1007/978-3-658-072 74-2_4

Karing, C., Pfost, M., & Artelt, C. (2011). Hängt die diagnostische Kompetenz von Sekundarstufenlehrkräften mit der Entwicklung der Lesekompetenz und der mathematischen Kompetenz ihrer Schülerinnen und Schüler zusammen? *Journal for educational research online, 3*(2), 119–147. https://doi.org/10.25656/01:5626

Karst, K. (2017). Akkurate Urteile – die Ansätze von Schrader (1989) und McElvany et al. (2009). In A. Südkamp & A.-K. Praetorius (Hrsg.), *Pädagogische Psychologie und Entwicklungspsychologie: Vol. 94. Diagnostische Kompetenz von Lehrkräften: Theoretische und methodische Weiterentwicklungen* (S. 21–24). Waxmann.

Kaufmann, S., & Wessolowski, S. (2021). *Rechenstörungen: Diagnose und Förderbausteine* (8. Auflage). Klett Kallmeyer.

Klieme, E., & Hartig, J. (2007). Kompetenzkonzepte in den Sozialwissenschaften und im erziehungswissenschaftlichen Diskurs. In M. Prenzel, I. Gogolin, & H.-H. Krüger (Hrsg.), *Kompetenzdiagnostik* (S. 11–29). VS Verlag für Sozialwissenschaften. https://doi.org/10.1007/978-3-531-90865-6_2

Klug, J., Bruder, S., Kelava, A., Spiel, C., & Schmitz, B. (2013). Diagnostic competence of teachers: A process model that accounts for diagnosing learning behavior tested by means of a case scenario. *Teaching and Teacher Education, 30*, 38–46. https://doi.org/10.1016/j.tate.2012.10.004

Klug, J., Gerich, M., & Schmitz, B. (2016). Can teachers' diagnostic competence be fostered through training and the use of a diary? *Journal for educational research online, 8*(3), 184–206. https://doi.org/10.25656/01:12825

Koeppen, K., Hartig, J., Klieme, E., & Leutner, D. (2008). Current Issues in Competence Modeling and Assessment. *Zeitschrift Für Psychologie / Journal of Psychology, 216*(2), 61–73. https://doi.org/10.1027/0044-3409.216.2.61

Kolter, J., Blum, W., Bender, P., Biehler, R., Haase, J., Hochmuth, R., & Schukajlow, S. (2018). Zum Erwerb, zur Messung und zur Förderung studentischen (Fach-)Wissens in der Vorlesung „Arithmetik für die Grundschule" – Ergebnisse aus dem KLIMAGS-Projekt. In R. Möller & R. Vogel (Hrsg.), *Konzepte und Studien zur Hochschuldidaktik und Lehrerbildung Mathematik. Innovative Konzepte für die Grundschullehrerausbildung im Fach Mathematik* (S. 95–121). Springer Fachmedien Wiesbaden. https://doi.org/10.1007/978-3-658-10265-4_4

Kramer, M., Förtsch, C., Boone, W. J., Seidel, T., & Neuhaus, B. J. (2021). Investigating Pre-Service Biology Teachers' Diagnostic Competences: Relationships between Professional Knowledge, Diagnostic Activities, and Diagnostic Accuracy. *Education Sciences, 11*(3), 89. https://doi.org/10.3390/educsci11030089

Kramer, M., Förtsch, C., & Neuhaus, B. J. (2021). Can Pre-Service Biology Teachers' Professional Knowledge and Diagnostic Activities Be Fostered by Self-Directed Knowledge

Acquisition via Texts? *Education Sciences, 11*(5), 244. https://doi.org/10.3390/educsci11050244

Krauss, S., & Brunner, M. (2011). Schnelles Beurteilen von Schülerantworten: Ein Reaktionszeittest für Mathematiklehrer/innen. *Journal Für Mathematik-Didaktik, 32*(2), 233–251. https://doi.org/10.1007/s13138-011-0029-z

Krauss, S., Kunter, M., Brunner, M., Baumert, J., Blum, W., Neubrand, M [Michael], Jordan, A., & Löwen, K. (2004). COACTIV: Professionswissen von Lehrkräften, kognitiv aktivierender Mathematikunterricht und die Entwicklung von mathematischer Kompetenz. In J. Doll & M. Prenzel (Hrsg.), *Bildungsqualität von Schule: Lehrerprofessionalisierung, Unterrichtsentwicklung und Schülerförderung als Strategien der Qualitätsverbesserung* (S. 31–53). Waxmann.

Kron, S., Sommerhoff, D., Achtner, M., & Ufer, S. (2021). Selecting Mathematical Tasks for Assessing Student's Understanding: Pre-Service Teachers' Sensitivity to and Adaptive Use of Diagnostic Task Potential in Simulated Diagnostic One-To-One Interviews. *Frontiers in Education, 6*, 604568. https://doi.org/10.3389/feduc.2021.604568

Kron, S., Sommerhoff, D., Achtner, M., Stürmer, K., Wecker, C., Siebeck, M., & Ufer, S. (2022). Cognitive and Motivational Person Characteristics as Predictors of Diagnostic Performance: Combined Effects on Pre-Service Teachers' Diagnostic Task Selection and Accuracy. *Journal für Mathematik-Didaktik 43*(1), 135–172. https://doi.org/10.1007/s13138-022-00200-2

Kunter, M., Baumert, J., Blum, W., Klusmann, U., Krauss, S., & Neubrand, M. (Hrsg.). (2011). *Professionelle Kompetenz von Lehrkräften: Ergebnisse des Forschungsprogramms COACTIV*. Waxmann. https://elibrary.utb.de/doi/book/10.31244/9783830974338

Kunter, M., Baumert, J. (2011). Das COACTIV-Forschungsprogramm zur Untersuchung professioneller Kompetenz von Lehrkräften – Zusammenfassung und Diskussion. In M. Kunter, J. Baumert, W. Blum, U. Klusmann, S. Krauss, & M. Neubrand (Hrsg.), *Professionelle Kompetenz von Lehrkräften: Ergebnisse des Forschungsprogramms COACTIV* (S.345–367). Waxmann.

Kurtz, T., & Pfadenhauer, M. (2010). *Soziologie der Kompetenz* (1. Aufl.). *Wissen, Kommunikation und Gesellschaft*. VS Verlag für Sozialwissenschaften.

Larrain, M., & Kaiser, G. (2022). Interpretation of Students' Errors as Part of the Diagnostic Competence of Pre-Service Primary School Teachers. *Journal Für Mathematik-Didaktik, 43*(1), 39–66. https://doi.org/10.1007/s13138-022-00198-7

Leuders, T. (2015). Aufgaben in Forschung und Praxis. In R. Bruder, L. Hefendehl-Hebeker, B. Schmidt-Thieme, & H.-G. Weigand (Hrsg.), *Handbuch der Mathematikdidaktik* (S. 435–460). Springer Berlin Heidelberg. https://doi.org/10.1007/978-3-642-35119-8_16

Leuders, T., Loibl, K., Sommerhoff, D., Herppich, S., & Praetorius, A.-K. (2022). Toward an Overarching Framework for Systematizing Research Perspectives on Diagnostic Thinking and Practice. *Journal Für Mathematik-Didaktik, 43*(1), 13–38. https://doi.org/10.1007/s13138-022-00199-6

Leuders, T., Philipp, K., & Leuders, J. (Eds.). (2018). *Diagnostic Competence of Mathematics Teachers*. Springer International Publishing. https://doi.org/10.1007/978-3-319-66327-2

Levin, D. M., Hammer, D., & Coffey, J. E. (2009). Novice Teachers' Attention to Student Thinking. *Journal of Teacher Education, 60*(2), 142–154. https://doi.org/10.1177/0022487108330245

Linacre, J. M. (2002). Optimizing ratin scale category effectiveness. *Journal of Applied Measurement, 3*(1), 85–106.

Lipowsky, F., Hess, M., Arend, J., Böhnert, A., Denn, A.-K., Hirstein, A., & Rzejak, D. (2019). Lernen durch Kontrastieren und Vergleichen.: Ein Forschungsüberblick zu wirkmächtigen Prinzipien eines verständnisorientierten und kognitiv aktivierenden Unterrichts. In U. Steffens & R. Messner (Hrsg.), *Beiträge zur Schulentwicklung: Vol. 3. Unterrichtsqualität: Konzepte und Bilanzen gelingenden Lehrens und Lernens* (S. 373–402). Waxmann.

Loibl, K., Leuders, T., & Dörfler, T. (2020). A Framework for Explaining Teachers' Diagnostic Judgements by Cognitive Modeling (DiaCoM). *Teaching and Teacher Education, 91*, 103059. https://doi.org/10.1016/j.tate.2020.103059

Lorenz, C., & Artelt, C. (2009). Fachspezifität und Stabilität diagnostischer Kompetenz von Grundschullehrkräften in den Fächern Deutsch und Mathematik. *Zeitschrift Für Pädagogische Psychologie, 23*(34), 211–222. https://doi.org/10.1024/1010-0652.23.34.211

Maier, U. (2010). Formative Assessment – Ein erfolgversprechendes Konzept zur Reform von Unterricht und Leistungsmessung? *Zeitschrift Für Erziehungswissenschaft, 13*(2), 293–308. https://doi.org/10.1007/s11618-010-0124-9

Max, C. (1997). Verstehen heißt Verändern. Conceptual change als didaktisches Prinzip des Sachunterrichts. In R. Meier, H. Unglaube, & G. Faust-Siehl (Hrsg.), *Beiträge zur Reform der Grundschule: Band 101. Sachunterricht in der Grundschule* (S. 62–89). Arbeitskreis Grundschule – der Grundschulverband – e. V.

McClelland, D. C. (1973). Testing for competence rather than for „intelligence". *The American Psychologist, 28*(1), 1–14. https://doi.org/10.1037/H0034092

McElvany, N., Schroeder, S., Richter, T., Hachfeld, A., & Baumert, J. (2009). Diagnostische Fähigkeiten von Lehrkräften bei der Einschätzung von Schülerleistungen und Aufgabenschwierigkeiten bei Lernmedien mit instruktionalen Bildern. *Zeitschrift Für Pädagogische Psychologie, 23*(3–4), 223–235.

Ministerium für Schule und Bildung des Landes Nordrhein-Westfalen (Ed.). (2022). *Kernlehrplan für die Sekundarstufe I Realschule in Nordrhein-Westfalen: Mathematik*. Düsseldorf. https://www.schulentwicklung.nrw.de/lehrplaene/lehrplan/308/rs_m_klp_2022_06_17.pdf

Morris, A. K., Hiebert, J., & Spitzer, S. M. (2009). Mathematical Knowledge for Teaching in Planning and Evaluating Instruction: What Can Preservice Teachers Learn? *Journal for Research in Mathematics Education, 40*(5), 491–529.

Morrison, A. B., Conway, A. R. A., & Chein, J. M. (2014). Primacy and recency effects as indices of the focus of attention. *Frontiers in Human Neuroscience, 8*, 6. https://doi.org/10.3389/fnhum.2014.00006

Müller, G. N. (2004). Elemente der Zahlentheorie. In G. N. Müller, H. Steinbring, & E. C. Wittmann (Hrsg.), *Programm Mathe 2000. Arithmetik als Prozess* (S. 255–290). Kallmeyer mit Klett bei Friedrich in Velber.

Nguyen, Q. D., Fernandez, N., Karsenti, T., & Charlin, B. (2014). What is reflection? A conceptual analysis of major definitions and a proposal of a five-component model. *Medical Education, 48*(12), 1176–1189. https://doi.org/10.1111/medu.12583

Nickerson, R. S. (1999). How we know—and sometimes misjudge—what others know: Imputing one's own knowledge to others. *Psychological Bulletin, 125*(6), 737–759. https://doi.org/10.1037/0033-2909.125.6.737

Ohle, A., McElvany, N., Horz, H., & Ullrich, M. (2015). Text-picture integration – Teachers' attitudes, motivation and self-related cognitions in diagnostics. *Journal for Educational Research Online, 7,* 11–13. https://doi.org/10.25656/01:11488

Ohst, A., Glogger, I., Nückles, M., & Renkl, A. (2015). Helping preservice teachers with inaccurate and fragmentary prior knowledge to acquire conceptual understanding of psychological principles. *Psychology Learning & Teaching, 14*(1), 5–25. https://doi.org/10.1177/1475725714564925

Ophuysen, S. von, & Behrmann, L. (2015). Die Qualität pädagogischer Diagnostik im Lehrerberuf: Anmerkungen zum Themenheft „Diagnostische Kompetenzen von Lehrkräften und ihre Handlungsrelevanz". *Journal for Educational Research Online, 7*(2), 82–98.

Ostermann, A. (2018). Factors Influencing the Accuracy of Diagnostic Judgements. In T. Leuders, K. Philipp, & J. Leuders (Hrsg.) *Diagnostic Competence of Mathematics Teacher* (S. 95–108). Springer International Publishing.

Ostermann, A., Leuders, T., & Nückles, M. (2018). Improving the judgment of task difficulties: prospective teachers' diagnostic competence in the area of functions and graphs. *Journal of Mathematics Teacher Education, 21*(6), 579–605. https://doi.org/10.1007/s10857-017-9369-z

Oudman, S., van de Pol, J., Bakker, A., Moerbeek, M., & van Gog, T. (2018). Effects of different cue types on the accuracy of primary school teachers' judgments of students' mathematical understanding. *Teaching and Teacher Education, 76,* 214–226. https://doi.org/10.1016/j.tate.2018.02.007

Petermann, F. (2017). Psychologische Diagnostik. In M. Wirtz (Hrsg.), *Dorsch – Lexikon der Psychologie.* Hogrefe, 2017.

Philipp, K. (2018). Diagnostic Competences of Mathematics Teachers with a View to Processes and Knowledge Resources. In T. Leuders, K. Philipp, & J. Leuders (Hrsg.), *Diagnostic Competence of Mathematics Teachers* (S. 109–129). Springer International Publishing.

Philipp, K., & Gobeli-Egloff (2022). Förderung diagnostischer Kompetenz im Rahmen der Ausbildung von Lehrkräften für die Primarschule – Eine Studie zum Erkennen von Stärken und Schwächen von Schülerinnen und Schülern am Beispiel von Größen. *Journal Für Mathematik-Didaktik, 43*(1), 173–203. https://doi.org/10.1007/s13138-022-00202-0

Popham, W. J.(2009). Assessment Literacy for Teachers: Faddish or Fundamental? *Theory Into Practice 48*(1), 4–11. https://doi.org/10.1080/00405840802577536

Praetorius, A.-K., Berner, V.-D., Zeinz, H., Scheunpflug, A., & Dresel, M. (2013). Judgment Confidence and Judgment Accuracy of Teachers in Judging Self-Concepts of Students. *The Journal of Educational Research, 106*(1), 64–76.

Praetorius, A.-K., Lipowsky, F., & Karst, K. (2012). Diagnostische Kompetenz von Lehrkräften: Aktueller Forschungsstand, unterrichtspraktische Umsetzbarkeit und Bedeutung für den Unterricht. *Differenzierung im mathematisch-naturwissenschaftlichen Unterricht,* 115 – 146. http://www.content-select.com/index.php?id=bib_view&ean=9783781551305

Praetorius, A.-K., Rogh, W., & Kleickmann, T. (2020). Blinde Flecken des Modells der drei Basisdimensionen von Unterrichtsqualität? Das Modell im Spiegel einer internationalen Synthese von Merkmalen der Unterrichtsqualität. *Unterrichtswissenschaft, 48*(3), 303–318. https://doi.org/10.1007/s42010-020-00072-w

Rathgeb-Schnierer, E. (2006). *Kinder auf dem Weg zum flexiblen Rechnen: Eine Untersuchung zur Entwicklung von Rechenwegen bei Grundschulkindern auf der Grundlage offener Lernangebote und eigenständiger Lösungsansätze. Texte zur mathematischen Forschung und Lehre: Vol. 46.* Franzbecker.

Rathgeb-Schnierer, E., & Rechtsteiner, C. (2018). *Rechnen lernen und Flexibilität entwickeln: Grundlagen – Förderung – Beispiele. Mathematik Primarstufe und Sekundarstufe I + II.* Springer Spektrum. https://doi.org/10.1007/978-3-662-57477-5

Rathgeb-Schnierer, E., Schuler, S., & Schütte, S. (2023). *Mathematikunterricht in der Grundschule.* Springer Berlin Heidelberg. https://doi.org/10.1007/978-3-662-65856-7

Rathgeb-Schnierer, E., & Schütte, S. (2011). Mathematiklernen in der Grundschule. In G. Schönknecht (Hrsg.), *Lernen Fördern: Deutsch, Mathematik, Sachunterricht* (S. 143–208). Klett: Kollmeyer.

Rausch, T., Matthäi, J., & Artelt, C. (2015). Mit Wissen zu akkurateren Urteilen? *Zeitschrift Für Entwicklungspsychologie Und Pädagogische Psychologie, 47*(3), 147–158. https://doi.org/10.1026/0049-8637/a000124

Reinhold, S. (2018). Revealing and Promoting Pre-service Teachers' Diagnostic Strategies in Mathematical Interviews with First-Graders. In T. Leuders, K. Philipp, & J. Leuders (Hrsg.), *Diagnostic Competence of Mathematics Teachers* (S. 129–148). Springer International Publishing.

Reisman, F. K. (1982). *A guide to the diagnostic of teaching of arithmetic.* C.E. Merrill.

Renkl, A. (2014). Toward an instructionally oriented theory of example-based learning. *Cognitive Science, 38*(1), 1–37. https://doi.org/10.1111/cogs.12086

Renkl, A. (2017). Instruction Based on Exmaples. In R. E. Mayer & P. A. Alexander (Hrsg.): *Handbook of research on learning and instruction* (S. 272–295). Routledge.

Rieu, A., Leuders, T., & Loibl, K. (2022). Teachers' diagnostic judgments on tasks as information processing – The role of pedagogical content knowledge for task diagnosis. *Teaching and Teacher Education, 111,* 103621. https://doi.org/10.1016/j.tate.2021.103621

Rieu, A., Loibl, K., Leuders, T., & Herppich, S. (2020). Diagnostisches Urteilen als informationsverarbeitender Prozess – Wie nutzen Lehrkräfte ihr Wissen bei der Identifizierung und Gewichtung von Anforderungen in Aufgaben? *Unterrichtswissenschaft, 48*(4), 503–529. https://doi.org/10.1007/s42010-020-00071-x

Rost, D. H. (Ed.). (2006). *Schlüsselbegriffe. Handwörterbuch Pädagogische Psychologie* (3., überarb. und erw. Aufl.). Beltz. http://swbplus.bsz-bw.de/bsz251679314rez.htm

Schäfer, S., & Seidel, T. (2015). Noticing and reasoning of teaching and learning components by pre-service teachers. *Journal for educational research online 7*(2), 34–58. https://doi.org/10.25656/01:11489

Scherer, P., & Steinbring, H. (2004). Zahlen geschickt addieren. In G. N. Müller, H. Steinbring, & E. C. Wittmann (Hrsg.), *Programm Mathe 2000. Arithmetik als Prozess* (2. Aufl., S. 55–70). Kallmeyer:Klett.

Schoenfeld, A. H. (2011). Toward professional development for teachers grounded in a theory of decision making. *ZDM, 43*(4), 457–469. https://doi.org/10.1007/s11858-011-0307-8

Schons, C., Obersteiner, A., Reinhold, F., Fischer, F., & Reiss, K. (2022). Developing a Simulation to Foster Prospective Mathematics Teachers' Diagnostic Competencies: the Effects of Scaffolding. *Journal Für Mathematik-Didaktik*. Advance online publication. https:// doi.org/10.1007/s13138-022-00210-0

Schrader, F.-W. (1989). Diagnostische Kompetenzen von Lehrern und ihre Bedeutung für die Gestaltung und Effektivität des Unterrichts [Dissertation]. GBV Gemeinsamer Bibliotheksverbund.

Schrader, F.-W. (2006). Diagnostische Kompetenz von Eltern und Lehrern. In D. H. Rost (Hrsg.), *Schlüsselbegriffe. Handwörterbuch Pädagogische Psychologie* (3rd Aufl., S. 92–98). Beltz.

Schrader, F.-W. (2011). Lehrer als Diagnostiker. In E. Terhart, H. Bennewitz, & M. Rothland (Eds.), *Handbuch der Forschung zum Lehrerberuf* (2nd Aufl., S. 683–698). Waxmann.

Schrader, F.-W. (2013). Diagnostische Kompetenz von Lehrpersonen. *Beiträge Zur Lehrerinnen Und Lehrerbildung, 31*(2), 154–165.

Schrader, F.-W. (2014). Lehrer als Diagnostiker. In E. Terhart, H. Bennewitz & M. Rothland (Hrsg.), Handbuch der Forschung zum Lehrerberuf (S. 865–882). Münster: Waxmann.

Schrader, F.-W., & Helmke, A. (1987). Diagnostische Kompetenz von Lehrer. Komponenten und Wirkungen. *Empirische Pädagogik, 1*(1), 27–52.

Schreiter, S., Vogel, M., Rehm, M., & Dörfler, T. (2021). Teachers' diagnostic judgment regarding the difficulty of fraction tasks: A reconstruc-tion of perceived and processed task characteristics. *Research in Subject-Matter Teaching and Learning*(4), 127–146.

Schreiter, S., Vogel, M., Rehm, M., & Dörfler, T. (2022). Die Rolle des Wissens angehender Mathematiklehrkräfte beim Diagnostizieren schwierigkeitsgenerierender Aufgabenmerkmale. Erkenntnisse aus Eye-Tracking Stimulated Recall Interviews. *Journal Für Mathematik-Didaktik, 43*(1), 101–133. https://doi.org/10.1007/s13138-022-00203-z

Schult, J., & Lindner, M. A. (2018). Diagnosegenauigkeit von Deutschlehrkräften in der Grundschule: Eine Frage des Antwortformats? *Zeitschrift Für Pädagogische Psychologie, 32*(1–2), 75–87. https://doi.org/10.1024/1010-0652/a000216

Schütte, S. (2008). *Qualität im Mathematikunterricht der Grundschule sichern: Für eine zeitgemäße Unterrichts- und Aufgabenkultur* (1. Aufl.). *Oldenbourg Fortbildung!* Oldenbourg.

Schwarz, B., Wissmach, B., & Gabriele, K. (2008). "Last curves not quite correct": diagnostic competences of future teachers with regard to modelling and graphical representations. *ZDM 40*(5), 777–790. https://doi.org/10.1007/s11858-008-0158-0

Seifried, J., & Wuttke, E. (2010). Student errors: How teachers diagnose them and how they respond to them. *Empirical Research in Vocational Education and Training, 2,*147–162. https://doi.org/10.25656/01:8250 S. 147–162).

Shohamy, E. (1996). Competence and performance in language testing. In G. Brown, K. Malmkjaer & J. Williams (Hrsg.), *Performance and competence in second language acquisition* (S. 136–151). Cambridge

Shulman, L. (1986). Those Who Understand: Knowledge Growth in Teaching. *Educational Researcher, 15*(2), 4. https://doi.org/10.2307/1175860

Shulman, L. (1987). Knowledge and Teaching:Foundations of the New Reform. *Harvard Educational Review, 57*(1), 1–23. https://doi.org/10.17763/haer.57.1.j463w79r56455411

Skinner, B. F. (1957). *Verbal behavior*. Appleton-Century-Crofts. https://doi.org/10.1037/ 11256-000

Sommerhoff, D., Leuders, T., & Praetorius, A.-K. (2022). Forschung zum diagnostischen Denken und Handeln von Lehrkräften – Was ist der Beitrag der Mathematikdidaktik?

Journal Für Mathematik-Didaktik, 43(1), 1–12. https://doi.org/10.1007/s13138-022-002 05-x

Spinath, B. (2005). Akkuratheit der Einschätzung von Schülermerkmalen durch Lehrer und das Konstrukt der diagnostischen Kompetenz. *Zeitschrift Für Pädagogische Psychologie, 19*(1/2), 85–95. https://doi.org/10.1024/1010-0652.19.12.85

Stahnke, R., Schueler, S., & Roesken-Winter, B. (2016). Teachers' perception, interpretation, and decision-making: a systematic review of empirical mathematics education research. *ZDM, 48*(1–2), 1–27. https://doi.org/10.1007/s11858-016-0775-y

Steinbring, H., & Scherer, P. (2004). Summenformeln. In G. N. Müller, H. Steinbring, & E. C. Wittmann (Hrsg.), *Programm Mathe 2000. Arithmetik als Prozess* (2. Aufl., S. 237–254). Kallmeyer mit Klett bei Friedrich in Velber.

Südkamp, A., Kaiser, J., & Möller, J. (2012). Accuracy of teachers' judgments of students' academic achievement: A meta-analysis. *Journal of Educational Psychology, 104*(3), 743–762. https://doi.org/10.1037/a0027627

Südkamp, A., Kaiser, J., & Möller, J. (2017). Ein heuristisches Modell der Akkuratheit diagnostischer Urteile von Lehrkräften. In A. Südkamp & A.-K. Praetorius (Hrsg.), *Pädagogische Psychologie und Entwicklungspsychologie: Vol. 94. Diagnostische Kompetenz von Lehrkräften: Theoretische und methodische Weiterentwicklungen* (S. 33–34). Waxmann.

Sunder, C., Todorova, M., & Möller, K. (2016). Kann die professionelle Unterrichtswahrnehmung von Sachunterrichtsstudierenden trainiert werden? – Konzeption und Erprobung einer Intervention mit Videos aus dem naturwissenschaftlichen Grundschulunterricht. *Zeitschrift für Didaktik der Naturwissenschaften, 22*(1), 1–12. https://doi.org/10.1007/s40 573-015-0037-5

Tittle, C. K. (2006). Assessment of teacher learning and development. In P. A. Alexander & P. H. Winne (Hrsg.), *Handbook of Educational Psychology* (S. 952–980). Routledge.

Tröbst, S., Kleickmann, T., Bernholt, A., Rink, R., & Kunter, M. (2018). Teacher knowledge experiment: Testing mechanisms underlying the formation of preservice elementary school teachers' pedagogical content knowledge concerning fractions and fractional arithmetic. *Journal of Educational Psychology 110*(8), 1049–1065. https://doi.org/10.1037/edu0000260

Türling, J. M., Seifried, J., & Wuttke, E. (2011). Teachers' Knowledge about Domain Specific Student Errors. In E. Wuttke & J. Seifried (Hrsg.), *Learning from Errors at School and at Work* (S. 95–110). Verlag Barbara Budrich. https://doi.org/10.2307/j.ctvbkk37w9.9

Tversky, A., & Kahneman, D. (1974). Judgment under Uncertainty: Heuristics and Biases. *Science, 185*(4157), 1124–1131. https://doi.org/10.1126/science.185.4157.1124

van de Pol, J., Volman, M., & Beishuizen, J. (2010). Scaffolding in Teacher–Student Interaction: A Decade of Research. *Educational Psychology Review, 22*(3), 271–296. https://doi.org/10.1007/s10648-010-9127-6

van Es, E., & Sherin, M. (2002). Learning to Notice: Scaffolding New Teachers Interpretations of Classroom Interactions. *Journal of Information Technology for Teacher Education, 10*(4), 571–596.

Vonken, M. (2005). *Handlung und Kompetenz.* VS Verlag für Sozialwissenschaften. https://doi.org/10.1007/978-3-322-85143-7

Wedel, A., Müller, C. R., & Greiner, F. (2022). Diagnostic cases in pre-service teacher education: effects of text characteristics and empathy on text-based cognitive models. *Educational Psychology,* 1–20. https://doi.org/10.1080/01443410.2022.2047615

Weinert, F. E. (2001). Concept of competence: A conceptual. In D. S. Rychen & L. H. Salganik (Hrsg.), *Defining and selecting key competencies* (S. 45–66). Hogrefe & Huber.

Weinert, F. E. (2002). Vergleichende Leistungsmessung in Schulen – eine umstrittene Selbstverständlichkeit. In F. E. Weinert (Ed.), *Pädagogik. Leistungsmessungen in Schulen* (2nd ed., pp. 17–31). Beltz.

Weinert, F. E., & Schrader, F.-W. (1986). Diagnose des Lehrers als Diagnostiker. In H. Petillon, J. Wagner & B. Wolf (Hrsg.), *Schülergerechte Diagnose. Theoretische und empirische Beiträge zur Pädagogischen Diagnostik* (S. 11–29). Weinheim: Beltz.

Weinert, F. E., Schrader, F.-W., & Helmke, A. (1990). Educational Expertise. *School Psychology International, 11*(3), 163–180. https://doi.org/10.1177/0143034390113002

Weinsheimer, J. B. (2016). *Diagnostische Fähigkeiten von Mathematiklehrkräften bei der Begleitung von Lernprozessen im arithmetischen Anfangsunterricht* [Dissertation, Pädagogische Hochschule Weingarten]. GBV Gemeinsamer Bibliotheksverbund.

White, R. W. (1965): Motivation Reconsidered: The Concept of Competence. In: Gordon, I. J. (Hrsg.): Human Development (S. 10–23). Readings in Research. Chicago, Scotty Foreman and Company.

Wisniewski, B., Zierer, K., & Hattie, J. (2019). The Power of Feedback Revisited: A Meta-Analysis of Educational Feedback Research. *Frontiers in Psychology, 10*, 3087. https://doi.org/10.3389/fpsyg.2019.03087

Wittmann, E. C., & Müller, G. N. (2018). *Halbschriftliches und schriftliches. Rechnen Mathe 2000+: Band 2*. Klett/Kallmeyer; Klett.

Wood, D., Bruner, J. S., & Ross, G. (1976). The role of tutoring in problem solving. *Journal of Child Psychology and Psychiatry, and Allied Disciplines, 17*(2), 89–100. https://doi.org/10.1111/j.1469-7610.1976.tb00381.x.

Wu, M., Tam, H. P., & Jen, T.-H. (2016). *Educational Measurement for Applied Researchers.* Springer Singapore. https://doi.org/10.1007/978-981-10-3302-5

Wuttke, E., & Seifried, J. (2013). Diagnostic Competence of (Prospective) Teachers in Vocational Education. In K. Beck & O. Zlatkin-Troitschanskaia (Hrsg.), *From Diagnostics to Learning Success* (S. 225–240). SensePublishers. https://doi.org/10.1007/978-94-6209-191-7_17

Printed in the United States
by Baker & Taylor Publisher Services